应用型人才培养系列教材

教材+教案+授课资源+考试系统+题库+教学辅助案例
一站式IT系统就业应用教程

Python Web 企业级项目开发教程
（Django版）（第2版）

黑马程序员◎编著

中国铁道出版社有限公司
CHINA RAILWAY PUBLISHING HOUSE CO., LTD.

内 容 简 介

本书在 Windows 上基于 Python 3.12 与 Django 5.0 对 Django 框架相关的知识进行讲解，并以此为基础利用 Django 框架实现一个完整的电商平台。本书分为 12 章，其中第 1 章主要简单介绍 Django 框架，包括 Django 框架的安装，以及使用该框架创建 Django 项目；第 2～6 章介绍了使用 Django 框架的核心知识，包括路由系统、模型、模板、视图、身份验证系统；第 7～12 章从需求与前期准备着手，逐步实现完整的 Django Web 项目。

本书附有源代码、测试题、教学课件等资源，为帮助初学者更好地学习本书中的内容，还提供了在线答疑。

本书适合作为高等学校计算机相关专业 Django 框架课程或 Python 进阶课程的专用教材，也可供具有 Python 语言基础的读者自学。

图书在版编目（CIP）数据

Python Web 企业级项目开发教程：Django版 / 黑马程序员编著. -- 2 版. -- 北京：中国铁道出版社有限公司，2024.8（2024.12重印）. -- （应用型人才培养系列教材）.
ISBN 978-7-113-31412-5

Ⅰ．TP311.561

中国国家版本馆CIP数据核字第202431BS45号

书　　名：	Python Web 企业级项目开发教程（Django 版）
作　　者：	黑马程序员

策　　划：	翟玉峰	编辑部电话：（010）51873135
责任编辑：	翟玉峰　徐盼欣	
封面设计：	刘　颖	
责任校对：	苗　丹	
责任印制：	赵星辰	

出版发行：中国铁道出版社有限公司（100054，北京市西城区右安门西街 8 号）
网　　址：https://www.tdpress.com/51eds
印　　刷：河北京平诚乾印刷有限公司
版　　次：2020 年 6 月第 1 版　2024 年 8 月第 2 版　2024 年 12 月第 2 次印刷
开　　本：787 mm×1 092 mm　1/16　印张：19.5　字数：462 千
书　　号：ISBN 978-7-113-31412-5
定　　价：58.00 元

版权所有　侵权必究

凡购买铁道版图书，如有印制质量问题，请与本社教材图书营销部联系调换。电话：（010）63550836
打击盗版举报电话：（010）63549461

前言

随着互联网的不断发展,Web应用的需求也越来越多样化和复杂化。Python作为一种简单而强大的编程语言,以其丰富的库和框架而闻名于世。而在众多 Python Web开发框架中,Django作为一个高效、易用的开源Web框架,为Python开发者提供了快速搭建Web应用的便利性和灵活性。

编写思路

Django是一个基于Python的开源Web应用框架,功能强大且易于使用Web开发框架,它提供了一套强大的工具和功能,用于快速开发高质量、高效率的Web应用程序。Django的作用在于简化Web开发过程,通过提供可重用的组件和丰富的功能,使开发者能够专注于业务逻辑的实现,从而加速项目的开发周期并提高代码质量。通过学习本书,读者将深入了解Django的各种功能和组件,从而能够更加灵活和高效地开发Web应用程序。

在章节设置上,本书每章采用"语法介绍+要点分析+代码示例"的模式,既有普适性介绍,又抓取要点、突出重点,同时提供充足实例,保证语法学习之余的实际应用;在知识配置上,本书涵盖Django的路由系统、模型、模板、视图和身份验证系统,同时配置完整Web实战项目,通过学习本书,读者可全面掌握Django框架的设计模式与相关知识,具备使用Django框架快速开发Web项目的能力。

本书在编写的过程中,针对高等学校计算机相关专业教学要求,结合党的二十大精神进教材、进课堂、进头脑的要求,在设计Web应用程序方面注重网络数据的保密性、完整性、可用性、真实性,加强对Web应用程序开发的教育,引导学生正确处理数据和信息,注重社会责任和道德规范,为推动建设数字中国的目标贡献一份力量。此外,编者依据书中的内容提供了线上学习的视频资源,体现现代信息技术与教育教学的深度融合,进一步推动教育数字化发展。

修订内容

为了与行业发展保持同步,本书在第1版的基础上进行了修订。第2版延续了第1版的编写思路,修订主要方向包括技术更新、内容优化。首先根据Python和Django版本的迭代进行版本修订,其次根据老师的需求和反馈对图书内容和案例进行了优化,最后结合国家对教育行业的政策要求融入了思政教育内容。

修订的主要内容如下:

(1)将Python升级至Python 3.12版本,Django框架升级至5.0版本,紧跟技术发展需求。

(2)删除Django后台管理系统内容。

(3)删除Django中表单相关内容。

(4)删除Celery的使用,简化邮箱验证功能的实现。

(5)更新小鱼商城对接支付宝流程。

(6)增加列表页展示商品评价数量功能。

本书内容

本书在Windows上基于Python 3.12和Django 5.0对Django框架的使用进行讲解,全书总共12章。其中第1章介绍Django框架的安装与版本选择,第2~6章介绍Django框架的使用,第7~12章介绍Web项目——小鱼商城从前期准备到项目实现。各部分内容分别如下:

Django概述部分:第1章主要围绕Django概述内容进行介绍,包括认识Django、安装Django、创建第一个Django项目和Django之MTV模式。通过学习这些内容,读者可以对Django框架有所了解,掌握如何搭建虚拟环境,熟悉Django目录结构,可熟练创建Django项目与应用。

Django框架使用部分:第2~6章主要围绕Django框架的使用进行介绍,包括路由系统、模型、模板、视图和身份验证系统。通过这些章节的学习,读者将掌握Django框架基本使用。

项目实践部分:第7~12章通过实际项目案例——小鱼商城展示了Django框架在实际项目开发中的应用。通过逐步实现项目的各个模块和页面功能,读者可以深入理解Django框架的实际运用,并具备使用Django框架进行项目开发的能力。

本书特色

本书具有以下三个特色:

特色1:理实一体,服务教育教学

本书按照"教学做一体化"的思维模式构建内容体系。本书以技能培养为核心任务,按照"螺旋形"提升模式将内容组织为三部分:Django概述(第1章)、Django框架使用部分(第2~6章)和项目实践部分(第7~12章),使学生按照"单个技能点练习—

阶段实例技能练习—实战项目技能练习"的练习过程，快速提升专业技能，为"理实一体"的教育理念提供教材和资源支撑。

特色2：项目贯穿，服务实践教学

本书根据培养"项目经验"的核心任务，按照"螺旋形"提升模式，配置了大量的示例，并设计了一个实战项目——小鱼商城，按照"基础示例—实战项目"的练习过程，快速提升学生的专业技能和项目经验，以更加符合实践教学的要求，也更加符合教学的规律和学习的规律。

特色3：立体设计，服务课程建设

本书采用新形态立体化设计，配套了丰富的数字化教学资源，包括教学大纲、教学设计、教学PPT、测试题、源代码、习题答案等。本书丰富了学习手段和形式、提高了读者学习的兴趣和效率，全方位立体化服务Python Web开发课程建设。

读者在学习的过程中，务必要勤于练习，确保真正获取所学知识。若在学习的过程中遇到无法解决的困难，建议读者莫要纠结于此，继续往后学习，或可豁然开朗。

配套服务

为了提升您的学习或教学体验，我们精心为本书配备了丰富的数字化资源和服务，包括在线答疑、教学大纲、教学设计、教学PPT、测试题、源代码等。通过这些配套资源和服务，您的学习或教学可以变得更加高效。请扫描本书二维码获取配套资源和服务说明。

配套资源和服务说明

致谢

本书的编写和整理工作由江苏传智播客教育科技股份有限公司完成。全体编写人员在近一年的编写过程中付出了很多辛勤的汗水，在此一并表示衷心的感谢。

意见反馈

尽管我们付出了最大的努力，但书中难免会有疏漏和不妥之处，欢迎各界专家和读者朋友来信给予宝贵意见，我们将不胜感激。您在阅读本书时，如发现任何问题或有不认同之处可以通过电子邮件与我们取得联系。

电子邮箱：itcast_book@vip.sina.com。

黑马程序员
2024年4月29日于北京

目 录

第1章 Django概述 1
1.1 认识Django 1
1.2 安装Django 2
1.2.1 Django版本选择 2
1.2.2 创建虚拟Python环境 3
1.2.3 使用pip安装Django 5
1.3 创建第一个Django项目 6
1.3.1 新建Django项目 6
1.3.2 项目结构说明 8
1.3.3 运行开发服务器 8
1.3.4 Django项目配置 10
1.3.5 在项目中创建应用 12
1.4 Django之MTV模式 14
小结 15
习题 15

第2章 路由系统 17
2.1 认识路由系统 17
2.1.1 HTTP请求处理流程概述 18
2.1.2 URL配置 18
2.2 路由转换器 20
2.2.1 内置路由转换器 20
2.2.2 自定义路由转换器 20
2.3 使用正则表达式匹配URL 22
2.4 路由分发 24
2.5 向视图函数传递额外参数 26
2.6 URL模式命名与命名空间 27

2.6.1 URL模式命名 27
2.6.2 使用reverse()函数反向解析URL 28
2.6.3 应用的命名空间 29
2.6.4 实例命名空间 31
小结 33
习题 33

第3章 模型 35

3.1 定义与使用模型 35
3.2 模型的字段 39
    3.2.1 字段类型 39
    3.2.2 关系字段 41
    3.2.3 字段的通用参数 43
3.3 模型的元属性 44
3.4 模型管理器 46
    3.4.1 重命名管理器名称 46
    3.4.2 自定义管理器 46
3.5 QuerySet对象 47
    3.5.1 获取QuerySet对象 47
    3.5.2 QuerySet对象的特性 48
3.6 数据的增删改查 49
3.7 F对象与Q对象 52
3.8 多表查询 53
3.9 执行原生SQL语句 56
小结 56
习题 57

第4章 模板 59

4.1 模板引擎与模板文件 59
4.2 模板文件的使用 60
4.3 模板语言 61
    4.3.1 变量 62
    4.3.2 过滤器 63
    4.3.3 标签 66

  4.3.4 自定义过滤器和标签 71

 4.4 模板继承 77

 4.5 Jinja2 79

 小结 83

 习题 83

第5章 视图 85

 5.1 认识视图 85

 5.2 请求对象 86

 5.3 QueryDict对象 90

 5.4 响应对象 91

  5.4.1 HttpResponse类 91

  5.4.2 HttpResponse的子类 94

 5.5 生成响应的便捷函数 96

  5.5.1 render()函数 96

  5.5.2 redirect()函数 98

  5.5.3 get_object_or_404()函数 99

  5.5.4 get_list_or_404()函数 99

 5.6 视图装饰器 99

 5.7 类视图 100

 5.8 通用视图 101

  5.8.1 通用视图分类 101

  5.8.2 通用显示视图与模型 101

  5.8.3 修改查询集结果 101

  5.8.4 添加额外的上下文对象 102

 5.9 异步视图 102

 小结 102

 习题 102

第6章 身份验证系统 104

 6.1 User对象 104

 6.2 权限与权限管理 107

  6.2.1 默认权限 108

  6.2.2 权限管理 108

6.2.3 自定义权限 108
6.3 Web 请求认证 108
　　6.3.1 用户登录与退出 108
　　6.3.2 限制用户访问 111
6.4 模板身份验证 114
6.5 自定义用户模型 114
6.6 状态保持 115
　　6.6.1 Cookie 115
　　6.6.2 Session 118
小结 122
习题 122

第 7 章 电商项目——前期准备 124

7.1 项目需求 124
7.2 模块归纳 133
7.3 项目开发模式与运行机制 134
7.4 项目创建和配置 135
　　7.4.1 创建项目 135
　　7.4.2 配置开发环境 135
　　7.4.3 配置 Jinja2 模板 136
　　7.4.4 配置 MySQL 数据库 138
　　7.4.5 配置 Redis 数据库 139
　　7.4.6 配置项目日志 140
　　7.4.7 配置前端静态文件 142
　　7.4.8 配置应用目录 143
小结 144
习题 144

第 8 章 电商项目——用户管理与验证 145

8.1 定义用户模型类 145
8.2 用户注册 147
　　8.2.1 用户注册逻辑分析 147
　　8.2.2 用户注册后端基础需求的实现 148
　　8.2.3 用户名与手机号唯一性校验 152

8.2.4 图形验证码 155
8.3 用户登录 158
8.3.1 使用用户名登录 158
8.3.2 使用手机号登录 160
8.3.3 状态保持 161
8.3.4 首页展示用户名 162
8.3.5 退出登录 164
8.4 用户中心 165
8.4.1 用户基本信息 165
8.4.2 添加邮箱 168
8.4.3 邮箱验证 169
8.4.4 省市区三级联动 175
8.4.5 新增与展示收货地址 180
8.4.6 设置默认地址与修改地址标题 186
8.4.7 修改与删除收货地址 188
8.4.8 修改登录密码 191
小结 192
习题 193

第9章 电商项目——商品数据的呈现 194
9.1 商品数据库表分析 194
9.2 导入商品数据 197
9.3 呈现首页数据 201
9.3.1 呈现首页商品分类 201
9.3.2 呈现首页商品广告 205
9.4 商品列表 207
9.4.1 商品列表页分析 207
9.4.2 呈现商品列表页数据 209
9.4.3 获取商品分类 213
9.4.4 列表页面包屑导航 216
9.4.5 列表页热销排行 217
9.5 商品搜索 220
9.5.1 准备搜索引擎 220

9.5.2 渲染商品搜索结果 223
9.5.3 搜索结果分页 224
9.6 商品详情 225
9.6.1 展示商品SKU信息 225
9.6.2 展示商品SKU规格 228
9.7 用户浏览记录 230
9.7.1 浏览记录存储方案 230
9.7.2 保存和查询浏览记录 232
小结 234
习题 234

第10章 电商项目——购物车 235

10.1 购物车数据存储方案 235
10.1.1 登录用户购物车数据存储方案 235
10.1.2 未登录用户购物车数据存储方案 236
10.2 购物车管理 238
10.2.1 购物车添加商品 238
10.2.2 展示购物车商品 242
10.2.3 修改购物车商品 244
10.2.4 删除购物车商品 247
10.2.5 全选购物车 249
10.2.6 合并购物车 251
10.3 展示购物车缩略信息 252
小结 255
习题 256

第11章 电商项目——订单 257

11.1 结算订单 257
11.1.1 接口定义 257
11.1.2 后端逻辑实现 258
11.1.3 前端页面渲染 262
11.2 提交订单 264
11.2.1 定义订单表模型 264
11.2.2 保存订单信息 266

| | 11.2.3 呈现订单提交成功页面 | 269 |

11.3 基于事务的订单数据保存 ... 271
11.3.1 Django中事务的使用 ... 271
11.3.2 使用事务保存订单数据 ... 271

11.4 基于乐观锁的并发下单 ... 273

11.5 查看订单 ... 276

小结 ... 279

习题 ... 279

第12章 电商项目——支付与评价 ... 280

12.1 支付宝开放平台介绍 ... 280

12.2 对接支付宝 ... 280
12.2.1 支付信息配置 ... 281
12.2.2 订单支付功能 ... 285
12.2.3 保存订单支付结果 ... 289

12.3 商品评价 ... 291
12.3.1 评价订单商品 ... 291
12.3.2 详情页展示商品评价 ... 295
12.3.3 商品列表页展示评价数量 ... 297

小结 ... 297

习题 ... 298

参考文献 ... 299

第1章

Django概述

学习目标

◎ 了解 Django 的优点，能够列举至少三个 Django 的优点。
◎ 了解 Django 的版本，能够说出 Python 版本与 Django 版本对应关系。
◎ 掌握创建 Python 虚拟环境的方式，能够使用 PyCharm 创建并使用虚拟环境。
◎ 掌握安装 Django 框架的方式，能够在指定的虚拟环境中使用 pip 工具安装 Django 框架。
◎ 掌握新建 Django 项目的方式，能够独立创建 Django 项目。
◎ 熟悉 Django 项目结构，能够归纳项目各目录的作用。
◎ 掌握运行开发服务器的方式，能够运行开发服务器并启动 Django 项目。
◎ 熟悉 Django 项目配置的方式，能够说出常用配置项的作用。
◎ 掌握在 Django 项目中创建应用的方式，能够根据需求在 Django 项目中创建应用。
◎ 熟悉 Django 架构的 MTV 模式，能够说出 MTV 模式中各部分的职责。

Django 是使用 Python 语言编写的一个开源 Web 应用框架，它遵循 MTV 模式、鼓励快速开发，是当前较为流行的一种 Web 开发框架。本章将从认识 Django 讲起，逐步引领大家学会搭建 Django 开发环境以及创建 Django 项目进而熟悉 Django 框架。

1.1 认识Django

Django 框架最初的主要应用领域是新闻出版业。它被设计成一个能够快速开发内容丰富网站的框架工具，提供了许多便捷的功能，如 ORM（对象关系映射）、自动生成管理界面、模板引擎等，使得开发者可以更专注于业务逻辑的实现，而不必过多关注底层技术细节。

随着时间的推移，Django 逐渐演变成一个通用的 Web 开发框架，并被广泛应用于各个行业和领域，包括电子商务、社交媒体等。它的简洁性、可扩展性和安全性使得许多开发者选择采用 Django 来构建 Web 应用程序。

Django 之所以能吸引众多用户，离不开它所具备的以下优点：

（1）齐全的功能。Django 自带大量常用工具和框架，可轻松、迅速开发出一个功能齐全的 Web 应用。

（2）完善的文档。Django 已发展十余年，具有广泛的实践案例，同时 Django 提供完善的在线文档，Django 用户能够更容易地找到问题的解决方案。

（3）强大的数据库访问组件。Django 自带一个面向对象的、反映数据模型（以 Python 类的形式定义）与关系型数据库间的映射关系的映射器（ORM），开发者无须学习 SQL 语言即可操作关系型数据库。

（4）灵活的 URL 映射。Django 提供一个基于正则表达式的 URL 分发器，通过 URL 分发器，开发人员可以灵活地编写 URL 和视图函数之间的映射关系，实现用户请求的处理。

（5）丰富的模板语言。Django 模板语言功能丰富，支持自定义模板标签。Django 也支持使用第三方模板系统，如 Jinja2、Mako 等。

（6）健全的后台管理系统。Django 内置了一个后台管理系统，经简单配置后，再编写少量代码即可使用完整的后台管理功能。

（7）完整的错误信息提示。Django 提供了非常完整的错误信息提示和错误定位功能，可帮助开发人员在开发调试过程中快速定位错误或异常。

（8）强大的缓存支持。Django 内置了一个缓存框架，并提供了多种可选的缓存方式。

（9）国际化。Django 包含一个国际化系统，Django 组件支持多种语言。

对于使用 Python 建设网站的初学者来说，一旦熟悉了 Django 的运行逻辑，就可以在较短时间内构建一个网站。

1.2　安装Django

1.2.1　Django版本选择

Django 于 2008 年 9 月发布 1.0 版本，此后分别以功能版（如 1.0、2.1 等）和补丁版（如 2.1.1、3.2.1 等）发布。其中功能版包含新功能和对已有功能的改进；补丁版根据需要发布，以修复错误或安全问题。一些功能版本会被指定为长期支持（LTS）版本，官方将在较长的时间内提供对该版本的支持。

截至 2024 年 1 月，Django 官方对各个版本的支持情况以及未来发布计划如图 1-1 所示。

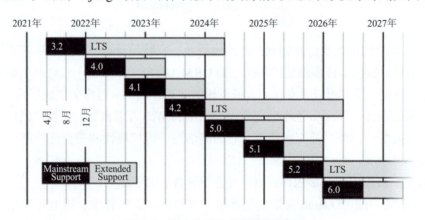

图 1-1　版本支持及未来发布计划

在图 1-1 中，Mainstream Support 表示 Django 版本发布后的支持阶段，即活跃维护期；Extended Support 表示在 Mainstream Support 阶段结束后的进一步支持阶段，在该阶段主要集中在关键安全修复和紧急问题的解决，而不会再引入新功能或进行非必要的改进。由图 1-1 可知，Django 长期支持的版本有 3.2、4.2 和 5.2。

Django 对 Python 版本的依赖关系见表 1-1。

表 1-1 Django 对 Python 版本的依赖关系

Django 版本	Python 版本
3.2	3.6、3.7、3.8、3.9、3.10（在 Django 3.2.9 中加入了 Python 3.10 的支持）
4.0	3.8、3.9、3.10
4.1	3.8、3.9、3.10、3.11（在 Django 4.1.3 中加入了 Python 3.11 的支持）
4.2	3.8、3.9、3.10、3.11
5.0	3.10、3.11、3.12

本书将选用 Django 5.0 和 Python 3.12 搭建开发环境。

多学一招：软件版本命名规则

在软件版本号的命名中，常见的命名规则是 A.B.C。A 表示主版本号（major version），B 表示次版本号（minor version），C 表示修订版本号（patch version）。

A.B 通常是指一个重要的版本更新，可能包含了较大的架构变更、重要功能的增加或改进，以及一些破坏性的变更。这种变更可能会导致现有代码需要进行适应和修改。

A.B+1 则表示在 A.B 版本的基础上进行了一些小规模的功能改进、特性添加、错误修复等。这种更新通常是向后兼容的，不会引入较大的破坏性变更。

需要注意的是，版本号的具体命名规则可能因项目而异。在实际开发中，可以根据具体项目的需求和约定来制定版本号的命名规则。

1.2.2 创建虚拟Python环境

实际生产中同一项目的不同版本可能依赖不同的环境，这时需要在系统中安装多个版本的 Python，若直接在物理环境中进行配置，多个版本的软件之间会产生干扰。为了避免这种情况，可以在当前主机中创建虚拟环境，并在虚拟环境中创建项目。

虚拟环境（virtual environment）是 Python 中用于隔离和管理项目依赖包的工具。它允许用户在同一台机器上同时管理多个项目的依赖包，每个项目都可以有自己独立的 Python 环境。主机与虚拟环境之间的关系如图 1-2 所示。

在 Python 中可以使用 venv 或 virtualenv 工具创建虚拟环境，其中 venv 是 Python 3.3 版本引入的标准库；virtualenv 是一个第三方库，可以在 Python 2.x 和 Python 3.x 版本中使用。由于 venv 是标准库的一部分，所以可以确保它与 Python 解释器的版本兼容，并且不需要安装额外的依赖。此外，venv 的使用也相对简单，可以通过命令行轻松地创建和管理虚拟环境。

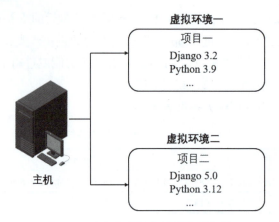

图 1-2　主机与虚拟环境之间的关系

下面以 Windows 操作系统为例，介绍使用 venv 创建和使用虚拟环境。

在指定目录中打开 Windows 操作系统的 PowerShell 工具，然后输入创建虚拟环境的命令。例如，在 D 盘的 demo 目录中创建虚拟环境 myenv，具体命令如下：

```
PS D:\demo>python -m venv myenv
```

以上命令执行后会创建包含 Python 的虚拟环境 myenv，虚拟环境中的 Python 版本由系统环境变量 PATH 中配置的 Python 安装路径中 Python 的版本决定。若要创建包含指定 Python 版本的虚拟环境，需要指定 Python 解释器的路径，具体命令如下：

```
python -m venv --python=<python_path> environment
```

上述格式中，--python 表示使用指定的 Python 解释器，environment 表示创建的虚拟环境。例如，创建虚拟环境时，指定使用的 Python 解释器，具体命令如下：

```
PS D:\demo> python -m venv --python=C:\Python\python.exe myenv
```

虚拟环境创建完成之后，并不能直接使用，需要激活创建的虚拟环境。首先将目录切换到虚拟环境的 Scripts 目录，然后执行 Activate.ps1 文件启用虚拟环境。以 myenv 为例，执行其内部的 Activate.ps1 文件来激活该虚拟环境，具体命令如下：

```
PS D:\demo\myenv\Scripts> Activate.ps1
```

若以上命令执行成功，则命令行的路径名之前会出现"（虚拟环境名）"，具体命令如下：

```
(myenv) PS D:\demo\myenv\Scripts>
```

使用 deactivate 命令可退出虚拟环境。

脚下留心：修改 PowerShell 的执行策略

由于在默认情况下 PowerShell 禁止执行脚本，所以当执行 Activate.ps1 文件后会出现".\Activate.ps1: 无法加载文件"。

对于上述情况，可通过修改执行策略，以允许在 PowerShell 中执行已签名的脚本。

首先可通过命令列出所有可用的执行策略的命令，具体命令如下：

```
Get-ExecutionPolicy -List
```

查看执行策略输出结果如图 1-3 所示。

图 1-3　查看执行策略输出结果

在图 1-3 中 CurrentUser 表示当前用户，它对应的值为 Undefined，表示当前执行策略未定义，因此需要为当前用户设置执行策略。

设置的执行策略值及含义如下：

（1）Restricted（限制）：默认的执行策略，不允许执行任何脚本。

（2）AllSigned（所有已签名）：只允许执行经过数字签名的脚本。

（3）RemoteSigned（远程已签名）：允许执行本地的脚本，但远程脚本必须经过数字签名。

（4）Unrestricted（不受限制）：允许执行任何脚本，不要求数字签名。

例如，将当前用户的执行策略修改为 AllSigned，具体命令如下：

```
PS D:\demo>Set-ExecutionPolicy -ExecutionPolicy AllSigned CurrentUser
```

执行上述命令之后，还需用户输入是否确认修改执行策略。当前用户确认修改执行策略之后，再执行 Activate.ps1 便可以激活创建的虚拟环境。修改执行策略如图 1-4 所示。

图 1-4　修改执行策略

1.2.3　使用pip安装Django

因为在 PyPI（Python package index，Python 语言的软件包仓库）中包含了 Django，所

以可以使用 pip 工具下载并安装 Django 框架。本书使用的 Django 版本为 5.0，在虚拟环境 myenv 中使用 pip 工具安装 Django，具体命令如下：

```
(myenv) PS D:\demo\myenv\Scripts> pip install django==5.0
```

若命令执行后命令行输出以下信息，说明 Django 安装成功：

```
Successfully installed asgiref-3.7.2 backports.zoneinfo-0.2.1 django-
5.0 sqlparse-0.4.4 typing-extensions-4.9.0 tzdata-2023.3
```

此时可以使用 pip list 命令查看虚拟环境中安装的包，具体命令如下：

```
Package             Version
------------------  -------
asgiref             3.7.2
backports.zoneinfo  0.2.1
Django              5.0
pip                 21.1.1
setuptools          56.0.0
sqlparse            0.4.4
typing-extensions   4.9.0
tzdata              2023.3
```

若想验证 Django 是否能被 Python 识别，可在命令行输入"python"，进入 Python 解释器，在 Python 解释器中尝试导入 Django，并输出 Django 的版本号，示例代码如下：

```
(myenv) PS D:\demo\myenv\Scripts> python
Python 3.12.1 (tags/v3.12.1:2305ca5, Dec  7 2023, 22:03:25) [MSC v.1937 64 bit (AMD64)] on win32
Type "help", "copyright", "credits" or "license" for more information.
>>> import django
>>> print(django.get_version())
5.0
```

在上述代码中，首先使用 import 语句导入 django，然后调用 get_version() 函数获取当前安装的 Django 版本号，代码执行后输出的 5.0 为安装的版本号。

1.3　创建第一个Django项目

在搭建好开发环境以后，开发人员便可以使用 Django 框架开发项目了。本节将介绍如何创建一个简单的 Django 项目，并围绕这个项目介绍项目的结构、启动项目、配置项目，以及如何在项目中创建应用。

1.3.1　新建Django项目

在当今社会，技术创新已经成为推动社会进步的关键力量之一。新建 Django 项目不仅仅是在技术上的一次尝试，更是对社会责任和发展使命的践行。作为开发者，我们应当时刻铭记技术的发展要为社会带来积极的影响，助力社会的和谐与进步。

举例来说，在新建 Django 项目的过程中，我们可以思考如何将技术与社会责任相结合。比如，我们可以开发一个社交平台，旨在促进公益活动的组织与参与。通过这个平台，用户可以发布、组织和参加各种公益活动，如环保行动、爱心义卖等。这不仅可以提高社会公益活动的组织效率，还可以增加志愿者的参与度，推动社会公益事业的发展。

使用 Django 提供的命令，可以创建一个 Django 项目，具体语法格式如下：

```
django-admin startproject 项目名称
```

例如，创建一个倡导公益活动的 Django 项目 mysite，具体命令如下：

```
django-admin startproject mysite
```

以上命令会在当前目录下创建一个名为 mysite 的 Django 项目。需注意应避免使用 Python 或 Django 的内部保留字来为项目命名，如 settings、urls、models、admin、views、templates、migrations 等。

除了使用 startproject 创建 Django 项目之外，Django 还提供了多个命令用于管理和开发 Django 应用程序的工具。这些命令可以帮助开发人员执行各种任务，包括创建项目、创建应用程序、运行开发服务器、执行数据库迁移、创建超级用户、运行测试等。

例如，通过 django-admin（Django 框架提供的命令行工具）的 help 命令获取 Django 管理命令的帮助信息，示例代码如下：

```
(myenv) PS D:\demo\myenv\Scripts> django-admin help
Type 'django-admin help <subcommand>' for help on a specific subcommand.
Available subcommands:
[django]
    check
    makemigrations
    migrate
    runserver
    shell
    startapp
    startproject
    ...
```

执行 django-admin help 之后输出多个命令，例如，startproject 表示创建项目，startapp 表示创建应用等。

每个命令还会包含若干子命令，如果想查看某个命令的子命令，那么可以通过 django-admin help <subcommand> 进行查看，例如，查看 startproject 的子命令，示例代码如下：

```
(myenv) PS D:\demo\myenv\Scripts> django-admin help startproject
usage: django-admin startproject [-h] [--template TEMPLATE] [--extension EXTENSIONS]
[--name FILES]
    [--exclude [EXCLUDE]] [--version] [-v {0,1,2,3}] [--settings SETTINGS]
    [--pythonpath PYTHONPATH] [--traceback] [--no-color] [--force-color]
    name [directory]
Creates a Django project directory structure for the given project name in the current
directory or optionally in the
    given directory.
positional arguments:
    name                    Name of the application or project.
    directory               Optional destination directory
    ...
```

在上述输出结果中，usage 表示该命令的使用方法，中括号中的内容为可选参数；positional arguments 表示该命令的位置参数，如 name 表示创建的项目名称。

1.3.2 项目结构说明

查看 1.3.1 节中创建的 Django 项目结构，具体命令如下：

```
mysite\
    manage.py
    mysite\
        __init__.py
        settings.py
        urls.py
        asgi.py
        wsgi.py
```

Django 项目结构中目录和文件的说明如下：

- mysite\：Django 项目的根目录，包含其他子目录或文件。Django 并不关心根目录的名称，开发人员可以重新为根目录命名。
- manage.py：一个命令行工具，用于与项目进行交互。开发人员可以使用它来运行开发服务器、执行数据库迁移、创建超级用户等。
- mysite\：一个纯 Python 包，其中存放项目文件，在引用项目文件时会使用到这个包名，如 mysite.urls。
- __init__.py：一个空文件，用于告知 Python 解释器这个文件所在的目录应被视为一个 Python 包。
- settings.py：Django 项目的配置文件，其中包含有关数据库、静态文件、模板、应用程序和其他重要设置的信息。本书后续内容将介绍该文件的更多细节。
- urls.py：定义了项目的 URL 映射关系，即将不同的 URL 路径与对应的视图函数或应用程序关联起来，其中的每个 URL 将映射一个视图。
- asgi.py：用于异步 Web 服务器的入口点，如 Django Channels（用于处理实时应用和 Websockets 的 Django 扩展框架）。
- wsgi.py：用于部署项目的入口点，通常与 Web 服务器（如 Apache 或 Nginx）集成使用。

1.3.3 运行开发服务器

Django 提供了一个使用 Python 编写的轻量级开发服务器，开发期间可暂不配置生产服务器（如 Apache），先基于此服务器进行测试。项目创建完成后可以启动开发服务器来检测项目是否有效。

下面以 mysite 项目为例，演示如何运行开发服务器并启动 mysite 项目。在命令行工具中使用 cd 命令切换到 manage.py 文件所在目录，之后输入以下命令运行开发服务器：

```
python manage.py runserver
```

命令行中将输出以下内容：

```
(myenv) PS D:\demo\mysite> python manage.py runserver
```

```
Watching for file changes with StatReloader
Performing system checks...
System check identified no issues (0 silenced).
You have 18 unapplied migration(s). Your project may not work properly until
you apply the migrations for app(s): admin, auth, contenttypes, sessions.
Run 'python manage.py migrate' to apply them.
December 12, 2023 - 17:36:49
Django version 5.0, using settings 'mysite.settings'
Starting development server at http://127.0.0.1:8000/
Quit the server with CTRL-BREAK.
```

以上输出中的加粗部分是未应用数据库迁移的警告，此部分将在第 3 章的模型中详细介绍，请暂时忽略。

另外，输出信息 "Starting development server at http://127.0.0.1:8000/" 表明开发服务器已经成功启动。在浏览器中访问 http://127.0.0.1:8000/，启动成功提示如图 1-5 所示。

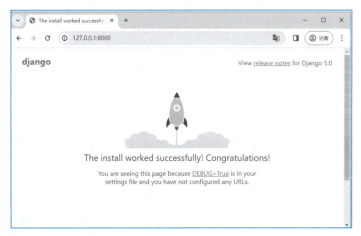

图 1-5 启动成功提示

此时查看控制台窗口，可看到浏览器发送来的 GET 请求如下：

```
[12/Dec/2023 17:39:03] "GET /favicon.ico HTTP/1.1" 404 2110
[12/Dec/2023 17:39:17] "GET / HTTP/1.1" 200 10664
```

浏览器的每个请求都会在开发服务器的命令行窗口中输出，运行开发服务器时产生的错误也会在其中显示。

多学一招：更改开发服务器端口

默认情况下开发服务器在本地 IP 的 8000 端口上启动，如果要更改端口，可将端口作为命令行参数传递。例如，在端口 8080 上启动服务器，具体命令如下：

```
python manage.py runserver 8080
```

默认情况下，Django 开发服务器绑定本地回环地址 127.0.0.1，只能通过本地访问。如果想更改服务器的 IP 地址，那么在运行 runserver 命令时指定 IP 地址和端口号。例如，指定 IP 地址为 192.168.1.100（局域网 IP），端口号为 8080，具体命令如下：

```
python manage.py runserver 192.168.1.100:8080
```

运行上述命令后，Django 开发服务器将在指定的 IP 地址和端口上启动，并且其他计算机可以通过浏览器访问 http://192.168.1.100:8080 来查看 Django 项目。

如果想要使开发服务器在所有 IP 地址上监听，可以使用 0.0.0.0 作为 IP 地址，具体命令如下：

```
python manage.py runserver 0.0.0.0:8000
```

1.3.4 Django项目配置

为了使 Django 项目能适应不同的需求，如连接各种数据库、指定静态文件的位置等，通常需要对 Django 项目进行配置。默认情况下，Django 项目会在运行以后自动加载项目根目录下的配置文件 settings.py，并根据该文件中的信息进行配置。

配置文件 settings.py 本质上是一个 Python 模块，该文件中包含一些模块级别的变量，每个变量其实是一个配置项。我们可以对这些配置项的值进行修改，以满足特定的需求。下面介绍一些 Django 中比较重要的配置项。

1. DEBUG

DEBUG 是一个布尔值，用于设置开启/禁用当前项目的调试模式。DEBUG 值为 True 时项目使用调试模式，项目在调试模式下运行时若抛出异常，Django 将显示详细的错误页面。生产环境下必须将该选项设置为 False，以免暴露与项目相关的敏感数据。

2. ALLOWED_HOSTS

ALLOWED_HOSTS 默认是一个空列表，用于指定允许访问 Django 应用程序的主机名或 IP 地址。当 ALLOWED_HOSTS 值为空列表或 DEBUG 为 True 时，主机将根据 ['.localhost', '127.0.0.1', '[::1]'] 进行验证，即只允许主机名以 .localhost 结尾的请求、IP 地址为 127.0.0.1 的请求、IPv6 地址为 [::1] 的请求。

3. INSTALLED_APPS

INSTALLED_APPS 项的值是一个列表，用于指定当前 Django 项目启用的所有应用程序。列表中的元素为一个代表应用层配置类或包含应用程序的包的字符串，该选项包含的默认应用与应用的功能具体如下：

```
INSTALLED_APPS = [
    'django.contrib.admin',             # 管理站点
    'django.contrib.auth',              # 验证框架
    'django.contrib.contenttypes',      # 处理内容类型的框架
    'django.contrib.sessions',          # 会话框架
    'django.contrib.messages',          # 消息机制框架
    'django.contrib.staticfiles',       # 管理静态文件的框架
]
```

4. MIDDLEWARE

MIDDLEWARE 用于指定当前项目要使用的中间件列表，中间件是一个组件或插件系统，

用于在请求和响应之间进行处理。它允许开发者在请求到达应用程序和响应发送给客户端之间执行额外的逻辑。

5. ROOT_URLCONF

ROOT_URLCONF 是一个字符串，表示指向 URL 配置模块的 Python 导入路径。例如，ROOT_URLCONF 为 'mysite.urls' 时，表示 Django 将会从名为 'mysite' 的 Python 包中导入名为 'urls' 的模块作为 URL 配置，这个 'urls' 模块包含了 URL 模式和视图函数之间的映射关系，用于处理来自客户端的 HTTP 请求。

6. TEMPLATES

TEMPLATES 是一个包含 Django 所有模板引擎的列表，其中的每个元素都是包含单个引擎选项的字典。

7. DATABASES

DATABASES 是一个包含 Django 所有数据库设置的字典，其中的每个元素都是一个字典。需要注意，该配置项必须包含一个默认数据库"default"。Django 默认使用的数据库为 SQLite3，配置信息如下：

```
DATABASES = {
    'default': {
        'ENGINE': 'django.db.backends.sqlite3',
        'NAME': 'mydatabase',
    }
}
```

若项目要使用其他数据库，如 MySQL、Oracle，需要其他连接参数。配置 MySQL 作为 Django 的默认数据库，示例代码如下：

```
DATABASES = {
  'default': {
      'ENGINE': 'django.db.backends.mysql',      # 数据库引擎
      'HOST':'192.168.40.129',                   # 数据库主机地址
      'PORT':3306,                               # 数据库端口
      'USER':'root',                             # 数据库用户名
      'PASSWORD':'123456',                       # 数据库密码
      'NAME':'xiaoyu'                            # 数据库名
   }
}
```

8. LANGUAGE_CODE

LANGUAGE_CODE 用于为站点设置默认语言。使用此配置项时，USE_I18N 必须设置为 True。

9. USE_TZ

USE_TZ 是一个布尔值，用于指定是否启用时区支持。当 USE_TZ 设置为 True 时，Django 会启用时区支持，即使用时区信息来处理日期和时间。

10. STATIC_URL

STATIC_URL 是一个字符串,用于指定静态文件的 URL 前缀,默认值为 "'static/'",表示在 Django 项目中,静态文件的 URL 前缀是 'static/'。

1.3.5 在项目中创建应用

在 Django 中,应用是指一个独立的、可重用的 Web 应用程序模块,通常用于处理网站的特定功能。每个 Django 项目可以包含多个应用,每个应用都可以独立开发、测试、部署和维护。下面介绍如何在项目中创建应用,具体步骤如下:

1. 创建应用

Django 应用一般存放在与 manage.py 文件同级的目录中,以便将其作为顶级模块而非项目的子模块导入。在 manage.py 所在目录下执行以下命令创建应用:

```
python manage.py startapp users
```

以上命令执行后将会创建一个 users 应用,该应用的目录结构如下:

```
users\
    migrations\
        __init__.py
    __init__.py
    admin.py
    apps.py
    models.py
    tests.py
    views.py
```

以上应用结构中常用目录和文件的说明如下:

(1) users:一个纯 Python 包,其中存放应用文件,在引用文件时会用到这个包名,如 users.models,表示引用 users 包中的 models.py 文件。

(2) migrations:一个 Python 包,其中的文件为执行迁移时生成的迁移文件。

(3) admin.py:一个可选文件,用于向 Django 后台管理系统中注册模型。

(4) models.py:模型文件,Django 应用的必备文件,其中包含应用的数据模型。该文件可以为空。

(5) test.py:测试文件,可在该文件中编写测试用例。

(6) views.py:视图文件,其中包含定义了应用的逻辑。每个视图文件接收一个 HTTP 请求,处理请求并返回一个响应结果。

2. 安装应用

为了使 Django 能够识别和使用应用程序的功能,需要将创建的应用进行安装,以便在整个项目中能够调用。具体操作为:打开配置文件 settings.py,在该文件的配置项 INSTALLED_APPS 中添加 users,添加后的配置项如下:

```
INSTALLED_APPS = [
    'django.contrib.admin',
    'django.contrib.auth',
```

```
    'django.contrib.contenttypes',
    'django.contrib.sessions',
    'django.contrib.messages',
    'django.contrib.staticfiles',
    'users',
]
```

3. 编写视图，配置路由

为了测试应用是否安装成功，这里编写一个简单的视图，并配置路由，使应用实现在浏览器中显示"hello world"的功能。

（1）编写视图。打开应用 users 下的视图文件 views.py，在其中编写视图函数，示例代码如下：

```
from django.shortcuts import render
from django import http
def index(request):
    return http.HttpResponse('hello world')
```

以上定义的视图函数 index() 的功能为返回响应信息"hello world"。

（2）配置路由。为了保证服务器能成功找到用户请求的页面，需为应用配置路由。下面介绍两种配置路由方式。

第一种方式：首先在应用 users 中创建 urls.py 文件，并在该文件配置视图函数与 URL 的映射关系，示例代码如下：

```
# mysite/users/urls.py
from django.urls import path
from . import views
urlpatterns = [
    path('hello/',views.index)
]
```

然后在项目的 mysite/urls.py 文件中，通过路由分发（第 2 章中介绍路由分发）的方式设置要访问哪个应用的 urls.py 文件，示例代码如下：

```
# mysite/urls.py
from django.contrib import admin
from django.urls import path,include
urlpatterns = [
    path('admin/', admin.site.urls),
    path('', include('users.urls')),   # 使用include()函数实现路由分发
]
```

第二种方式：不需要在 users 应用中创建 urls.py 文件，直接在项目的 mysite/urls.py 文件中设置与视图函数映射的 URL，示例代码如下：

```
# mysite/urls.py
from django.contrib import admin
from django.urls import path
from users import views
urlpatterns = [
    path('admin/', admin.site.urls),
```

```
    path('hello/', views.index)
]
```

使用上述两种方式均可以配置视图函数与 URL 的映射关系，但第一种方式适用于项目中包含多个应用的情况；第二种方式适用于项目中包含少量的应用。

4．运行开发服务器，测试应用功能

运行开发服务器，然后在浏览器中访问 http://127.0.0.1:8000/hello/，此时浏览器的页面中将显示"hello world"，页面显示效果如图 1-6 所示。

图 1-6　页面显示效果

1.4　Django之MTV模式

Django 采用 MTV 模式来组织 Web 应用程序。MTV 是指 model-template-view，是一种软件架构模式。在 MTV 模式中，它将 Web 应用程序分为三个部分：模型（model）、模板（template）和视图（view），模型负责定义数据结构和数据库操作，模板负责展示页面内容，视图负责处理用户请求并返回响应。

Django 项目的数据模型定义在模型文件 models.py 中，模板文件存储在 templates 目录（需手动创建与配置）中，业务逻辑存储在视图文件 views.py 中。此外，Django 项目还有一个核心文件 urls.py，用于实现路由分发功能。

Django 工作流程如图 1-7 所示。

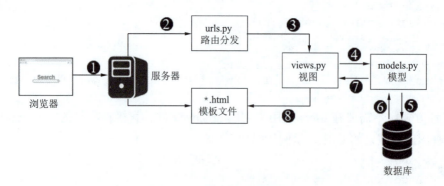

图 1-7　Django 工作流程

图 1-7 中 Django 工作流程具体如下：

（1）用户通过浏览器向服务器发送请求。

（2）服务器接收请求后，根据 urls.py 文件定义的 URL 进行路由分发，确定将请求发送给哪个视图函数或类处理。

（3）根据请求的 URL 调用 views.py 文件中相应的视图函数或类，这些视图通常包含了业务逻辑。

（4）在 views.py 文件中，根据业务需求使用定义的模型类查询数据。

（5）在 models.py 文件中模型类生成的数据表中查询数据。

（6）数据库将查找到的数据返回给 models.py 文件。

（7）models.py 文件将查询出的数据传递到视图函数中，在视图函数中可以对数据进行进一步处理或传递给模板文件。

（8）通过 views.py 文件中视图函数将数据传递到模板文件进行渲染，生成页面内容。

小　　结

本章简单地介绍了Django框架，包括Django的优点、安装Django、创建第一个Django项目和MTV模式。通过本章的学习，读者能对Django框架有所了解，掌握如何搭建虚拟环境，熟悉Django目录结构，可熟练创建Django项目与应用。

习　　题

一、填空题

1. Django是一个开源Web应用框架，它遵循_____模式。
2. 使用venv创建虚拟环境myenv的具体命令为_____。
3. 新建Django项目mysite，使用的命令为_____。
4. Django项目运行开发服务器的命令为_____。
5. Django中创建users应用的命令为_____。

二、判断题

1. Django是使用Python语言编写的一个开源Web应用框架。（　　）
2. 如果Python版本为3.8，那么可以在该环境中安装Django 5.0版本。（　　）
3. 在Python中可以使用venv或virtualenv工具创建虚拟环境。（　　）
4. Django框架中，默认连接的数据库为MySQL。（　　）
5. Django提供了一个使用Python编写的轻量级开发服务器。（　　）

三、选择题

1. 下列选项中，属于Python内置创建虚拟环境的工具是（　　）。
   A．venv　　　　　B．virtualenv　　　　C．pyenv　　　　D．conda

2. Django项目默认使用的端口号为（　　）。
   A. 3306　　　　　　B. 8080　　　　　　C. 8000　　　　　　D. 80
3. 下列选项中，（　　）表示启用venv创建的虚拟环境。
   A. Activate.ps1　　　　　　　　　　B. activate.bat
   C. activate　　　　　　　　　　　　D. python.exe
4. 下列选项中，（　　）表示退出venv创建的虚拟环境。
   A. close　　　　　　　　　　　　　B. exit
   C. deactivate.bat　　　　　　　　　D. deactivate
5. 下列配置信息中，（　　）表示连接数据库的配置项。
   A. DEBUG　　　　　　　　　　　　B. ALLOWED_HOSTS
   C. INSTALLED_APPS　　　　　　　D. DATABASES

四、简答题

1. 简述虚拟环境的作用。
2. 简述Django框架的优点。
3. 简述MTV模式各部分的职责。

第 2 章

路 由 系 统

学习目标

◎ 了解 Django 处理 HTPP 请求的流程，能够说出 Django 如何处理请求。
◎ 了解 URL 配置，能够说出如何匹配 URL。
◎ 掌握内置路由转换器的使用，能够在 URL 中正确使用内置路由转换器。
◎ 掌握自定义路由转换器的使用，能够根据需求自定义路由转换器。
◎ 掌握使用正则表达式匹配 URL 的方式，能够通过正则表达式匹配指定的 URL。
◎ 掌握 include() 函数的使用，能够通过 include() 函数实现路由分发。
◎ 掌握向视图函数传递额外参数的方式，能够根据项目需求向视图函数中传递额外参数。
◎ 了解 URL 模式命名，能够说出 URL 命名的作用。
◎ 掌握 reverse() 函数的使用，能够通过 reverse() 函数实现反向解析。
◎ 掌握应用命名空间的设置，能够在项目中使用应用命名空间。
◎ 了解实例命名空间，能够说出实例命名空间的作用。

路由系统是 Django 框架的核心组件之一，扮演着将 HTTP 请求与应用程序中的特定代码逻辑相连接的关键角色。通过路由系统，开发者可以定义 URL 模式，将特定的 URL 请求映射到相应的视图函数或类上，从而实现请求的分发和处理。这种映射关系定义了应用程序的各个部分如何响应特定的 URL 请求，使得开发者能够构建出灵活而强大的 Web 应用程序。本章将对 Django 的路由系统进行介绍。

2.1 认识路由系统

Django 的路由系统由一个 URLConf（urls.py）模块以及多个视图函数组成。URLConf 模块定义了 URL 模式与其对应的视图函数之间的映射关系。通俗而言，就是匹配 URL，并调用相应的程序进行处理。例如，当用户发起一个请求时，路由系统会根据请求的 URL 和配置的 URL 模式，确定应该调用哪个视图来处理该请求。本节将对 HTTP 请求处理流程概述和 URL 配置进行介绍。

2.1.1 HTTP请求处理流程概述

Django框架的路由系统负责接收用户通过浏览器发来的HTTP请求，并将这些请求分派给相应的视图进行处理。在Django中，路由系统使用URL映射来确定请求应该由哪个视图函数或类来处理。

Django处理HTTP请求的流程具体如图2-1所示。

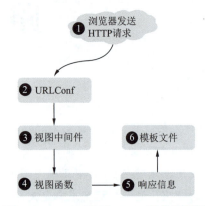

图2-1　Django处理HTTP请求的流程

图2-1所示的Django处理HTTP请求的流程介绍具体如下：

（1）当在浏览器的地址栏中输入访问的URL并按下【Enter】键后，浏览器会向Django项目所在的服务器发送HTTP请求。

（2）当Django的路由系统接收到HTTP请求后，路由系统会根据URLConf中定义的规则，匹配访问的URL。

（3）URL匹配成功之后，会调用定义的视图函数，但在视图函数执行之前，Django通过中间件对请求进行处理。中间件是Django的一个机制，可以在请求到达视图函数之前或之后执行一些预处理或后处理操作，如身份验证、请求日志记录等。

（4）中间件处理完成之后，Django将调用与URL对应的视图来处理请求。视图接收请求作为参数，并可以进行各种业务逻辑处理。

（5）视图处理完请求之后，会将要响应的内容生成一个响应对象。

（6）视图会将响应对象返回给浏览器，浏览器渲染响应对象并在HTML页面中进行显示。

2.1.2 URL配置

一个项目允许有多个urls.py，但Django需要一个urls.py作为入口，这个特殊的urls.py就是根URLconf（根路由配置），它由settings.py文件中的ROOT_URLCONF指定，示例代码如下：

```
ROOT_URLCONF = 'mysite.urls'
```

上述示例中，ROOT_URLCONF的值为mysite.urls，表示Django将会从名为mysite的项目中导入名为urls的模块作为根路由配置。

为保证项目结构清晰，开发人员通常在 Django 项目的每个应用下创建 urls.py 文件，在其中为每个应用配置子 URL。

路由系统接收到 HTTP 请求后，先根据请求的 URL 匹配根 URLconf，找到匹配的应用，再继续匹配子 URL，直到匹配完成。URL 匹配过程示例如图 2-2 所示。

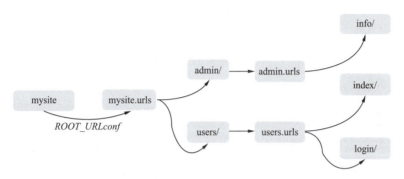

图 2-2　URL 匹配过程示例

由图 2-2 中可知，Django 项目的名称为 mysite，根 URLconf 为 mysite 目录下的 urls.py 文件，应用的名称分别是 admin 和 users，如果请求的 URL 是 users/index/，那么首先根据 ROOT_URLCONF 找到根 urls.py 文件并匹配 users/，然后在根 urls.py 文件匹配应用的 URL，当匹配到应用的 URL 后，再到应用的 urls.py 文件匹配 index/。

Django 中可通过 path() 函数匹配 URL 模式，该函数定义在 django.urls 模块中，语法格式如下：

```
path(route, view, kwargs=None, name=None)
```

path() 函数中各个参数的具体含义如下：

- route：必选参数，表示要匹配的 URL 模式，是一个字符串，其中可以包含向视图函数传递的参数，以"< >"标识。
- view：必选参数，表示要调用的视图函数，Django 匹配到 URL 模式后会调用相应的视图函数，并传入一个 django.http.HttpRequest 对象作为第一个参数。
- kwargs：接收 URL 模式中的任意个关键字参数，将其组织为一个字典类型的数据传递给指定视图函数。
- name：为 URL 模式设置一个唯一的名称，以便 Django 可以在任意地方唯一地引用它。

需要注意，使用 path() 函数对 URL 模式进行匹配时，不会对 URL 中的协议类型、域名、端口号进行匹配。

例如，在 users 应用的 urls.py 文件中设置要匹配的 URL，示例代码如下：

```
urlpatterns = [
    path('index/', views.index),
    path('login/', views.login)
]
```

以上示例中的变量 urlpatterns 是一个列表，该列表的元素是调用 path() 函数匹配的 URL 模式。

结合对 path() 函数的功能分析以上示例中的 URL 配置可知：访问 http://127.0.0.1:8000/index/ 会匹配列表 urlpatterns 中的第一项，并调用 index() 视图函数；访问 http://127.0.0.1:8000/login/ 会匹配列表 urlpatterns 中的第二项，并调用 login() 视图函数。

2.2 路由转换器

路由转换器用于将 URL 中的路由参数转换为指定的类型。Django 内置了五种路由转换器，也支持开发人员自定义路由转换器。本节将对路由转换器进行介绍。

2.2.1 内置路由转换器

内置路由转换器可以显式地指定路由中参数的数据类型。例如，"<str:phone>"指定路由参数 phone 的数据类型为 str。

Django 内置了五种路由转换器，这些路由转换器的功能具体如下：

（1）str：匹配任何非空字符串，但不包含分隔符"/"。如果 URL 模式中没有指定参数类型，默认使用该类型。

（2）int：匹配 0 或任何正整数。

（3）slug：匹配由字母、数字、连字符和下画线（英文形式）组成的字符串。

（4）uuid：匹配一个 uuid 字符串。为了防止多个 URL 模式映射到同一页面中，该转换器必须包含连字符，且所有字母均为小写。

（5）path：匹配任何非空字符串，包括分隔符"/"。

使用上述的五种路由转换器定义 URL 模式，示例代码如下：

```
urlpatterns = [
    path('str/<str:str_type>/', views.str_converter),      # 1.使用 str 转换器
    path('int/<int:int_type>/', views.int_converter),      # 2.使用 int 转换器
    path('slug/<slug:slug_type>/', views.slug_converter),  # 3.使用 slug 转换器
    path('uuid/<uuid:uuid_type>/', views.uuid_converter),  # 4.使用 uuid 转换器
    path('path/<path:path_type>/', views.path_converter),  # 5.使用 path 转换器
]
```

在上述示例中，str/<str:str_type>/ 可以匹配到 /str/python/；int/<int:int_type>/ 可以匹配到 /int/100/；/slug/<slug:slug_type>/ 可以匹配到 /slug/type_blog-django/；uuid/<uuid:uuid_type>/ 可以匹配到 /uuid/59c08cbe-b828-11e9-a3b8-408d5c7ffd28/；path/<path:path_type>/ 可以匹配到 /path/py/thon/。

2.2.2 自定义路由转换器

虽然内置的路由转换器能够处理绝大部分应用场景，但在实际开发中可能需要匹配一些复杂的参数，如限制路由长度的参数，这时就需要开发人员自定义路由转换器。

自定义路由转换器本质上是一个类，这个类包含类属性 regex、类方法 to_python() 和 to_url()，其中 regex 用于定义匹配 URL 中的字符串模式；to_python() 方法用于将 URL 匹配到的字符串转换为 Python 对象并传递给视图函数；to_url() 方法用于将 Python 对象转换为 URL 字

符串的表示形式。

自定义路由转换器定义完成之后，需通过 urls 模块中的 register_converter() 函数将注册到 Django 框架中，register_converter() 函数的格式如下：

```
register_converter(converter, type_name)
```

register_converter() 函数中包含两个参数，其中参数 converter 接收自定义的路由转换器类；参数 type_name 表示在 URL 中使用的路由转换器名称。

为了便于大家的理解，接下来，定义匹配手机号码的路由转换器演示如何定义和使用自定义路由转换器，具体步骤如下：

1. 自定义路由转换器并注册

首先在虚拟环境 myenv 中创建 Django 项目 chapter02，然后在该项目中创建和安装应用 example，接着在 example 应用中创建 converter.py 文件，最后在这个文件中定义路由转换器类 MyConverter 类，并使用 register_converter() 函数注册自定义路由转换器。定义与注册自定义路由转换器的代码具体如下：

```python
from django.urls import register_converter
class MyConverter:
    # 匹配规则
    regex = '1[3-9]\d{9}'
    def to_python(self, value):
        return value
    def to_url(self, value):
        return value
# 注册自定义的路由转换器
register_converter(converter=MyConverter, type_name='mobile')
```

上述代码中，调用 register_converter() 函数注册自定义的路由转换器，该函数中第一个参数 converter 表示要注册的转换器类，此处定义的转换器类为 MyConverter；第二个参数 type_name 表示要与转换器类关联的字符串类型名称，此处定义的名称为 'mobile'。

2. 定义视图函数

在 example 应用的 views.py 文件中定义 show_moblie() 视图，用于在页面中呈现 URL 中输入的手机号，示例代码如下：

```python
from django.http import HttpResponse
def show_mobile(request, phone_num):
    return HttpResponse(f'手机号为：{phone_num}')
```

3. 使用自定义路由转换器

视图定义完成之后，在 chapter02 项目的 urls.py 文件中定义访问 show_moblie() 视图的 URL 模式，并使用自定义的路由转换器匹配手机号，示例代码如下：

```python
from django.urls import path
from example.converter import MyConverter
from example import views
urlpatterns = [
    path('mobile/<mobile:phone_num>/', views.show_mobile)
]
```

启动 chapter02 项目,访问 http://127.0.0.1:8000/mobile/13000000000/,此时,因为 URL 中的手机号 13000000000 匹配自定义的路由转换器 mobile,所以 Django 能够调用 views.py 中的 show_mobile() 视图,在页面中呈现手机号,如图 2-3 所示。

图 2-3　呈现手机号

如果输入的手机号码格式不正确,那么页面会显示 Page not found (404)。

2.3　使用正则表达式匹配URL

虽然通过自定义路由转换器可以定义较为复杂的路由参数,但是操作相对烦琐,为了解决此种情况,Django 还提供了使用 re_path() 函数定义 URL 模式。

re_path() 函数相较于 path() 函数具有更灵活的 URL 匹配、更强大的 URL 参数传递。re_path() 函数使用正则表达式来匹配 URL 模式,因此可以进行更灵活和复杂的 URL 匹配。正则表达式捕获组是 re_path() 函数传递 URL 参数的方式,这种方式比 path() 函数更强大且灵活,在 URL 中使用多个捕获组,每个捕获组对应一个参数,并且可以指定每个参数的类型和格式。

re_path() 函数位于 urls 模块,其语法格式如下:

```
re_path(route, view, kwargs=None, name=None)
```

re_path() 函数中各个参数的具体含义如下:

- route:必选参数,表示要匹配的 URL 模式,是一个包含正则表达式的字符串,其中可以包含向视图函数传递的参数。
- view:必选参数,表示要调用的视图函数,Django 匹配到 URL 模式后会调用相应的视图,并传入一个 django.http.HttpRequest 对象作为第一个参数。
- kwargs:接收 URL 模式中的任意个关键字参数,将其组织为一个字典类型的数据传递给指定视图函数。
- name:为 URL 模式设置一个唯一的名称,以便 Django 可以在任意地方唯一地引用它。

使用 re_path() 函数匹配 URL,示例代码如下:

```
from django.urls import re_path
urlpatterns = [
    re_path(r"^mobile/1[3-9]\d{9}/$", views.show_mobile),
    re_path(r"^articles/(?P<year>[0-9]{4})/$", views.show_year),
]
```

以上示例,使用原生字符串为 re_path() 函数的参数 route 传参,以避免因正则表达式包含转义字符而产生转义,当访问 http://127.0.0.1:8000/mobile/130123456789/ 会匹配列表 urlpatterns 中的第一项,并调用 show_mobile() 视图函数;访问 http://127.0.0.1:8000/articles/2023/ 会匹配列表 urlpatterns 中的第二项,并调用 show_year() 视图函数。

re_path() 函数接收的正则表达式中既可以设置分组名,也可以不设置分组名。如果正则表达式中设置了分组名,那么在定义的视图中需要接收与分组名同名的参数;如果正则表达式中未设置分组名,那么在定义的视图中需要接收符合参数命名规则的参数即可。

接下来,分别介绍 re_path() 函数中接收设置分组名的正则表达式和未设置分组名的正则表达式。

1. 设置分组名的正则表达式

在 Python 中包含分组名的正则表达式格式如下:

```
(?P<name>pattern)
```

上述格式中,小括号表示分组的开始和结束;?P<name> 表示命名分组,name 表示分组的名称;pattern 表示需要匹配的模式。

如果在 URL 模式中设置了分组名称,那么在定义的视图函数中需要接收与分组名同名的参数,并且参数的数量需要和分组数量保持一致。

例如,定义的 URL 模式中具有两个有分组名的正则表达式,示例代码如下:

```
re_path(r"^articles/(?P<year>[0-9]{4})/(?P<month>[1-9]|1[0-2])/$",
        views.show_year_month)
```

上述 URL 模式中包含了两个分组,分别是 year 和 month,其中分组名为 year 的匹配模式为 0~9 的任意 4 个数字;分组名为 month 的匹配模式为 1~9 或 10、11 和 12 任意数字。

在定义该 URL 模式对应的视图函数 show_year_month() 时,需要包含与分组名相同的参数,示例代码如下:

```
def show_year_month(request,year,month):
    return HttpResponse(f'{year}年{month}月')
```

运行开发服务器,访问 http://127.0.0.1:8000/articles/2024/2/,页面会显示"2024 年 2 月"。

2. 未设置分组名的正则表达式

在 Python 中未包含分组名的正则表达式格式如下:

```
(pattern)
```

上述格式中,小括号表示分组的开始和结束,pattern 表示需要匹配的模式。在小括号中并没有设置分组的名称。

如果在 URL 模式中未包含分组名称,那么在定义的视图函数中参数的名称可以自定义,参数的数量需要和分组数量保持一致。

例如,定义的 URL 模式中具有一个未包含分组名的正则表达式,示例代码如下:

```
re_path(r'num/(\d+)/', views.number)
```

在上述 URL 模式中包含了一个分组,并未设置分组名称。

在定义该 URL 模式对应的视图函数时需要接收一个自定义参数,该参数名满足命名规范即可,示例代码如下:

```
from django.http import HttpResponse
def number(request, show_num):
    return HttpResponse(f' 数字 :{show_num}')
```

运行开发服务器,当访问 http://127.0.0.1:8000/num/12/ 后,页面会显示"数字:12"。

2.4 路由分发

通常情况下,一个 Django 项目中会包含多个应用,每个应用都可以设置多个 URL,如果将项目所有的 URL 都定义在项目的 urls.py 文件中,那么该文件中的 URL 会变得非常多,不利于后期维护。

Django 允许每个应用将 URL 封装到本应用的 urls.py 文件中,在项目的 urls.py 文件中使用 urls 模块的 include() 函数将应用中的 urls.py 文件导入即可实现路由分发。

使用 include() 函数实现路由分发有以下三种方式:

```
include(module, namespace = None)                              # 1. 引入应用 urls.py
include(pattern_list)                                          # 2. 引入 URL 模式列表
include((pattern_list, app_namespace), namespace=None)         # 3. 引入应用命名空间
```

include() 函数参数的具体介绍如下:

- module:用于指定应用的 urls.py。
- namespace:用于指定 URL 模式的实例命名空间。
- pattern_list:用于指定一个包含 URL 模式的列表。
- app_namespace:用于指定应用命名空间。

上述参数中,命名空间是为了区分同名 URL 模式而引入的概念,每个应用都可以定义自己的 URL 模式,并为这些模式设置名称。通过为每个应用定义一个命名空间,可以限定 URL 名称在特定应用程序范围内的唯一性,避免冲突。

接下来,在 chapter02 项目中演示如何通过上述三种方式实现路由分发。

1. 引入应用的urls.py文件

引入应用的 urls.py 文件具体步骤如下:

(1)在 chapter02 项目中创建 users 应用,在此应用中新建 urls.py 文件。

(2)在 chapter02 项目的 urls.py 文件中使用 include() 函数导入 users 应用的 urls.py 文件,示例代码如下:

```
from django.contrib import admin
from django.urls import path,include
urlpatterns = [
    path('admin/', admin.site.urls),
    path('users/', include('users.urls')),
]
```

（3）在 users 应用的 urls.py 文件中定义与应用相关的 URL 模式，示例代码如下：

```
from django.urls import path, re_path
from users import views
urlpatterns = [
    path('login/', views.login),
]
```

当访问 /users/login/ 时，路由系统首先在项目的 urls.py 文件进行 URL 匹配。匹配到 /users/ 后，路由系统将请求传递给 users 应用的 urls.py，然后匹配到 /login/ 并调用视图函数 login()。

2. 引入URL模式列表

除了引入应用的 urls.py 文件，include() 函数还可以引入 URL 模式列表，此种形式不需要在应用中新建 urls.py，只需在项目的 urls.py 文件中使用 include() 函数添加额外的 URL 模式列表即可。

例如，在 chapter02 项目的 urls.py 文件中添加额外的 URL 模式列表，示例代码如下：

```
from django.contrib import admin
from django.urls import path,include
from users.views import report,show_num
extra_patterns = [
    path('reports/', report),
    path('reports/<int:id>/', show_num),
]
urlpatterns = [
    path('admin/', admin.site.urls),
    path('users/', include(extra_patterns)),
]
```

访问 /users/reports/，路由系统首先在 chapter02 项目的 urls.py 文件进行 URL 匹配，匹配到 /users/ 后路由系统遍历 URL 模式变量 extra_patterns 中的元素，匹配到 reports/ 后调用 report() 视图函数。

3. 引入应用命名空间

在 include() 函数中除了可以引入 URL 模式列表之外，还可以为定义的 URL 模式设置应用命名空间，以及通过参数 namespace 指定实例命名空间。

例如，在 chapter02 项目的 urls.py 文件中添加额外的 URL 模式列表、指定应用命名空间和实例命名空间，示例代码如下：

```
from django.contrib import admin
from django.urls import path, include
from users import views
extra_patterns = [
    path('reports/', views.report, name='reports'),
]
urlpatterns = [
    path('admin/', admin.site.urls),
    path('users/', include((extra_patterns, 'my_users'),
```

```
                            namespace='book')),
]
```

上述示例中，当访问 /users/reports/，也会调用 report() 视图函数，在该视图函数中可通过的应用命名空间和 URL 名称对 URL 进行反向解析。反向解析将在 2.6.2 进行介绍。

2.5 向视图函数传递额外参数

path() 函数、re_path() 函数允许向视图传递额外参数，这些参数存放在一个字典类型的数据中，该数据的键代表参数名，值代表参数值。re_path() 函数与 path() 函数传递额外参数方式相同，下面以 path() 函数为例介绍如何向视图传递额外参数。

使用 path() 函数的第三个参数可以向视图传递额外参数。例如，在 users 应用的 urls.py 文件中定义如下 URL 模式：

```
path('blog-list/', views.blog, {'blog_id':3}),
```

路由系统匹配到以上 URL 模式时，会调用 blog() 视图函数，并向该视图函数传递值为 3 的参数 blog_id。

URL 模式中向视图传递了参数，那么视图必然需定义了接收该参数的形参。在 users 应用 views.py 文件中定义 blog() 视图函数，示例代码如下：

```
def blog(request, blog_id):
    return HttpResponse(f'参数 blog_id 值为：{blog_id}')
```

运行开发服务器，当访问 http://127.0.0.1:8000/users/blog-list/，视图函数会将参数 blog_id 的值嵌套在响应信息返回。显示传递的参数如图 2-4 所示。

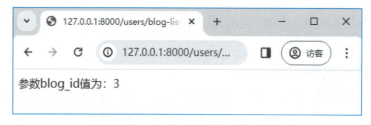

图 2-4 显示传递的参数

path() 函数除了可以通过指定视图函数中传递额外参数，还可以通过 include() 函数将传递的额外参数分发给应用的 URL 中，从而实现将额外参数传递给应用的每个视图函数。例如，首先在 chapter02 项目的 urls.py 文件中定义 URL 模式，并通过 include() 函数传递额外的参数，示例代码如下：

```
urlpatterns = [
    path('', include('users.urls'), {'name': 'Django'}),
]
```

然后在 users 应用的 views.py 文件中分别定义视图函数 book() 和 column()，示例代码如下：

```
from django.http import HttpResponse
def book(request, name):
    return HttpResponse (f'book-{name}')
def column(request, name):
    return HttpResponse (f'column-{name}')
```

最后在 users 应用的 urls.py 文件中定义 URL，并调用视图函数 book() 和 column()，示例代码如下：

```
urlpatterns = [
    path('book/', views.book),
    path('column/', views.column),
]
```

运行开发服务器，访问 http://127.0.0.1:8000/book/，页面响应视图函数 book() 返回的值，如图 2-5 所示。

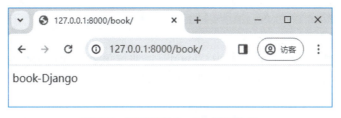

图 2-5　视图函数 book() 返回的值

访问 http://127.0.0.1:8000/column/，页面响应视图函数 colum() 返回的值，如图 2-6 所示。

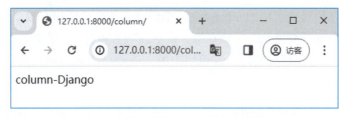

图 2-6　视图函数 column() 返回的值

2.6　URL模式命名与命名空间

2.6.1　URL模式命名

URL 模式命名是在 Django 项目中为每个 URL 模式分配一个唯一的名称，它允许我们通过名称引用 URL 而不是在代码中直接使用具体的 URL。

在使用 Django 框架时，URL 命名模式不仅是一种技术规范，更是体现网络文明的道德规范和社会主义核心价值观的重要方式之一。

举例来说，我们可以在定义 URL 时，采用具有正能量和积极意义的命名方式，以引领用户的思维观念和价值取向。比如，我们可以将 URL 命名为与公益活动相关的名称，如

volunteer_service、charity_event，以及与社会主义核心价值观相契合的词汇，如 harmony、progress、equality 等。这样的命名方式不仅使 URL 更具有可读性和语义化，更能够在潜移默化中传递正能量，弘扬社会主义核心价值观。

在 Django 项目为每个 URL 模式命名非常重要，它的优点如下：

（1）可读性和可维护性：通过为 URL 模式提供有意义的名称，可以更容易理解和识别 URL 的用途。

（2）避免硬编码：为 URL 模式命名后，可以在模板、视图函数或其他地方引用命名的 URL，而不使用硬编码的 URL 字符串。

（3）便于重构：如果已经为 URL 命名，那么当更改一个 URL 时，只需修改 URLConf 文件中的定义 URL 即可，而不必在整个项目中查找和修改所有引用该 URL 的地方。

在 path() 函数或 re_path() 函数中使用参数 name 为 URL 模式命名，示例代码如下：

```
urlpatterns = [
    path('user-login/', views.login, name='login'),
]
```

以上示例将路由 user-login/ 命名为"login"，通过该名称便可以使用 reverse() 函数对该 URL 进行反向解析或使用 redirect() 函数重定向 URL。

2.6.2 使用reverse()函数反向解析URL

反向解析 URL 是指在 Django 项目中根据给定的 URL 模式名称获取其对应的 URL 的过程。在 Django 项目中可以直接使用硬编码的 URL，即具体的 URL，但此种方式导致 URL 与项目耦合度较高，如果在项目或应用的 urls.py 文件中修改了某个页面的 URL，那么使用了该 URL 的视图函数或模板中都需要修改，导致在维护或更新项目过程中较为烦琐。

为了解决上述问题，可以使用 urls 模块中的 reverse() 函数实现反向解析 URL。reverse() 函数的语法格式如下：

```
reverse(viewname, urlconf=None, args=None, kwargs=None, current_app=None)
```

reverse() 函数中参数的具体含义如下：

- viewname：表示需要反向解析的视图函数的名称或 URL 模式名称。
- urlconf：用于指定要使用的 URL 配置文件，默认值为 None。
- args：用于传递位置参数，是一个元组类型，默认值为 None。
- kwargs：用于传递关键字参数，是一个字典类型，默认值为 None。
- current_app：用于在反向解析时指定当前应用的名称，默认值为 None。

需要注意，reverse() 函数中参数 args 与 kwargs 不能同时使用。

下面在 chapter02 项目中创建 goods 应用并在此应用中新建 urls.py，在 goods 应用中演示 reverse() 函数的用法，具体步骤如下：

首先在 chapter02 项目的 urls.py 文件中使用 path() 函数,将 goods 应用 urls.py 文件进行导入，示例代码如下：

```
path('', include('goods.urls')),
```

然后在 goods 应用中的 views.py 文件中定义 get_url() 视图函数，该视图函数可在页面显示通过反向解析获得的 URL，示例代码如下：

```
from django.http import HttpResponse
from django.shortcuts import reverse
def get_url(request):
    return HttpResponse(f"反向解析的url为：{reverse('url')}")
```

上述示例代码使用 reverse() 函数将命名为 "url" 的 URL 模式进行反向解析。

最后在 goods 应用的 urls.py 文件中定义 URL 模式，示例代码如下：

```
from django.urls import path
from goods import views
urlpatterns = [
    path('url-reverse/', views.get_url, name='url'),
]
```

运行开发服务器，访问 http://127.0.0.1:8000/url-reverse/ 时，页面响应视图函数 get_url() 反向解析获取的具体的 URL。反向解析 URL 如图 2-7 所示。

图 2-7　反向解析 URL

2.6.3　应用的命名空间

在 Django 中，为应用设置命名空间是一种用于区分不同应用中 URL 模式名称冲突的机制。它允许在不同的应用中使用相同的 URL 模式名称，而不会导致冲突。

为应用设置命名空间的方式比较简单，只需要在应用的 urls.py 文件中定义 app_name 变量，便可指定当前应用的命名空间，例如，在 goods 应用的 urls.py 文件中指定 app_name 的值为 goods，示例代码如下：

```
app_name = 'goods'
```

由于多个应用可以定义相同的 URL 模式，所以当多个应用存在相同 URL 模式的情况下，为了区分不同的应用，可以在访问应用时指定当前应用的命名空间，示例代码如下：

```
应用命名空间:URL 模式名称
```

为了大家更好理解使用应用的命名空间的好处，接下来，通过一个案例来演示，在 goods 应用和 users 应用中不定义变量 app_name 的值导致 URL 模式产生冲突的问题，具体步骤如下：

（1）在 chapter02 项目的 urls.py 文件的 urlpatterns 列表中，通过 include() 函数指定 users 应用和 goods 应用的 urls.py 文件，示例代码如下：

```python
urlpatterns = [
    path('admin/', admin.site.urls),
    path('users/', include('users.urls')),
    path('goods/', include('goods.urls')),
]
```

（2）在 users 应用的 views.py 文件定义视图函数 index()，示例代码如下：

```python
from django.http import HttpResponse
from django.shortcuts import reverse
def index(request):
    return HttpResponse(f"users应用的反向解析的url为：{reverse('index')}")
```

（3）在 goods 应用的 views.py 文件定义视图函数 index()，示例代码如下：

```python
from django.http import HttpResponse
from django.shortcuts import reverse
def index(request):
    return HttpResponse(f"goods应用的反向解析的url为：{reverse('index')}")
```

（4）在 users 应用的 urls.py 文件中定义 index() 函数对应的 URL 模式，示例代码如下：

```python
from django.urls import path
from users import views
urlpatterns = [
    path('index/', views.index, name='index'),
]
```

（5）在 goods 应用的 urls.py 文件中定义 index() 函数对应的 URL 模式，示例代码如下：

```python
from django.urls import path
from goods import views
urlpatterns = [
    path('index/', views.index, name='index'),
]
```

（6）启动开发服务器，并访问 http://127.0.0.1:8000/users/index/，未设置命名空间页面信息如图 2-8 所示。

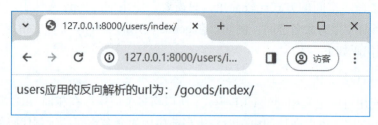

图 2-8　未设置命名空间页面信息

观察图 2-8 可知，地址栏中访问的 URL 为 http://127.0.0.1:8000/users/index/，而页面显示的为 "users 应用的反向解析的 url 为 /goods/index/"，那么就说明访问该 URL 后，调用的是 users 应用的视图函数 login()，而反向解析的 URL 却是 goods 应用的 URL，这样就出现了 URL 冲突问题。

为了解决这个问题，需要在 users 应用和 goods 应用的 urls.py 文件中分别为变量 app_

name 设置值。

在 users 应用的 urls.py 文件中使用 app_name 指定应用命名空间，示例代码如下：

```
app_name = 'users'
```

在 goods 应用的 urls.py 文件中使用 app_name 指定应用命名空间，示例代码如下：

```
app_name = 'goods'
```

此时将 login() 视图函数中的反向解析按照 "reverse('应用命名空间名称:URL 模式名称')" 格式修改，以 users 应用的 index() 视图函数为例，修改后的示例代码如下：

```
def index(request):
    return HttpResponse(f"users 应用的反向解析的 url 为:
                        {reverse('users:index')}")
```

再次访问 http://127.0.0.1:8000/users/index/，设置命名空间页面信息如图 2-9 所示。

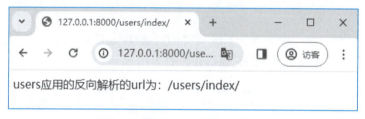

图 2-9　设置命名空间页面信息

观察图 2-9 可知，通过设置应用命名空间可以正确区分不同应用中的同名的 URL。

2.6.4　实例命名空间

虽然使用应用的命名空间可以区分不同应用相同的 URL 模式，但如果多个应用指向同一 urls.py 文件，即便在视图函数中使用应用命名空间进行区分，仍然会造成 URL 模式匹配冲突。

为了解决上述问题，在 Django 中可以通过 URL 的实例命名空间进行解决。实例命名空间在 Django 中的作用是确保定义的 URL 模式具有独一无二的命名，避免命名冲突。

实例命名空间的使用方式比较简单的，只需要在 include() 函数中通过 namespace 参数进行指定即可，示例代码如下：

```
path('path-one/', include('goods.urls', namespace='one'))
```

上述示例中，为 URL 模式 path-one/ 设置的实例命名空间名称为 one。

为了大家更好理解使用实例命名空间的好处，接下来，通过一个案例来演示，在 URL 模式中不指定实例命名空间导致 URL 模式匹配冲突的问题，具体步骤如下：

（1）创建 app01 应用，在 chapter02 项目的 urls.py 文件的 urlpatterns 中定义两个 URL 模式，通过 include() 函数将这两个 URL 模式指向同一个 urls.py 文件，示例代码如下：

```
# chapter02/urls.py
urlpatterns = [
    path('admin/', admin.site.urls),
    path('path-one/', include('app01.urls')),
```

```
    path('path-two/', include('app01.urls')),
]
```

（2）在app01应用中定义视图函数url_path()，示例代码如下：

```
from django.http import HttpResponse
from django.shortcuts import reverse
def url_path(request):
    return HttpResponse(f"当前url:{(reverse('app01:url_path'))}")
```

（3）在app01应用中创建urls.py文件，定义URL模式并指定应用的命名空间，示例代码如下：

```
from django.urls import path
from app01 import views
app_name = 'app01'
urlpatterns = [
    path('index/', views.url_path, name='url_path'),
]
```

（4）启动开发服务器，分别访问http://127.0.0.1:8000/path-one/index/ 和http://127.0.0.1:8000/path-two/index/，未设置实例命名空间页面信息如图2-10所示。

图2-10　未设置实例命名空间页面信息

从图2-10中可以看出，访问http://127.0.0.1:8000/path-one/index/ 或http://127.0.0.1:8000/path-two/index/，页面显示的信息均为"当前url：/path-one/index/"，说明URL模式出现了冲突问题。

为了解决这个问题，需要在chapter02项目的urls.py文件中定义的两个URL模式中，通过参数namespace指定各个URL模式的实例命名空间，示例代码如下：

```
urlpatterns = [
    path('admin/', admin.site.urls),
    path('path-one/', include('app04.urls', namespace='one')),
    path('path-two/', include('app04.urls', namespace='two'))
]
```

在定义的视图函数url_path()中，使用reverse()函数的参数current_app指定当前URL模式的实例命名空间，示例代码如下：

```
def url_path(request):
    return HttpResponse(f"当前url:{(reverse('app01:url_path',
        current_app=request.resolver_match.namespace))}")
```

上述示例代码中，request.resolver_match.namespace 表示获取请求的 URL 所属的实例命名空间。

此时重新启动开发服务器，并分别访问 http://127.0.0.1:8000/path-one/index/ 和 http://127.0.0.1:8000/path-two/index/，设置实例命名空间页面信息如图 2-11 所示。

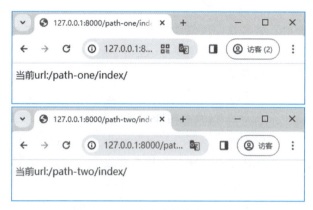

图 2-11　设置实例命名空间页面信息

从图 2-11 中可以看出，访问不同的 URL 均能正确反向解析 URL，说明通过实例命名空间解决了 URL 模式匹配冲突的问题。

小　　结

本章介绍了 Django 框架中的路由系统，包括 HTTP 请求处理流程、URL 配置、路由转换器、使用正则表达式匹配 URL、路由分发、向视图传递额外参数、URL 模式命名与命名空间。通过本章的学习，读者能够熟练使用 Django 框架中的路由系统定义和管理 URL。

习　　题

一、填空题

1. 通过_____函数实现路由分发。
2. 自定义路由转换器定义完成之后，需要使用_____函数注册。
3. 使用_____函数可以对 URL 进行反向解析。
4. 在应用的 urls.py 文件中通过_____变量指定应用的命名空间。
5. 自定义路由转换器需要实现 regex 属性、to_python() 方法和_____方法。

二、判断题

1. Django路由系统用于将用户的请求映射到相应的视图函数或类上。（   ）
2. re_path()函数使用正则表达式来匹配URL模式。（   ）
3. 不同的应用中可以定义相同的URL模式。（   ）
4. 路由转换器用于将URL中的路由参数转换为指定的类型。（   ）
5. 路由分发的使用降低应用的URLconf与根URLconf的耦合度。（   ）

三、选择题

1. 向视图传递参数时，需要在URL模式中使用（   ）符号标识传递的参数。
   A. <>　　　　　B. {}　　　　　C. []　　　　　D. " "
2. 下列选项中，不属于内置路由转换器的是（   ）。
   A. string　　　B. int　　　　　C. slug　　　　D. uuid
3. 下列路由转换器中，表示匹配0或任何正整数的是（   ）。
   A. int　　　　　B. slug　　　　C. path　　　　D. uuid
4. 下列选项中，可以对URL进行反向解析的函数是（   ）。
   A. reverse()　　B. include()　　C. path()　　　D. re_path()
5. 现有URL模式path('<str:name>/<int:version>/',views.doc)，下列URL能够与之匹配的是（   ）。
   A. http://127.0.0.1:8000/django/5.0/
   B. http://127.0.0.1:8000/django/5/
   C. http://127.0.0.1:8000/python-django/5.0/
   D. http://127.0.0.1:8000/python/django/5/

四、简答题

1. 简述Django处理HTTP请求的流程。
2. 简述为URL模式命名的优点。
3. 简述应用的命名空间的作用。
4. 简述实例命名空间的作用。

第 3 章

模　型

学习目标

◎掌握如何定义模型，能够在项目中根据需求定义模型。
◎熟悉模型字段的类型，能够说明常用字段类型的作用。
◎熟悉模型关系字段，能够说明常用关系字段的作用。
◎熟悉字段通用参数，能够说明常用参数所代表的含义。
◎掌握模型元属性，能够在模型中根据需求使用正确的元属性。
◎熟悉什么是管理器，能够归纳出管理器作用以及如何重命名管理器。
◎了解自定义管理器，能够说出如何实现自定义管理器。
◎掌握获取 QuerySet 对象的方法，能够根据需求选择合适的方式查询数据。
◎了解 QuerySet 对象的特性，能够说出什么是惰性查询和缓存。
◎掌握数据的增删改查，能够通过管理器方法对数据库中的数据进行操作。
◎掌握 F 对象和 Q 对象的使用，能够通过 F 对象和 Q 对象进行查询。
◎掌握多表查询，能够根据需求实现多表查询。
◎了解执行原生 SQL 语句方式，能够说出如何执行原生 SQL 语句。

模型（models）是定义数据结构和行为的关键组件之一，它用于描述应用程序中的数据对象或数据列表，并定义了数据的字段、属性和行为。一般来说，每个模型会映射到数据库中的一张数据表。Django 支持多种数据库，如 SQLite、MySQL、PostgreSQL、Oracle。Django 内部封装了丰富的数据操作方法，开发人员无须专门学习 SQL 语句，便能管理数据库中的数据。本章将主要介绍如何定义与使用模型，以及如何利用模型管理数据库中的数据。

3.1　定义与使用模型

Django 中的模型以 Python 类的形式定义，通常一个模型类对应一张数据表，模型类的每个类属性都相当于数据表中的一个字段。模型类定义在应用的 models.py 文件中，并继承 models.Model 类。例如，创建 Django 项目 chapter03，在该项目中创建 books 应用，然后在

books 应用的 models.py 文件中定义描述图书信息的模型类 BookInfo，示例代码如下：

```python
from django.db import models
class BookInfo(models.Model):
    name = models.CharField(max_length=20, verbose_name="图书名称")
    read_count = models.IntegerField(default=0, verbose_name="阅读量")
    comment_count = models.IntegerField(default=0, verbose_name="评论量")
    is_delete = models.BooleanField(default=False, verbose_name="逻辑删除")
    def __str__(self):
        return self.name
```

上述代码中，模型类 BookInfo 定义了四个类属性：name、read_count、comment_count 和 is_delete，这意味着该模型类生成的数据表中会创建这四个字段。

如果要将定义的模型类映射到数据库，需要先在 settings.py 文件中将包含该模型类的应用添加到 INSTALLED_APPS 列表中，即在该列表中添加一个表示应用名的元素，例如添加 books 应用，示例代码如下：

```python
INSTALLED_APPS = [
    ...
    'books',  # 添加 books 应用
]
```

如果应用未添加，那么无法为该应用中的模型类创建数据表。

将应用添加到 INSTALLED_APPS 列表后，方可对定义的模型类进行映射。映射分为生成迁移文件和执行迁移文件两步。

生成迁移文件的具体命令如下：

```
python manage.py makemigrations     # 生成迁移文件
```

执行以上命令后，若输出如下所示信息，则表明成功生成迁移文件：

```
(myenv) PS D:\demo\chapter03> python manage.py makemigrations
Migrations for 'books':
  books\migrations\0001_initial.py
    - Create model BookInfo
```

执行生成迁移文件的命令后，books 应用的 migrations 目录下会自动创建一个 0001_initial.py 的文件，该文件包含了定义的初始模型类的结构。

需要说明的是，如果在定义模型类时没有指定主键，Django 会自动创建 id 字段作为主键。

迁移文件生成之后，使用执行迁移文件命令生成对应的数据表，具体命令如下：

```
python manage.py migrate                              # 执行迁移文件
```

执行上述命令后，数据库中会生成以"应用名_模型类名（小写）"形式命名的数据表，如 books 应用下定义模型类 BookInfo，数据库中会生成数据表"books_bookinfo"。

默认情况下，Django 框架自带 SQLite3 数据库，可以使用 SQLiteStudio 工具查看生成的数据表。chapter03 项目生成的数据表如图 3-1 所示。

从图 3-1 中可以看到根据模型类 BookInfo 生成的数据表 books_bookinfo。

数据表 books_bookinfo 中的字段类型如图 3-2 所示。

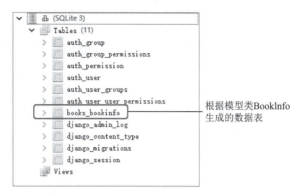

图 3-1 生成的数据表

db Table name: books_bookinfo WITHOUT ROWID

	名称	Data type	Primary Key	Foreign Key	唯一	条件	Not NULL	排序规则	Generated	Default value
1	id	integer								NULL
2	name	varchar (20)								NULL
3	read_count	integer								NULL
4	comment_count	integer								NULL
5	is_delete	bool								NULL

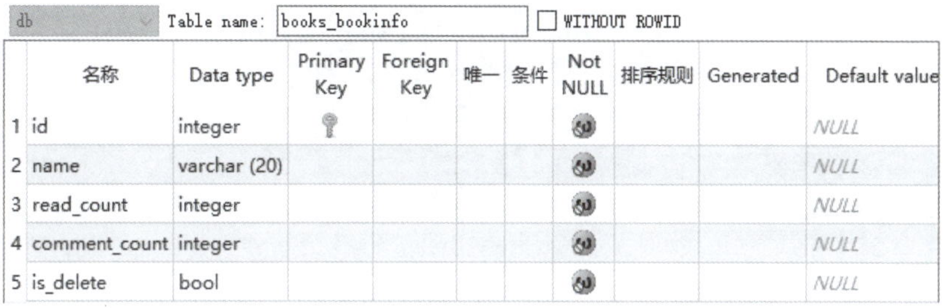

图 3-2 字段类型

从图 3-2 中可以看到生成的表字段以及对应的字段类型。

图 3-1 中除了数据表 books_bookinfo 之外，还包含了其他多个数据表，这些数据表都是根据 Django 内置的模型类自动生成的。关于其他数据表的说明见表 3-1。

表 3-1 其他数据表的说明

数 据 表	说 明
auth_group	存储用户组的信息
auth_group_permissions	用户组权限的中间表。它建立了用户组和权限之间的关系，用于确定哪些权限适用于某个特定的用户组
auth_permission	存储了系统中定义的权限信息。这些权限用于控制用户对不同部分的访问权限
auth_user	存储了注册用户的基本信息，如用户名、密码、电子邮件等
auth_user_groups	用户所属用户组的中间表。它建立了用户和用户组之间的关系，用于确定哪些用户属于哪些用户组
auth_user_user_permissions	用户权限的中间表。该表建立了用户和权限之间的关系，用于确定哪些权限适用于某个特定的用户
django_admin_log	用于存储 Django 的管理后台操作日志
django_content_type	存储了 Django 应用程序中所有模型的信息。每个模型都有一个对应的 Content Type，用于进行权限控制和动态查询
django_migrations	用于记录已应用的数据库迁移
django_session	用于存储用户会话的数据

数据表创建完成之后，可以通过 SQL 语句向数据表中添加数据。插入数据的 SQL 语句

如下：

```
INSERT INTO 'books_bookinfo' VALUES ('1', '围城', 1000, 800, '0');
INSERT INTO 'books_bookinfo' VALUES ('2', '边城', 1200, 900, '0');
INSERT INTO 'books_bookinfo' VALUES ('3', '蛙', 1300, 1000, '0');
INSERT INTO 'books_bookinfo' VALUES ('4', '龙凤艺术', 1400, 1100, '1');
INSERT INTO 'books_bookinfo' VALUES ('5', '许三观卖血记', 1500, 1200, '0');
```

在 SQLiteStudio 工具中，首先打开 SQL 编辑器，然后在编辑框中输入插入数据的 SQL 语句，接着选中要执行的 SQL 语句，最后单击执行按钮执行 SQL 语句，如图 3-3 所示。

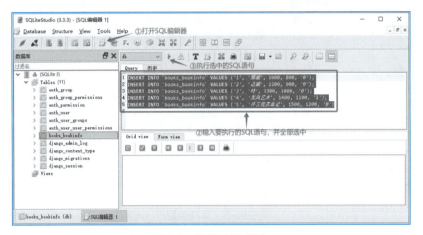

图 3-3　执行 SQL 语句

数据表 books_bookinfo 中数据如图 3-4 所示。

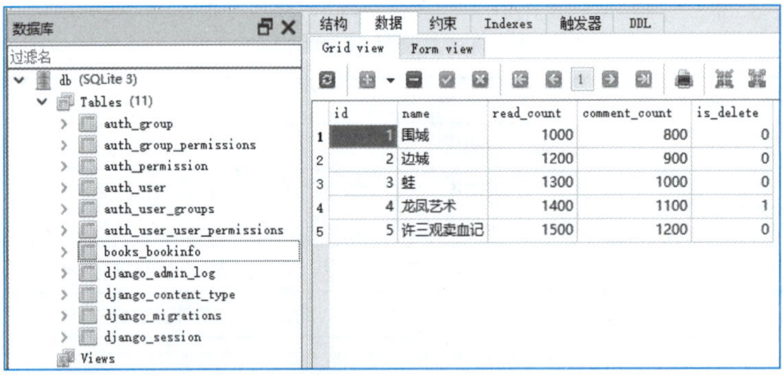

图 3-4　数据表 books_bookinfo 中数据

多学一招：ORM 介绍

Django 中的 ORM（对象关系映射）是一种将数据库中的数据表与 Python 对象之间进行映射的技术。ORM 技术提供了多种操作数据库的方式，包括查询、插入、更新和删除等常用操作。通过定义模型类，我们可以将数据库中的数据表映射成为 Python 对象，这些模型类可以在代码中像普通的 Python 类一样使用。

在 Django 的 ORM 中，每个模型类都对应着一个数据表，每个模型类的属性则对应着数据表的字段。通过定义这些模型类，我们可以方便地进行数据库操作，而不需要手动编写 SQL 语句。

Django 的 ORM 还支持多表关联查询，可以通过 ForeignKey、ManyToManyField 等字段类型来实现。此外，ORM 还支持事务处理、分页操作以及复杂的查询语句等高级特性，可以满足大部分的数据库操作需求。

3.2 模型的字段

字段是模型的重要组成部分，每个模型类的属性对应数据表中的一个字段。模型字段是模型类的属性，它自身也是一个类。模型中的字段分为字段类型和关系字段，字段类型用于定义字段的数据类型；关系字段用于定义模型之间的关联关系。本节将介绍字段类型、关系字段和字段的通用参数。

3.2.1 字段类型

字段类型用于表示模型类中的各种数据类型，如字符型、整数型、日期时间型等。它们定义了每个字段的数据类型、验证规则和存储方式。

Django 内置了许多字段类，常用的字段类及说明如下：

1. AutoField

AutoField 会在模型对象保存到数据库时自动生成一个唯一的整数主键值。它通常用作模型的默认主键字段，如果没有显式指定主键字段，那么 Django 会自动创建一个名为 "id" 的 AutoField 字段作为主键。

AutoField 字段的值会自动递增，确保每个新对象获得一个不同的主键值，该字段存储的是整数类型的数据。它的默认起始值为 1，并且可以配置自定义的起始值、步长等属性。

2. BooleanField

BooleanField 用于存储逻辑真（True）或逻辑假（False）的数值。在数据库中，通常会映射为特定的布尔类型来存储这些值。BooleanField 可以设置默认值，如果不显式指定默认值，则默认为 False。

在 Django 的表单中，BooleanField 通常会被渲染成复选框（CheckboxInput），用户可以通过勾选或取消勾选来设置布尔值字段的数值。

3. CharField

CharField 用于存储长度固定或较短的字符串类型的数据，如名称、标题等。通常用于存储不会过长的文本信息，该字段需要指定最大长度参数（max_length），以便在数据库中创建相应长度的字段。这有助于确保数据合法性，并在数据库层面上进行长度控制。

在 Django 的表单中，CharField 通常会被渲染成文本框（TextInput），允许用户输入相应长度范围内的文本数据。CharField 会对输入的数据进行长度和格式的验证，确保输入的文本符合规定的最大长度和格式要求。

4．DateField

DateField用于存储日期信息，如生日、发布日期等。它可以存储Date类型的Python对象，并在数据库中以特定的日期格式进行存储，该字段可以设置默认值和允许空值（null=True），用于处理缺失数据或者需要预先设置默认值的情况。

在Django的表单中，DateField通常会被渲染成日期选择器，允许用户通过日历或手动输入的方式选择或输入日期。DateField会对输入的日期进行验证，确保输入的日期符合规定的格式和范围要求。

DateField字段有auth_now和auth_now_add两个常用参数，这两个参数的意义分别如下：

（1）参数auto_now：表示当一个对象被保存时，该字段会自动设置为当前日期，默认为False。

（2）参数auto_now_add：表示当一个对象被创建时，该字段会自动设置为当前日期。在对象首次保存到数据库时设置字段的值，并且之后不再更新，默认为False。

5．TimeField

TimeField用于存储时间数据的模型字段类型。它可以存储24小时制的时间信息，精确到秒。TimeField支持Python中datetime.time类型的对象、字符串和None。

6．DateTimeField

DateTimeField用于存储日期和时间数据的模型字段类型。它可以精确到秒，并包含日期和时间的信息。DateTimeField支持Python中datetime.time类型的对象、字符串和None。

7．EmailField

EmailField用于存储和验证电子邮件地址的字段类型，该字段会验证输入的值是否为有效的电子邮件地址格式。如果输入的值不是有效的电子邮件地址格式，将引发验证错误。

EmailField默认最大长度是254个字符，可以通过在模型字段定义中设置max_length参数来自定义最大长度。

8．FileField

FileField是用于上传和存储文件的字段类型，该字段不能作为主键，不支持primary_key参数。使用FileField字段类型，用户可以选择将其上传到服务器，上传的可以是图像、文本文档等各种类型的文件。需要注意的是，文件本身并不直接存储在数据库，而是通过引用文件的路径进行存储。

FileField字段包含两个可选参数upload_to和参数storage，含义分别如下：

（1）参数upload_to：用于指定文件上传后的保存路径。

（2）参数storage：用于存储和访问上传文件的存储后端。默认为None，使用默认的文件系统存储后端。

9．ImageField

ImageField用于存储和处理图片文件，继承自FileField类，包含FileField字段的全部属性和方法，该字段提供了两个用于设置图片显示高度和宽度的额外参数，具体如下：

（1）width_field：表示上传图片的宽度。
（2）height_field：表示上传图片的高度。

10．IntegerField

IntegerField 用于定义整型字段，取值范围为 –2 147 483 648~2 147 483 647。IntegerField 在保存数据时会执行验证，确保存储的值是整数类型。如果值不是整数，Django 将引发一个验证错误。

11．TextField

TextField 用于存储任意长度的文本数据，如文章内容、备注、描述等。与其他字段类型不同，TextField 没有固定的最大长度限制，可以存储非常大的文本数据。

在 Django 的表单中，TextField 会被渲染成 textarea 标签，如果为此字段的 max_length 参数设置值，那么 HTML 页面中 textarea 标签输入的字符数量将会受到限制。

3.2.2 关系字段

关系字段是指在模型中用于建立不同表之间关联关系的字段。它们允许在一个模型实例中引用其他模型实例，通过关系字段可以轻松地在不同模型之间进行查询和操作。

Django 中的模型除了要定义表示数据类型的字段，还使用关系字段定义数据表间的关系。数据表之间的关系分为一对多、一对一和多对多三种，Django 使用 ForeignKey、OneToOneField 和 ManyToManyField 关系字段类来定义这三种关系。

1．ForeignKey

ForeignKey 用于在模型之间建立一对多关系，它在一个模型中引用另一个模型的主键，用于表示两个模型实例之间的关联。

ForeignKey 字段包含 to 和 on_delete 两个必选参数，其中参数 to 接收与之关联的模型类；参数 on_delete 用于设置关联对象删除后当前对象作何处理，该选项有以下六种取值：

（1）models.CASCADE：级联删除（是一种当删除一个对象时，自动删除与之关联的其他对象的操作），删除主表中记录的同时也删除关联表中相关的记录。该取值为 on_delete 的默认值。

（2）models.DO_NOTHING：删除当前表中的记录，但不删除关联表中相关的记录。

（3）models.PROTECT：删除关联数据时引发 ProtectError。

（4）models.SET_NULL：在外键字段可为空的基础上，若修改或删除主表的主键，将字表中参照的外键设置为 null。

（5）models.SET_DEFAULT：在外键字段可为空的基础上，若修改或删除主表的主键，将字表中参照的外键设置为默认值。

（6）models.SET()：当关联对象被删除时，将字段设为指定的值。可以通过 to 和 value 参数指定相关的对象和对应的值。

此外，ForeignKey 还有一个常用参数 related_name，该参数用于设置关联对象查询时的名称。

在定义一对多关系时，需要将 ForeignKey 字段定义在处于"多"的一端的模型中。以图书作者和图书为例，一名作者可以编著多本图书，示例代码如下：

```
from django.db import models
class Author(models.Model):
    name = models.CharField(max_length=100)
    def __str__(self):
        return self.name
class Book(models.Model):
    book_name = models.CharField(max_length=100)
    book_author = models.ForeignKey(Author, on_delete=models.CASCADE)
    def __str__(self):
        return self.book_name
```

上述代码中，定义了两个模型类 Author 和 Book，分别表示作者和图书，在 Book 类中使用 ForeignKey 创建了一个关系字段 book_author，用于指定该类与 Author 建立一对多的关系。

2. OneToOneField

OneToOneField 用于定义一对一关系，它继承了 ForeignKey，使用方式与 ForeignKey 类似。在定义一对一关系时，可将 OneToOneField 字段定义在任意模型中。以个人和身份证号为例，一个人只能有一个身份证号，一个身份证号只能属于一个人，示例代码如下：

```
from django.db import models
class User(models.Model):
    username = models.CharField(max_length=100)
class Identification(models.Model):
    user = models.OneToOneField(User, on_delete=models.CASCADE)
    id_number = models.CharField(max_length=20)
```

上述代码中，定义了两个模型类 User 和 Identification，分别表示人和身份证，在模型 Identification 类使用 OneToOneField 创建了一个关系字段 user，用于指定与模型类 User 建立一对一的关系。

3. ManyToManyField

ManyToManyField 用来定义多对多关系，它需要一个必选位置参数 to，该参数接收与当前模型关联的模型。与定义一对一关系的方式类似，在定义多对多关系时，也可将 ManyToManyField 字段定义在任意模型类中。

需要说明的是，当使用 ManyToManyField 定义两个模型之间的多对多关系时，Django 会自动创建一个中间表来跟踪这两个模型之间的关联关系。这个中间表包含了用于建立关联的外键字段，并且不需要手动创建。

以教师和学生为例，一位教师可以教授多名学生，一名学生可以被多位教师辅导，示例代码如下：

```
from django.db import models
class Student(models.Model):
    name = models.CharField(max_length=10)
```

```
        def __str__(self):
            return self.name
    class Teacher(models.Model):
        name = models.CharField(max_length=10)
        students = models.ManyToManyField(Student)
        def __str__(self):
            return self.name
```

上述代码中,定义了两个模型类 Student 和 Teacher,分别表示学生和教师,在模型 Teacher 类使用 ManyToManyField 创建了一个关系字段 students,用于指定与模型类 Student 建立多对多的关系。

3.2.3 字段的通用参数

字段的通用参数用于配置模型字段的行为和属性。通过选择不同的字段参数,可以对字段进行验证、设置默认值、定义索引等,以满足特定需求并确保数据的有效性和完整性。接下来,对常用的字段通用参数及说明进行介绍。

1. max_length

字段的 max_length 参数用于指定字符型字段(如 CharField、TextField 等)所能存储的最大长度。它的值是一个整数,定义了该字段可以接收的最大字符数。

2. null

字段的 null 参数用于指定该字段是否可以为空。如果设置为 True,则该字段可以为空;如果设置为 False,则该字段不能为空。

3. default

字段的 default 参数用于指定字段的默认值。如果插入数据时未提供该字段的值,那么会使用默认值。

4. blank

字段的 blank 参数用于指定该字段是否可以为空白。与 null 参数不同,blank 参数只在表单验证方面起作用,而不涉及数据库层面。

5. choices

字段的 choices 参数用于限制字段的可选值。通过指定一组预定义的选项,可以确保该字段只接收其中一个选项作为有效值。

choices 参数是一个包含元组的序列,每个元组都代表一个选项。元组的第一个元素是数据库中存储的实际值,第二个元素是该选项在表单中显示的可读标签。

6. primary_key

字段的 primary_key 参数用于指定该字段作为模型的主键。主键是一个唯一标识符,用于确保模型中的每个记录都具有唯一的标识。

通常,Django 模型会自动创建一个名为 id 的整数类型主键字段。但是,如果想使用模型中的其他字段作为主键，需要将该字段的 primary_key 参数设置为 True。

7. unique

字段的 unique 参数用于指定该字段的值是否必须在整个表中是唯一的。若 unique 参数设置为 True，Django 将确保该字段的每个值都是唯一的。如果尝试保存一个违反唯一性约束的记录，会引发 django.db.IntegrityError 异常。

8. db_column

字段的 db_column 参数用于指定数据表中对应字段的列名。通常情况下，Django 会根据字段的名称自动为其创建数据列，但如果希望使用不同的列名，这时就可以使用 db_column 参数来自定义数据表中的列名。

9. db_index

字段的 db_index 参数用于指定该字段是否应该在数据库中创建索引。索引能够加快数据库查询的速度，特别是在大型数据集上进行搜索时。因此，通过将字段的 db_index 选项设置为 True，可以要求数据库为该字段创建索引，以提高查询性能。

10. validators

字段的 validators 参数用于指定对字段值进行验证的一组函数或类。这些验证函数或类可以检查字段的值是否符合指定的规则或条件，并确保数据的有效性和完整性。

3.3 模型的元属性

模型的元属性用于设置数据表的一些属性，如排序字段、数据表名、字段单复数等。通过在模型类中添加内部类 Meta 的方式可以定义模型的元属性。例如，在模型类 BookInfo 中设置数据表名称，示例代码如下：

```
class BookInfo(models.Model):
    ...          # 定义的字段
    class Meta:
        db_table = 'bookinfo'
```

以上代码在内部类 Meta 中通过 db_table 属性设置数据表名为"bookinfo"。

除 db_table 元属性外，Django 还提供十几种元属性，接下来对常用的元属性进行介绍。

1. abstract

abstract 属性用于设置模型是否为抽象模型类，若 abstract 的值设为 True，表示模型类是抽象模型类。抽象模型类通常用于定义一些通用的字段和行为，以便让其他模型类进行继承和复用，该模型类不会生成对应的数据表。

例如，定义抽象模型类 BaseModel，在该类中创建表示出版时间的字段，并使用 BookInfo 模型类继承 BaseModel，示例代码如下：

```
from django.db import models
```

```python
class BaseModel(models.Model):
    # 出版时间
    pub_date = models.DateField(null=True)
    class Meta:
        abstract=True
class BookInfo(BaseModel):
    name = models.CharField(max_length=20, verbose_name="图书名称")
    read_count = models.IntegerField(default=0, verbose_name="阅读量")
    comment_count = models.IntegerField(default=0, verbose_name="评论量")
    is_delete = models.BooleanField(default=False, verbose_name="逻辑删除")
    def __str__(self):
        return self.name
```

上述示例中，模型类 BaseModel 是抽象模型类，该模型类不会在数据库中生成对应的数据表。模型类 BookInfo 继承自 BaseModel，说明 BookInfo 具有了 BaseModel 中定义的 pub_date 字段和相关行为。

2. app_label

app_label 属性用于指定模型所属的应用名称。例如，指定模型类 BookInfo 所属应用为 Book，示例代码如下：

```python
from django.db import models
class BookInfo(models.Model):
    name = models.CharField(max_length=20, verbose_name="图书名称")
    ...
    class Meta:
        app_name = 'Book'
```

3. ordering

ordering 属性用于设置模型字段的排序方式，该属性默认按照升序排序，取值可以是由字段名组成的元组或列表。例如，在 BookInfo 类中使用 ordering 属性设置数据表按 id 字段升序排序，示例代码如下：

```python
ordering = 'id'
```

如果想设置数据表按某个字段降序排序，可在字段前加上"-"符号，示例代码如下：

```python
ordering = '-id'                                           # 降序排序
```

如果 ordering 中存在多个字段，默认优先按照第一个字段进行排序，如果第一个字段无法为记录排序，再根据第二个字段进行排序，示例代码如下：

```python
ordering = ['id', 'score']
```

上述示例表示优先按照"id"进行升序排序，如果只根据"id"无法为记录排序，再根据"score"进行升序排序。

4. verbose_name

verbose_name 属性用于定义模型类的可读名称。这个可读名称用于在后台管理系统页面中显示。例如，将模型类 BookInfo 的可读名称设置为"图书"，示例代码如下：

```
verbose_name = "图书"
```

5. verbose_name_plural

verbose_name_plural 属性同样用于定义模型类的可读名称，不同之处在于该属性用于设置模型类的复数形式。Django 会自动根据模型类的名称生成复数形式的名称，如模型类的名称为 BOOKS，那么在后台管理系统页面中会以复数形式进行显示，如果没有指定 verbose_name_plural，那么默认以 verbose_name 的值加上"s"作为复数形式，而在某些情况下需要自定义模型类复数形式。例如，将模型类 BookInfo 的可读名称设置为"BOOKS"，示例代码如下：

```
verbose_name_plural = "BOOKS"
```

3.4 模型管理器

Django 中提供了模型管理器的概念，管理器可以理解为模型的操作接口，它实际上一个 models.Manager 对象，提供了多种便捷的方法帮助开发人员进行数据的增删改查等操作。除了使用默认的管理器外，还可以自定义管理器来满足项目的实际需求。本节将对重命名管理器名称和自定义管理器进行介绍。

3.4.1 重命名管理器名称

一个模型可以拥有任意数量的管理器。默认情况下，Django 为每个模型类添加一个名为 objects 的管理器。如果想要使用其他名称而不是 objects 来访问管理器，可以在模型类中自定义一个类属性，并将 models.Manager() 创建的实例赋值给这个自定义的类属性，从而实现重命名管理器。

在模型类 BookInfo 中定义一个值为 models.Manager() 的类属性来重命名管理器，示例代码如下：

```
from django.db import models
class BookInfo(models.Model):
    ...
    custom_objects = models.Manager()
```

上述示例将管理器重命名为 custom_objects，此时若使用 BookInfo.objects 则会抛出 AttributeError 异常，而使用 BookInfo.custom_objects.all() 会返回一个包含所有 BookInfo 对象的列表。

3.4.2 自定义管理器

自定义管理器的作用在于为 Django 模型提供定制化的查询接口和逻辑，以满足特定的业务需求或者逻辑要求。通过自定义管理器，可以实现特定查询需求、扩展管理器等功能。

读者可以扫描二维码查看自定义管理器的详细讲解。

3.5 QuerySet对象

在前面我们介绍了模型管理器即 Manager 对象,当 Manager 对象调用查询方法时,会返回一个 QuerySet 对象。QuerySet 对象表示了一系列满足查询条件的模型实例集合,该对象类似列表,支持 for 循环、索引(不支持负索引)、切片等操作。本节对 QuerySet 的用法进行介绍。

3.5.1 获取QuerySet对象

Manager 对象提供了很多方法对模型数据进行管理和查询,这些方法都会返回 QuerySet 对象,通过这些方法,可以构建出符合特定需求的查询逻辑,并最终得到想要查询的结果。获取 QuerySet 对象常用的方法见表 3-2。

表 3-2 获取 QuerySet 对象常用的方法

方法	说明
all()	返回一个包含指定模型中所有对象的 QuerySet 对象,如果数据库中没有符合条件的记录,则返回一个空的 QuerySet 对象
filter()	根据指定条件过滤对象,返回符合条件的 QuerySet 对象
exclude()	排除符合指定条件的对象,返回剩余的 QuerySet 对象
order_by()	根据指定字段对查询结果进行排序,返回新的 QuerySet 对象
only()	用于限定查询结果只返回指定的字段
dates()	用于获取某个日期字段的不同取值,如年、月、日等,返回一个 QuerySet 对象
none()	返回空的 QuerySet 对象,用于在查询中占位或者清除已有的查询条件
values()	返回一个包含指定字段值的字典的 QuerySet 对象
values_list()	返回一个包含指定字段值的元组列表的 QuerySet 对象
distinct()	去除 QuerySet 中重复的对象

这些方法可以根据具体的业务需求灵活地组合和调用,从而实现对数据库的各种复杂操作。

接下来,对表 3-2 中的 order_by() 和 values() 方法的使用进行介绍。

1. order_by()方法

在 order_by() 方法中可以指定一个或多个字段名作为参数,多个字段之间使用逗号分隔,并对查询的数据进行升序或者降序排序。下面以模型 BookInfo 为例(不使用自定义管理器),在 Django Shell 中演示如何通过 order_by() 方法进行升序排序和降序排序。

(1)升序排序。对数据表 books_bookinfo 中字段 read_count 进行升序排序,示例代码如下:

```
>>> from books.models import BookInfo
>>> books = BookInfo.objects.order_by('read_count')
>>> books
```

```
<QuerySet [<BookInfo: 围城 >, <BookInfo: 边城 >, <BookInfo: 蛙 >, <BookInfo:
龙凤艺术 >, <BookInfo: 许三观卖血记 >]>
```

从上述结果可以看出，books 是一个 QuerySet 对象，该对象中包含的图书信息是按照"阅读量"从低到高进行排序的。

（2）降序排序。如果需要对某字段进行降序排序，那么需要在字段前添加"-"符号，对数据表 books_bookinfo 中字段 read_count 进行降序排序，示例代码如下：

```
>>> from books.models import BookInfo
>>> info = BookInfo.objects.order_by('-read_count')
>>> info
<QuerySet [<BookInfo: 许三观卖血记 >, <BookInfo: 龙凤艺术 >, <BookInfo: 蛙 >,
<BookInfo: 边城 >, <BookInfo: 围城 >]>
```

从上述结果可以看出，info 是一个 QuerySet 对象，在该对象中包含的图书信息是按照"阅读量"从高到低进行排序的。

2. values()方法

在 values() 方法中需要传入一个或多个字段名作为参数，返回的结果是一个 QuerySet 对象，QuerySet 对象中每个对象都是一个包含指定字段值的字典。例如，使用 values() 方法时将字段 name 和 read_count 作为参数，示例代码如下：

```
>>> from books.models import BookInfo
>>> data = BookInfo.objects.values('name', 'read_count')
>>> data
<QuerySet [{'name': '围城', 'read_count': 1000}, {'name': '边城', 'read_
count': 1200}, {'name': '蛙', 'read_count': 1300}, {'name': '龙凤艺术', 'read_
count': 1400}, {'name': '许三观卖血记', 'read_count': 1500}]>
```

从上述结果可以看出，data 是一个 QuerySet 对象，在该对象中包含多个字典，每个字典均包含字段 name 和 read_count 对应的值。

3.5.2 QuerySet对象的特性

QuerySet 具有两大特性：一是惰性执行；二是缓存。关于这两大特性的具体介绍如下：

1. 惰性执行

惰性执行指执行创建 QuerySet 查询集操作时不会立刻访问数据库，直到需要使用查询集中的数据，如要对查询集进行切片、序列化、求长度等操作时，Django 才会真正对数据库进行访问，示例代码如下：

```
>>> from books.models import BookInfo
>>> info = BookInfo.objects.filter(id__range=(2, 5))
>>> info
<QuerySet [<BookInfo: 边城 >, <BookInfo: 蛙 >, <BookInfo: 龙凤艺术 >, <BookInfo:
许三观卖血记 >]>
```

以上示例的第 2 行代码便执行了查询操作，但直到运行第 3 行代码时，Django 才访问数据库并获取了其中的数据。

2. 缓存

QuerySet 查询集包含一个缓存，用于最小化数据库访问。当新建一个 QuerySet 查询集时，缓存为空。首次对 QuerySet 进行求值时，Django 会访问数据库获取查询结果，并将结果存储到 QuerySet 的缓存中。后续对相同数据的查询会先从缓存中读取，如果缓存中不存在该数据，则会从数据库查询数据。

3.6 数据的增删改查

Django 模型提供了丰富的数据库操作功能，如保存数据、查询数据、更新数据和删除数据，下面依次介绍如何使用这些功能。为方便演示，下列示例均在 Django Shell 中执行。

1. 保存数据

向数据表中保存数据有两种方式：一是使用管理器的 create() 方法保存数据；二是使用模型实例的 save() 方法保存数据。关于这两种保存数据方法的相关介绍如下：

（1）create() 方法。create() 方法是模型类的管理器方法，该方法可将传入的数据保存到数据表中，其语法格式如下：

```
create(field1=value1, field2=value2, ...)
```

参数 field1 和 field2 表示模型中定义的字段，值 value1 和 value2 表示为相应字段设置的值。

例如，通过模型类 BookInfo 的 objects 管理器调用 create() 方法保存数据，示例代码如下：

```
>>> from books.models import BookInfo
>>> BookInfo.objects.create(name="骆驼祥子",
                read_count=1600,comment_count=1200,is_delete=0)
<BookInfo: 骆驼祥子>
```

（2）save() 方法。save() 方法是模型实例的方法，模型实例可调用该方法将数据保存到数据表中，其语法格式如下：

```
save(force_insert=False,force_update=False,using=None,update_fields=None)
```

save() 方法各个参数的具体介绍如下：

- force_insert：表示强制执行插入语句，不可与 force_update 同时使用。
- force_update：表示强制执行更新语句，不可与 force_insert 同时使用。
- using：用于将数据保存到指定的数据库。
- update_fields：用于指定更新的字段，其余的字段不更新。

例如，创建模型类 BookInfo 的实例，调用 save() 方法保存实例数据，示例代码如下：

```
>>> from books.models import BookInfo
>>> bookinfo=BookInfo(name='活着',read_count=2000,comment_count=1800,
```

```
                              is_delete=0)
>>> bookinfo.save()
```

2. 查询数据

Django 的模型管理器提供了多个查询数据的方法，常用方法有 all()、filter()、exclude() 和 get()。下面分别介绍这四个查询方法。

（1）all() 方法。all() 方法会返回指定模型中所有对象的 QuerySet 对象。例如，使用 all() 方法查询模型类 BookInfo 所对应数据表中所有的记录，示例代码如下：

```
>>> from books.models import BookInfo
>>> all_info = BookInfo.objects.all()
>>> all_info
<QuerySet [<BookInfo: 围城 >, <BookInfo: 边城 >, <BookInfo: 蛙 >, <BookInfo: 龙凤艺术 >, <BookInfo: 许三观卖血记 >, <BookInfo: 骆驼祥子 >, <BookInfo: 活着 >]>
```

（2）filter() 方法。filter() 方法用于根据指定条件过滤，返回符合条件的 QuerySet 对象。例如，使用 filter() 方法筛选出 id 值大于 3 的记录，示例代码如下：

```
>>> from books.models import BookInfo
>>> binfo = BookInfo.objects.filter(id__gt=3)
>>> binfo
<QuerySet [<BookInfo: 龙凤艺术 >, <BookInfo: 许三观卖血记 >, <BookInfo: 骆驼祥子 >, <BookInfo: 活着 >]>
```

以上查询语句表示筛选出 id 值大于 3 的记录，其中 gt 为查询操作符，表示大于。

字段查询的基本形式为："字段名称 __ 查询操作符 = 值"，除了 gt 外，常用的查询操作符见表 3-3。

表 3-3 常用的查询操作符

查询操作符	说明
gt、gte、lt、lte	用于筛选字段值是否大于、大于等于、小于、小于等于给定的值
in	用于匹配某个字段值是否在给定的列表中
range	用于筛选字段值是否在指定的区间中
exact	用于筛选字段值是否精确相等
iexact	用于在不区分大小写的情况下进行精确匹配字符串
contains	用于检查字符串是否包含指定的子串
icontains	用于在不区分大小写的情况下检查字符串是否包含指定的子串
startswith	用于筛选以指定字符串开头的字段值，区分大小写
istartswith	用于筛选以指定字符串开头的字段值，不区分大小写
endswith	用于筛选以指定字符串结尾的字段值，区分大小写
iendswith	用于筛选以指定字符串结尾的字段值，不区分大小写

（3）exclude() 方法。exclude() 方法用于排除符合特定条件的记录，即返回不满足指定条件的记录。例如，使用 exclude() 方法获取 id 小于 3 的记录，示例代码如下：

```
>>> from books.models import BookInfo
>>> ex_binfo = BookInfo.objects.exclude(id__gte=3)
>>> ex_binfo
<QuerySet [<BookInfo: 围城 >, <BookInfo: 边城 >]>
```

（4）get() 方法。get() 方法用于获取与特定条件匹配的单个对象，并且要求结果集中只有一个对象。例如，使用 get() 方法查询数据表 books_bookinfo 中 id 值为 1 的记录，示例代码如下：

```
>>> from books.models import BookInfo
>>> binfo = BookInfo.objects.get(id=1)
>>> binfo
<BookInfo: 围城 >
```

3. 删除数据

在 Django 中 delete() 方法用于从数据库中删除符合特定条件的记录，对应 SQL 中的删除操作，此方法会立即删除数据库中的记录，并返回删除记录的数量。例如，删除 id 值为 7 的记录，示例代码如下：

```
>>> from books.models import BookInfo
>>> BookInfo.objects.get(id=7).delete()
(1, {'books.BookInfo': 1})
```

从上述结果可以看出，返回值是一个元组，该元组的第 1 个元素表示成功删除的记录数量，第 2 个元素是一个字典，字典中的键表示被删除的模型类；字典中的值表示被删除记录的主键值。

删除数据是一种比较常见的操作，它会直接从数据库中移除数据。因此，在进行数据删除时，应保持谨慎的态度，遵循数据最小化的原则，仅在确实必要时执行删除数据操作，以避免不必要的数据丢失。

4. 更新数据

在 Django 中 update() 方法用于根据查询条件更新数据表的指定字段，并返回生效的行数，其语法格式如下：

```
update(self, **kwargs)
```

例如，将模型类 BookInfo 对应的数据表中 id 为 6 记录的 is_delete 值修改为 1，示例代码如下：

```
>>> from books.models import BookInfo
>>> BookInfo.objects.filter(id=6).update(is_delete=1)
1
```

上述示例中，返回值表示被更新的记录数量。

3.7 F对象与Q对象

前面介绍查询数据时都是将字段与常量值进行比较,如果在查询过程中需要比较表中的字段,可以使用 django.db.models 中的 F 对象;查询时可能涉及一个或多个查询条件,此时可以使用 Q 对象。

1. F对象

F 对象用于执行数据库字段之间的比较和操作的表达式。它允许在查询中引用模型字段的值,而不是具体的值。这对于在查询中执行动态的比较和更新操作非常有用。

使用 F 对象的语法格式如下:

```
F(字段名)
```

假设现有模型类 BookInfo,该模型类中的字段 read_count 表示阅读量,字段 comment_count 表示评论量,利用 F 对象查询阅读量大于评论量的图书,示例代码如下:

```
>>> from django.db.models import F
>>> from books.models import BookInfo
>>> BookInfo.objects.filter(read_count__gt=F('comment_count'))
<QuerySet [<BookInfo: 围城>, <BookInfo: 边城>, <BookInfo: 蛙>,
 <BookInfo: 龙凤艺术>, <BookInfo: 许三观卖血记>, <BookInfo: 骆驼祥子>]>
```

F 对象支持加(+)、减(-)、乘(*)、除(/)、求余(%)、次方运算(**)。例如,查询阅读量等于 2 倍评论量的图书,示例代码如下:

```
BookInfo.objects.filter(read_count=F('comment_count')*2)
```

2. Q对象

Q 对象用于表示一个具体的查询条件,如字段比较、范围查询、包含查询等。它允许以一种更加灵活和动态的方式构建数据库查询,特别是在需要使用多个条件组合进行筛选时非常有用。

使用 Q 对象的语法格式如下:

```
Q(字段名___运算符=值)
```

Q 对象可与逻辑运算符"|"和"&"结合实现复杂的数据库查询。例如,使用 Q 对象查询阅读量大于 1200 且编号小于等于 5 的图书,示例代码如下:

```
>>> from django.db.models import Q
>>> from books.models import BookInfo
>>> BookInfo.objects.filter(Q(read_count__gt=1200)&Q(id__lte=5))
<QuerySet [<BookInfo: 蛙>, <BookInfo: 龙凤艺术>, <BookInfo: 许三观卖血记>]>
```

Q 对象还支持取反操作,其格式为"~Q()"。例如,查询 id 不等于 3 的图书,示例代码如下:

```
>>> from django.db.models import Q
>>> from books.models import BookInfo
```

```
>>> BookInfo.objects.filter(~Q(id=3))
<QuerySet [<BookInfo: 围城 >, <BookInfo: 边城 >, <BookInfo: 龙凤艺术 >, <BookInfo: 许三观卖血记 >, <BookInfo: 骆驼祥子 >]>
```

3.8 多表查询

一个项目中的数据通常是分散在多张数据表。如果只使用单表查询，可能无法获取到完整的数据集合，也无法满足复杂的数据查询和处理需求。而通过多表查询，可以将不同表中的数据进行关联和连接，形成更加完整和丰富的数据视图，从而满足各种业务需求。

在 Django 中多表查询分为正向查询和反向查询。这两种查询方式与关系字段所在位置有关：如果关系字段定义在当前表中，那么从当前表查询关联表为正向查询；如果关系字段不在当前表中，那么从当前表查询关联表为反向查询。

Django 模型通过关系字段定义表间关系，同时也定义了一套查询关联对象的方法，数据库中多张表之间的查询可通过模型对象操作实现。下面结合本章定义的模型，按表间关系分类，介绍通过关系字段实现正向查询和反向查询的方法。

1. 一对多关系

以 3.2.2 节定义的具有一对多关系的模型类 Author 和 Book 为例，这两个模型的关系字段定义在模型 Book 中，那么使用 Book 对象查询 Author 对象为正向查询，使用 Author 对象查询 Book 对象为反向查询。下面分别演示如何进行查询。

为了便于查看查询结果，这里先通过 SQL 语句向模型类 Author 和 Book 生成的数据表中添加数据，具体 SQL 语句如下：

```
INSERT INTO 'books_author' VALUES ('1', '钱钟书');
INSERT INTO 'books_author' VALUES ('2', '沈从文');
INSERT INTO 'books_author' VALUES ('3', '莫言');
INSERT INTO 'books_author' VALUES ('4', '余华');
INSERT INTO 'books_book' VALUES ('1', '围城',1);
INSERT INTO 'books_book' VALUES ('2', '边城',2);
INSERT INTO 'books_book' VALUES ('3', '蛙',3);
INSERT INTO 'books_book' VALUES ('4', '龙凤艺术',2);
INSERT INTO 'books_book' VALUES ('5', '许三观卖血记',4);
```

（1）正向查询。一对多关系中，正向查询的语法格式如下：

当前模型对象.关系字段.关联模型中要查询的字段

例如，查询图书 id 为 1 对应的作者，示例代码如下：

```
>>> from books.models import Book
>>> book = Book.objects.get(id=1)
>>> b_author_name = book.author.name
>>> b_author_name
'钱钟书'
```

以上加粗代码中的 author 为 Book 与 Author 的关系字段，name 为 Author 模型类中记录作者姓名的字段。

（2）反向查询。一对多关系中，反向查询的语法格式如下：

```
当前模型对象.关联模型类名（小写）_set.查询方法
```

例如，查询作者 id 为 2 对应的图书，示例代码如下：

```
>>> from books.models import Author
>>> author = Author.objects.get(id=2)
>>> book = author.book_set.all()
>>> book
<QuerySet [<Book: 边城>, <Book: 龙凤艺术>]>
```

以上加粗代码中 book_set 的 book 为模型类 Book 的小写名，all() 方法表示返回所有关联的对象。

在使用反向查询时，如果模型类 Book 的关系字段中设置了参数 related_name 的值，那么使用反向查询时应使用该参数的值。例如，在模型类 Book 的关系字段中设置参数 related_name 的值，示例代码如下：

```
class Book(models.Model):
    book_name = models.CharField(max_length=100)
    book_author = models.ForeignKey(Author, on_delete=models.CASCADE,
                                    related_name='author')
    def __str__(self):
        return self.book_name
```

此时使用反向查询的方式查询字段 id 为 2 的记录，示例代码如下：

```
>>> from books.models import Author
>>> author = Author.objects.get(id=2)
>>> book = author.author.all()
>>> book
<QuerySet [<Book: 边城>, <Book: 龙凤艺术>]>
```

2. 一对一关系

以 3.2.2 节定义的具有一对一关系的模型 User 和 Identification 为例，这两个模型的关系字段定义在模型 Identification 中，那么使用 Identification 对象查询 User 对象为正向查询，使用 User 对象查询 Identification 对象为反向查询。下面分别演示如何进行查询。

为了便于查看查询结果，这里通过 SQL 语句向模型类 User 和 Identification 生成的数据表中添加数据，具体 SQL 语句如下：

```
INSERT INTO books_user VALUES ('1', '张三');
INSERT INTO books_user VALUES ('2', '李四');
INSERT INTO books_user VALUES ('3', '王五');
INSERT INTO books_user VALUES ('4', '赵六');
INSERT INTO 'books_identification' VALUES ('1', '100100',1);
INSERT INTO 'books_identification' VALUES ('2', '100101',2);
```

```
INSERT INTO 'books_identification' VALUES ('3', '100102',3);
INSERT INTO 'books_identification' VALUES ('4', '100103',4);
```

（1）正向查询。一对一关系中，正向查询的语法格式如下：

当前模型对象．关系字段．关联模型中的字段

例如，查询身份证号 id 为 1 对应的用户姓名，示例代码如下：

```
>>> from books.models import Identification
>>> iden = Identification.objects.get(id=1)
>>> name = iden.user.username
>>> name
'张三'
```

以上加粗代码中的 user 为 Identification 与 User 的关系字段，username 为 User 模型类中记录用户姓名的字段。

（2）反向查询。一对一关系中，反向查询的语法格式如下：

当前模型对象．关联模型表名（小写）．关联模型中要查询的字段

例如，查询用户 id 为 1 对应的身份证号码，示例代码如下：

```
>>> from books.models import User
>>> user = User.objects.get(id=1)
>>> num = user.identification.id_number
>>> num
'100100'
```

以上加粗代码中 identification 为模型类 Identification 的小写名，id_number 表示保存用户身份证号的字段。

3. 多对多关系

以 3.2.2 节定义的具有多对多关系的模型 Teacher 和 Student 为例，这两个模型的关系字段定义在模型 Student 中，那么使用 Student 对象查询 Teacher 对象为正向查询，使用 Teacher 对象查询 Student 对象为反向查询。下面分别演示如何进行查询。

为了便于查看查询结果，这里通过 SQL 语句向模型类 Student 和 Teacher 生成的数据表中添加数据，具体 SQL 语句如下：

```
INSERT INTO books_student VALUES (1, '张三');
INSERT INTO books_student VALUES (2, '李四');
INSERT INTO books_teacher VALUES (1, '赵老师');
INSERT INTO books_teacher VALUES (2, '李老师');
INSERT INTO books_teacher_students VALUES (1, 1,1);
INSERT INTO books_teacher_students VALUES (2, 1,2);
INSERT INTO books_teacher_students VALUES (3, 2,1);
INSERT INTO books_teacher_students VALUES (4, 2,2);
```

（1）正向查询。多对多关系中，正向查询的语法格式如下：

当前模型对象．关系字段．查询方法

以上格式中，查询方法用于获取该模型对应表中的记录，如 all() 方法、filter() 方法等。

例如，查询教师 id 为 1 教授的学生名称，示例代码如下：

```
>>> from books.models import Teacher
>>> teacher = Teacher.objects.get(id=1)
>>> stu_name = teacher.students.all()
>>> stu_name
<QuerySet [<Student: 张三 >, <Student: 李四 >]>
```

以上加粗代码中的 students 为模型类 Teacher 中定义的关系字段，all() 方法表示返回所有关联的对象。

值得一提的是，"当前模型对象.关系字段"会返回一个 ManyRelatedManager 对象，该对象是一个由 Django 自动生成的管理器，用于管理多对多关系。

（2）反向查询。多对多关系中，反向查询的语法格式如下：

```
当前模型对象.关联模型类名（小写）_set.查询方法
```

以上格式中，关联模型类名需要使用小写形式，否则无法进行查询。

例如，查询学生 id 为 1 对应的教师名称，示例代码如下：

```
>>> from books.models import Student
>>> stu = Student.objects.get(id=1)
>>> t_name = stu.teacher_set.all()
>>> t_name
<QuerySet [<Teacher: 赵老师 >, <Teacher: 李老师 >]>
```

以上加粗代码中 teacher 为模型类 Teacher 的小写名，all() 方法表示返回所有关联的对象。

在使用反向查询时，如果模型类 Teacher 的关系字段中设置了参数 related_name 的值，那么使用反向查询时应使用该参数的值。

3.9 执行原生SQL语句

文　档

执行原生SQL语句

在 Django 中虽然可以通过 ORM 从数据库中查询或更改数据，但是在某些情况下，使用原生 SQL 语句查询或更改数据更为合适。例如，执行复杂的查询语句或处理包含大量记录的查询。

读者可以扫描二维码查看执行原生 SQL 语句的详细讲解。

小　结

本章主要介绍了 Django 模型相关的知识，包括定义与使用模型、模型的字段、模型的元属性、模型管理器、QuerySet 对象、数据的增删改查、F 对象和 Q 对象、多表查询以及执行原生SQL语句。通过本章的学习，读者能对Django中的模型有所了解，掌握如何定义模型，熟练利用模型操作数据库中的数据。

习　　题

一、填空题

1. 通过关系字段_____可在模型类中定义一对多关系。
2. 将应用添加到配置项_____后，方可对模型中定义的模型类进行映射。
3. 在模型类的Meta类中通过_____属性可设置数据表名称。
4. Django生成迁移文件的命令为_____，执行迁移文件的命令为_____。
5. 在向数据表中保存数据时，可使用管理器的_____方法进行保存。

二、判断题

1. 模型的元属性用于设置数据表的一些属性。　　　　　　　　　　　　（　　）
2. 模型类的每个类属性都相当于一个数据库字段。　　　　　　　　　　（　　）
3. 在定义模型类时没有指定主键，Django会自动创建id字段作为主键。　（　　）
4. 模型用于描述应用程序中的数据对象，并定义了数据的字段、属性和行为。（　　）
5. 每个模型类的字段对应数据表中的一个字段。　　　　　　　　　　　（　　）

三、选择题

1. 下列方法中，用于获取QuerySet中所有对象的是（　　）。
   A. all()   B. filter()
   C. exclude()   D. order_by()
2. 下列选项中，关于管理器说法错误的是（　　）。
   A. 一个模型类中有一个或多个管理器
   B. 模型类默认使用objects为管理器命名
   C. 管理器名称可以重命名
   D. 重命名的管理器仍可以使用objects调用管理器方法
3. 下列选项中，用于存储和验证电子邮件地址的字段类型的是（　　）。
   A. CharField   B. BooleanField
   C. EmailField   D. FileField
4. 下列选项中，用于指定字符型字段所能存储的最大长度的是（　　）。
   A. max_length   B. null
   C. default   D. blank
5. 下列选项中，用于更新数据库中数据的方法是（　　）。
   A. all()   B. update()
   C. filter()   D. delete()

四、简答题

1. 简述模型元属性的作用以及如何使用。
2. 简述关系字段ForeignKey的作用以及如何使用。
3. 简述如何修改管理器名称。
4. 简述F对象和Q对象的区别。
5. 简述什么是QuerySet。

第 4 章

模　　板

学习目标

◎ 了解什么是模板引擎和模板文件，能够说出它们的作用。
◎ 熟悉模板文件的使用，能够归纳项目中如何使用模板。
◎ 掌握模板变量的使用，能够在模板文件中正确使用模板变量标识动态变化的数据。
◎ 掌握模板过滤器的使用，能够在模板文件中正确使用过滤器获取精确的数据。
◎ 掌握模板标签的使用，能够在模板文件中正确使用标签。
◎ 掌握自定义过滤器和标签，能够根据需求自定义过滤器和标签。
◎ 掌握模板继承，能够根据需求在项目中使用模板继承。
◎ 掌握 Jinja2 模板的配置与使用，能够在 Django 项目中使用 Jinja2 模板。

模板是 Django 框架中用于呈现动态数据的重要机制，它采用内置的模板语言，通过在模板中插入变量、标签和过滤器来实现数据的渲染。通过使用模板，可以明确地将业务逻辑与显示逻辑分离，提供页面结构和布局并处理动态数据展示。本章将对模板的相关知识进行介绍。

4.1　模板引擎与模板文件

在一个 Web 应用程序中，视图代码、模板引擎和模板文件之间有着密切的关系。它们共同协作来生成最终的 HTML 页面。视图代码负责处理请求、检索数据和控制逻辑，将数据传递给模板引擎。模板引擎负责解析模板文件中的指令，将数据渲染为最终的 HTML 页面。模板文件定义了页面的结构和样式，并插入动态内容以完成页面的个性化呈现。这三者共同协作，构成一个完整的 Web 应用程序。

前面已经简单使用了一些视图代码，关于视图的更多内容会在第 5 章进行详细介绍。接下来，对模板引擎和模板文件进行介绍。

1. 模板引擎

Django 的模板引擎是用于解析和渲染模板文件的工具，它用于将静态模板和动态数据结合起来，生成最终的 HTML 页面的内容。Django 默认提供了一个强大的模板引擎，它允许开发者在模板文件中嵌入 Python 代码，以及调用 Django 提供的模板标签和过滤器来处理动态数据和逻辑。

模板引擎的工作步骤如下：
（1）Django 将模板文件加载到内存中。
（2）视图从数据库或其他数据源中检索数据。
（3）视图通过上下文将数据传递给模板引擎。
（4）模板引擎解析模板文件，并处理其中的控制结构、变量、过滤器和标签等内容。
（5）最终生成的 HTML 页面通过 HTTP 响应返回给用户。

2. 模板文件

模板文件是一个文本文件，这个文件可以是任何类型的，如 HTML、CSV、TXT 文件等，但通常使用 HTML 文件作为模板文件。在模板文件使用 Django 模板语言（Django template language，DTL）来定义和处理模板中的变量、逻辑和控制结构。

需要注意的是，无论模板文件的类型如何，它们都应该按照 Django 模板语言的语法规则编写，以便正确解析和渲染模板中的变量、标签和控制结构。

4.2 模板文件的使用

如果想要在项目中使用模板文件，通常需要在项目中创建 templates 文件夹，并将模板文件保存到该文件夹中。templates 文件夹创建成功后，还需在 settings.py 文件中通过配置项 TEMPLATES 指定模板目录。

使用 startproject 命令创建项目后，settings.py 文件的配置项 TEMPLATES，示例代码如下：

```
TEMPLATES = [
    {
        'BACKEND': 'django.template.backends.django.DjangoTemplates',
        'DIRS': [],
        'APP_DIRS': True,
        'OPTIONS': {
            'context_processors': [
                'django.template.context_processors.debug',
                'django.template.context_processors.request',
                'django.contrib.auth.context_processors.auth',
                'django.contrib.messages.context_processors.messages',
            ],
        },
    },
]
```

TEMPLATES 选项的值是一个列表，在该列表中包含了四项信息：BACKEND、DIRS、APP_DIRS、OPTIONS。这四项信息的含义说明如下：

（1）BACKEND：指定默认模板引擎的后端。它对应的值是一个字符串，表示要使用的模板引擎的后端类。例如，使用 Django 自带的模板引擎时，可以将该值设置为 'django.template.backends.django.DjangoTemplates'。

（2）DIRS：指定模板文件所在的目录列表。它对应的值是一个包含目录路径的列表。模板引擎在渲染模板时，会按照列表中的顺序依次查找并加载模板文件。

（3）APP_DIRS：一个布尔值，表示是否在应用程序中查找和加载模板文件。当设置为 True 时，模板引擎会在 INSTALLED_APPS 中的每个应用程序中查找并加载模板文件。这样，我们就可以在应用程序的 templates 目录下组织模板文件。

（4）OPTIONS：一个字典，包含其他的模板引擎选项。常见的模板引擎选项说明见表 4-1。

表 4-1 常见的模板引擎选项说明

选 项	说 明
autoescape	一个字符串，表示是否启用 HTML 转义。默认为 True，表示启用自动转义。如果设置为 False，则在模板中使用的变量不会进行 HTML 转义
content_processors	一个包含函数名的列表，用于指定要使用的模板上下文处理器。模板上下文处理器是一种用于将动态数据传递给模板的工具
debug	一个布尔值，表示是否启用模板调试模式。当设置为 True 时，模板引擎会在渲染模板时显示更详细的错误信息，便于调试
loaders	一个包含模板加载器实例的列表，用于指定要使用的模板加载器。模板加载器是一种用于从不同位置加载模板文件的工具
string_if_invalid	一个字符串，用于指定在模板中使用无效变量时显示的默认值
file_charset	用于指定模板文件的字符集编码
libraries	一个包含自定义模板标签库的字典。键为标签库名称，值为标签库模块路径或标签库实例。这样，可以方便地在模板中使用自定义标签

因为在前面提到过会将模板文件保存到 templates 文件夹中，所以需要在 DIRS 选项中指定 templates 文件夹的路径。指定 templates 文件夹路径的代码如下：

```
'DIRS': [os.path.join(BASE_DIR, 'templates')]
```

上述代码中 os.path.join() 表示将 BASE_DIR 和 templates 目录进行拼接。其中 BASE_DIR 为 settings.py 文件中提供的配置项，用于获取当前项目的根目录；templates 表示创建的用于保存模板文件的文件夹名称。

需要注意的是，templates 文件夹的名称以及文件夹所在位置并不是固定不变，如果更改了文件夹的名称和所在位置，那么需要确保代码能够找到模板文件。

4.3 模板语言

模板语言是一种用于在模板文件中插入动态内容和逻辑的语言，它描述了动态内容应该按照怎样的方式插入模板文件。模板语言分变量（variables）和标签（tags）两部分，定义了这些动态内容的语法，此外，Django 为变量定义了过滤器（filter），也支持自定义过滤器，以便模板可以更加灵活地呈现数据。本节将分变量、过滤器、标签和自定义过滤器这四部分介绍 Django 的模板语言。

4.3.1 变量

模板变量用于标识模板中会动态变化的数据，通常用双花括号 {{ }} 包裹起来。当模板被渲染时，模板引擎将模板变量替换为视图中传递过来的真实数据。模板变量的语法格式如下：

```
{{ variable }}
```

上述格式中，variable 表示模板变量名。模板变量名由字母、数字和下画线（"_"）组成，但不能以下画线开头。

模板语言通过点字符(".")进一步访问变量中的数据，但由于模板不明确模板变量的类型，因此模板引擎会按以下顺序进行尝试：

（1）将变量视为字典，尝试根据键访问字典中其对应的值。

（2）将变量视为对象，尝试访问对象的属性或方法。

（3）尝试访问变量的数字索引。

需要注意的是，若点字符的后面是一个方法，这个方法在被调用时不需要添加括号。例如，调用字典变量 books 的 items() 方法，示例代码如下：

```
{{ books.items }}
```

如果变量不存在，模板引擎会根据设置的模板选项来处理。默认情况下，如果变量不存在，模板引擎会将变量值设置为 None，而不会引发任何错误。

接下来，通过案例演示如何在模板中使用模板变量，以及如何通过点字符串访问变量保存的数据，具体步骤如下：

（1）在 chapter04 项目中创建名为 tem_demo 的应用。在该应用的 views.py 文件中，定义一个名为 index() 的视图函数。在 index() 函数中，创建整型、字典类型和列表类型的变量，并将它们作为上下文数据传递给模板文件 index.html，示例代码如下：

```python
from django.shortcuts import render
def index(request):
    num = 100
    num_dict = {'a': 1, 'b': 2, 'c': 3}
    num_list = [1, 2, 3, 4, 5]
    # 上下文字典
    context = {'num': num, 'num_dict': num_dict,'num_list': num_list}
    # render()函数用于将处理后的数据和模板结合起来，生成最终的HTML响应
    return render(request,'index.html',context)
```

在 index() 函数中，首先定义了 num、num_dict 和 num_list 三个变量，分别保存整型、字典和列表类型的数据；然后定义上下文字典 context，该字典中定义了模板文件中需要使用的变量，其中键为模板中使用的变量名，值为视图函数中定义的变量；最后通过 render() 函数将上下文字典渲染到模板文件中。

（2）在 templates 目录下的 index.html 文件中找到 <body> 标签，注释该标签的所有内容，添加模板变量，示例代码如下：

```
<body>
    {{ num }}<br/>
    {{ num_dict.c }}<br/>
    {{ num_dict.items }}<br/>
    {{ num_list.4 }}<br/>
</body>
```

在上述代码中，首先访问变量 num 的值，然后访问字典 num_dict 中键 c 对应的值，接着通过字典 num_dict 调用 items() 方法获取字典的所有元素；最后访问列表 num_list 中索引 4 对应的元素。为了使所有内容能够单行显示，这里在访问变量的代码后面加入了换行标签
。

（3）在 chapter04 项目的 urls.py 文件中，定义访问视图函数 index() 的 URL，示例代码如下：

```
from tem_demo import views
urlpatterns = [
    path('admin/', admin.site.urls),
    path('index/', views.index),
]
```

（4）运行开发服务器，在浏览器访问 http://127.0.0.1:8000/index/ 后，页面效果如图 4-1 所示。

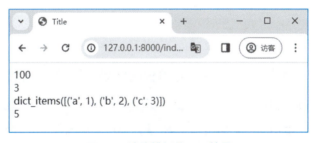

图 4-1　渲染模板的页面效果

4.3.2　过滤器

过滤器是模板系统中的一种功能，用于对模板变量进行处理和过滤。它们以管道符号（|）的形式应用于变量，用于修改或格式化变量的输出。使用过滤器的语法格式如下：

```
{{ variables|filters }}
```

上述格式中，variables 表示要显示的变量，filters 表示要使用的过滤器，它们之间以管道符号进行分隔。需要注意的是，管道符号和变量、过滤器之间不能有空格。

也可以使用多个管道符号连接多个过滤器，连续对同一变量进行过滤，其语法格式如下：

```
{{ variables|filters1|filters2... }}
```

一些过滤器可以接收参数，过滤器与参数之间使用 ":" 分隔。若参数中有空格，参数必须放在引号之内，如 {{ list|join:", " }}。

Django 提供了大量内置模板过滤器，下面将对常用的过滤器进行介绍。

1. add

add 过滤器用于将变量与给定的参数相加后返回结果，示例代码如下：

```
{{ value|add:"32" }}
```

假设变量 value 的值为 3，则输出结果将是 35。

add 过滤器首先尝试将变量和参数都强制转换为整数，若转换失败，add 过滤器会连接变量与参数，示例代码如下：

```
{{ first|add:second }}
```

假设 first 值为 [1,2,3]，second 的值为 [4,5,6]，则输出结果为 [1,2,3,4,5,6]。

需要注意，连接操作适用于字符串、列表这两种类型的数据，若为其他类型的数据，则返回空字符串。

2. addslashes

addslashes 过滤器会自动在字符串中的特殊字符前添加反斜杠（\），以转义这些特殊字符。这些特殊字符包括单引号、双引号、反斜杠和 NULL 字符，示例代码如下：

```
{{ value|addslashes }}
```

假设 value 的值为"I don't know."，则会在单引号的前面添加反斜杠，结果将会是"I don\'t know."。

3. capfirst

capfirst 过滤器用于将字符串的第一个字符转换为大写，示例代码如下：

```
{{ value|capfirst }}
```

假设 value 的值为"python"，输出结果为"Python"。需要注意，若 value 的首字符不是字母，则此过滤器无效。

4. center

center 过滤器用于将字符串居中显示，并在其两侧使用足够的空格填充至指定长度。如果指定长度小于字符串本身的长度，那么直接返回原字符串，示例代码如下：

```
{{ value|center:"10" }}
```

假设 value 的值为"python"，则会在字符串两侧各填充 4 个空格，输出结果为"   python   "。

5. cut

cut 过滤器用于从字符串中删除指定的子字符串，示例代码如下：

```
{{ value|cut:" " }}
```

假设 value 的值为"hello world"，则会将空格删除，结果将会是"helloworld"。

6. default

default 过滤器用于在变量为 None 或空时设置一个默认值显示，示例代码如下：

```
{{ value|default:"35" }}
```

假设 value 的值为 "", 输出结果为 "35"。

7. escape

escape 过滤器用于将 HTML 特殊字符转义为它们的实体表示形式, 从而防止代码注入和保护网站的安全性。HTML 特殊字符包括 <、>、&、" 和 ' 等字符, 具体转换规则如下:

- 将 < 转换为 <。
- 将 > 转换为 >。
- 将 ' (单引号) 转换为 '。
- 将 " (双引号) 转换为 "。
- 将 & 转换为 &。

使用 escape 过滤器的示例代码如下:

```
{{ value|escape }}
```

假设 value 的值为 "<Django>", 则会将 < 和 > 分别转换为 < 和 >, 输出结果为 "<Django>"。

8. join

join 过滤器用于将一个可迭代对象中的元素以指定的分隔符连接起来, 示例代码如下:

```
{{ value|join:"//" }}
```

假设 value 的值为 [1,2,3], 则会用 // 连接每个元素, 输出结果是字符串 "1//2//3"。

9. length

length 过滤器用于获取一个可迭代对象的长度或获取一个字符串的字符数, 示例代码如下:

```
{{ value|length }}
```

假设 value 的值为 [1,2,3], 结果将是 3。

10. lower 或 upper

lower 过滤器用于将字符串全部转换为小写, upper 过滤器用于将字符串全部转换为大写。示例如下:

```
{{ value|lower }}
```

假设 value 的值为 "Tomorrow is Another day.", 输出结果为 "tomorrow is another day ."。

11. random

random 过滤器用于返回给定列表中的一个随机元素, 示例代码如下:

```
{{ value|random }}
```

如果 value 为 [1,2,3,4], 输出结果可能是 1、2、3、4 中的任意一个。

12. truncatewords

truncatewords 过滤器用在文本较长的场景, 显示长文本的缩略内容, 可根据参数在一定数量的单词后截断字符串。语法格式如下：

```
{{ value|truncatewords:"最大单词数" }}
```

假设 value 的值是"tomorrow is another day.",指定最大单词数为 2,结果为"tomorrow is ..."。更多内置过滤器可参见官方文档。

在互联网时代,信息的传播和获取变得异常便捷,但同时也存在着大量的虚假、低俗、不良信息。在使用 Django 框架的模板时,可以利用过滤器来过滤和转换这些信息,从而提高用户的浏览体验和保护青少年的健康成长。

4.3.3 标签

标签指的是 Django 模板语言中特殊的代码结构,其作用是在 Django 模板中添加额外的功能和逻辑。通过在模板中使用它们来进行数据处理、控制流程、生成 URL 链接等操作。

标签使用 {% %} 包裹,以区分于普通的模板文本。有些标签要求有开始标记和结束标记,其语法格式如下：

```
{% tag %}         # 开始标记
    ...
{% endtag %}      # 结束标记
```

Django 内置了大量模板标签,下面对常用标签进行介绍。

1. for

for 标签跟 Python 中 for 语句的作用类似,用于循环遍历可迭代对象中的每个元素,以便在上下文变量中使用这些元素。

接下来,通过一个案例演示 for 标签在模板文件中如何使用。

(1) 在 chapter04 项目的 views.py 文件中定义视图函数 book_info(),在该视图函数中定义书单列表,并将此列表渲染到模板文件 book_list.html 中,示例代码如下：

```python
def book_info(request):
    book_list = ['围城', '边城', '蛙', '龙凤艺术', '许三观卖血记']
    context = {'book_list': book_list}
    return render(request,"book_list.html",context)
```

(2) 在模板文件 book_list.html 中使用 for 标签遍历书单列表 book_list,并输出所有书名,示例代码如下：

```
{% for book in book_list %}
<ul>
    <li>书籍名称：{{ book }}</li>
</ul>
{% endfor %}
```

(3) 在 chapter02 项目的 urls.py 文件中定义访问视图函数 book_list() 的 URL,示例代码如下：

```
path('info/', views.book_info)
```

（4）运行开发服务器，在浏览器访问 http://127.0.0.1:8000/info/ 后，页面效果如图 4-2 所示。

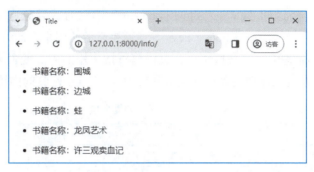

图 4-2　for 标签使用效果

模板中的 for 标签支持反向遍历可迭代对象，只需要在可迭代对象后面跟上 reversed 关键字。例如，修改模板文件 book_list.html，在该文件中使用 for 标签反向遍历书单列表，示例代码如下：

```
{% for book in book_list reversed %}
<ul>
    <li>书籍名称：{{ book }}</li>
</ul>
{% endfor %}
```

运行开发服务器，在浏览器访问 http://127.0.0.1:8000/info/ 后，页面效果如图 4-3 所示。

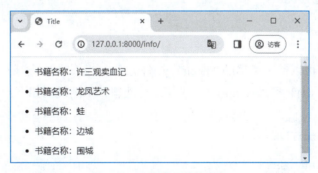

图 4-3　反向遍历书单列表

若要遍历双层列表，可以解包内层列表中的每个元素到多个变量中。例如，列表 points 中的每个元素都是 [x,y] 形式的坐标，输出每一个坐标的 x、y 值，示例代码如下：

```
{% for x, y in points %}
    There is a point at {{ x }},{{ y }}
{% endfor %}
```

以上操作在遍历字典时同样适用。例如，现有字典 data = {'名称':'围城','阅读量':'1000','items':'800'}，使用 for 标签遍历字典 data，示例代码如下：

```
{% for key, value in data.items %}    # 调用字典的items()方法
    {{ key }}: {{ value }}
{% endfor %}
```

需要注意的是,在模板中操作符"."查找优先于方法查找。因此,如果字典中包含键 items,那么 data.items 将返回 data['items'] 而非 data.items()。为了避免这种情况,如果想在模板中使用字典的方法,如 items、values、keys 等,需要避免使用字典的方法名作为键名。

在 Django 的 for 标签中,有一些可以在其内部直接使用的内置变量来追踪循环过程。这些变量可以帮助开发人员更好地控制循环逻辑和展示数据。for 标签的内置变量见表 4-2。

表 4-2 for 标签的内置变量

变　　量	说　　明
forloop.counter	当前循环迭代的次数,从 1 开始计数
forloop.counter0	当前循环迭代的次数,从 0 开始计数
forloop.revcounter	当前循环迭代的逆序次数,从 1 开始计数
forloop.revcounter0	当前循环迭代的逆序次数,从 0 开始计数
forloop.first	若当前循环为第一次循环则返回 True
forloop.last	若当前循环为最后一次循环则返回 True
forloop.parentloop	可以在嵌套循环中访问上一层循环的上下文

例如,使用 for 标签遍历列表 book_list,并使用 forloop.counter 对应的值作为书籍序号,示例代码如下:

```
{% for book in book_list %}
    {{ forloop.counter }}:{{ book }}
{% endfor %}
```

2. for…empty

在 for 标签中还可以使用可选的 {% empty %} 子句,当 for 循环遍历完所有对象并且没有找到任何匹配项时可以使用 {% empty %} 子句进行处理,示例代码如下:

```
{% for book in book_list %}
    <li>{{ book }}</li>
{% empty %}
    <p>抱歉,图书列表为空</p>
{% endfor %}
```

3. if…elif…else

if…elif…else 是条件判断标签,与 Python 中的 if、elif、else 关键字的含义相同,若标签的判断条件为 True,则会显示相应子句中的内容。例如,根据书名的长度对列表 book_list 中的元素进行分类,示例代码如下:

```
{% for book in book_list %}
    {% if book|length == 2 %}
        书名长度为2: {{ book }}<br>
    {% elif book|length == 4 %}
```

```
            书名长度为 4：{{ book }}<br>
    {% else %}
        {{book}}
    {% endif %}
{% endfor %}
```

在 if 标签中允许使用逻辑运算符、算术运算符和成员运算符。例如，x 的值为 10，y 的值为 5，使用 if 标签判断 x 大于 0 以及 y 的值小于 10 结果，示例代码如下：

```
{% if x > 0 and y < 10 %}
    <p>输出结果为 True</p>
{% else %}
    <p>输出结果为 False</p>
{% endif %}
```

4．include

include 标签用于在当前模板中包含其他模板的内容。这使得我们可以在多个模板中重用相同的代码块。

在使用 include 标签时需要传入要包含的模板的文件路径，示例代码如下：

```
{% include "base.html" %}
```

在上述示例中，base.html 表示要包含的模板的文件路径，该模板路径既可以使用相对路径也可以使用绝对路径来引用。

include 标签可以在加载模板的同时利用关键字 with 为模板传递变量，例如模板 base.html 内容如下：

```
<p>联系人：{{ name }}</p>
<p>联系电话：{{ phone }}</p>
```

此时，在其他模板中使用 include 标签时，便可以为变量 name 和 phone 赋值，示例代码如下：

```
{% include 'base.html' with name='张三' phone='12345' %}
```

若只希望使用提供的变量（或不使用变量）渲染上下文，需使用 only 选项，示例代码如下：

```
{% include 'base.html' with name='张三' only %}
```

值得说明的是，当前模板与被加载的模板不存在包含关系，这两个模板的渲染都是完全独立的过程。

5．now

now 标签用于显示当前日期时间，可以使用一些格式控制字符（如日期过滤器中的格式控制字符）对显示的内容进行格式化，示例代码如下：

```
It is {% now "jS F Y H:i" %}
```

上述示例中，jS 表示月份中的第几天，如 1st、2nd、3rd 等；F 表示月份的全名，如 January、February 等；Y 表示四位数的年份，如 2024、2025 等；H 表示 24 小时制的小时，范围为 00～23；i 表示分钟数，范围为 00～59。

6. url

url 标签用于生成 URL 链接。使用 url 标签可以在模板中动态地生成 URL，而不需要硬编码或手动拼接 URL。在 url 标签中可以有多个参数，参数之间以空格分隔，其中第一个参数为 URL 模式名称，可以是带引号的字符串或任何其他上下文变量；其余参数是要传递给 URL 的可选参数。语法格式如下：

```
{% url 'some-url-name' arg1=value1 arg2=value2 %}
```

在上述格式中，some-url-name 是一个 URl 模式名称，用于生成对应的 URL 链接。后面的参数 arg1=value1，arg2=value2 是 URL 模式中传递给视图函数中的参数，多个参数之间使用空格分隔。

7. autoescape

autoescape 标签用于控制模板中输出的内容是否进行 HTML 转义。它的作用是防止在网站中输出不安全的 HTML 和脚本，从而提高网站的安全性。

autoescape 标签包含两个值：on 和 off。当 autoescape 标签的值为 on 时，模板中的输出会自动进行 HTML 转义；当值为 off 时，则模板中的输出不会进行转义，需要开发者自行处理转义，示例代码如下：

```
{% autoescape on %}
    {{ body }}
{% endautoescape %}
```

8. extends

extends 标签用于实现模板继承。它允许开发人员在一个模板中定义基本的结构和布局，然后在其他模板中继承这个基本的结构和布局，并对其中一些部分进行修改或扩展。extends 标签有以下两种使用形式：

```
{% extends "base.html" %}      # 第一种形式
{% extends variable %}         # 第二种形式
```

第一种形式直接指定了要继承的模板文件的名称（在这个例子中是 "base.html"），这种形式适用于在模板中明确知道要继承的基础模板的情况；第二种形式使用了一个变量 variable 来指定要继承的模板，这种形式适用于动态确定要继承的模板的情况，变量 variable 可以在模板的上下文中被设置，并根据需要动态地确定要继承的模板。如果变量 variable 的值是一个字符串，那么 Django 将使用这个字符串作为父模板的名称。如果变量的值是一个 Template 对象，那么 Django 将使用该对象作为父模板。

9. block

block 标签用于在模板中定义可被子模板覆盖的块。它允许开发人员在父模板中定义一块内容，并在子模板中对这些内容进行修改或扩展，语法格式如下：

```
{% block 模块名 %}
    ...模块内容...
{% endblock %}
```

例如，父模板 base.html 内容如下：

```
<main>
{% block content %}
    <p>This is the main content of the website.</p>
{% endblock %}
</main>
```

子模板需要先继承父模板，然后再对父模板中名称 content 的块进行扩展，示例代码如下：

```
{% extends 'base.html' %}
<main>
{% block content %}
    <p>This is the main content of the website.</p>
    <p>This is Sub Template.</p>
{% endblock %}
</main>
```

10. load

load 标签用于加载指定的模板标签库。它允许开发人员在模板中使用来自其他应用或自定义的模板标签或过滤器。load 标签的语法格式如下：

```
{% load 模板标签库 %}
```

在上述格式中，模板标签库表示要加载的模板标签库的名称。

例如，使用 load 标签加载了名为 custom_tags 的模板标签库，示例代码如下：

```
{% load custom_tags %}
```

一旦加载了该模板标签库，就可以在当前模板中使用该库中定义的模板标签或过滤器。

在 load 标签中还可以使用 from 参数有选择地从库中加载单个过滤器或标签。例如，从 custom_tags 加载名为 foo 和 bar 的模板标签和过滤器，示例代码如下：

```
{% load foo bar from custom_tags %}
```

4.3.4 自定义过滤器和标签

Django 内置的过滤器和标签已经能满足大部分需求，如果它们不能提供开发人员想要的功能，那么可以通过自定义过滤器和标签以实现具体需求。

自定义的过滤器和标签通常位于应用目录中的包 templatetags 之下，因此我们需要在应用目录中创建 templatetags 包，在该包中创建 python 文件，并在该文件中实现自定义过滤器和标签。

下面将分别介绍如何自定义过滤器和标签，以及如何使用自定义的过滤器和标签。

1. 自定义过滤器

自定义过滤器就是根据需求自己定义的一个过滤器函数，该函数必须至少接收一个参数，通常是需要处理的数据，并返回过滤后的值。

自定义过滤器定义完成之后，并不能直接使用，还需要使用 template.Library() 对象的 filter() 方法注册定义的过滤器，该方法语法格式如下：

```
filter(name=None, filter_func=None)
```

上述格式中,参数 name 表示自定义过滤器的名称;参数 filter_func 表示自定义过滤器的函数名称。

除了使用 filter() 方法注册过滤器之外,还可以使用 register.filter() 装饰器注册过滤器。register.filter() 装饰器实际上是 filter() 方法的一种简洁形式,提供了一种更加方便和易读的方式来完成注册的过程,它可以接收一个参数,用于指定自定义过滤器的名称。如果不指定名称,则默认会将函数的名称作为过滤器的名称,示例代码如下:

```
@register.filter(name='letter_upper')
def letter_upper(value):
    return value.upper()
```

上述示例中,自定义过滤器为 letter_upper,其过滤器名称为 letter_upper。

需要注意的是,自定义过滤器定义完成之后,还需将所属的应用添加到 settings.py 文件的 INSTALLED_APPS 选项中,如果未添加,那么定义的过滤器无法使用。

接下来,以自定义将字母全部转换为大写的过滤器为例,演示如何自定义过滤器以及在模板中如何使用。

(1)在 chapter04 项目的 tem_demo 应用中创建包 templatetags,然后在该包中创建 filters.py,最后在该文件中自定义将字母转换为大写的过滤器,示例代码如下:

```
from django import template
register = template.Library()         # 创建 Library 实例
def letter_upper(value):
    return value.upper()
register.filter('letter_upper', letter_upper)   # 注册自定义过滤器
```

(2)在 tem_demo 应用的 views.py 文件中首先定义视图函数 letter(),然后在该视图函数中定义字符串"abcde",最后将字符串数据渲染到模板文件 letter.html 中,示例代码如下:

```
def letter(request):
    demo_str = 'ABCDE'
    context = {'demo_str': demo_str}
    return render(request, "letter.html", context)
```

(3)在模板文件 letter.html 中使用自定义的过滤器 letter_upper,示例代码如下:

```
<body>
{% load filter %}
<p> 自定义过滤器 </p>
{{ demo_str|letter_upper }}
</body>
```

(4)在 chapter04 项目的 urls.py 文件中定义访问视图函数 letter() 的 URL,示例代码如下:

```
path('letter/', views.letter),
```

运行开发服务器,在浏览器访问 http://127.0.0.1:8000/letter/ 后,页面效果如图 4-4 所示。

图 4-4　自定义过滤器的使用效果

2．自定义模板标签

自定义标签是一种用于扩展模板功能的机制。通过自定义标签，开发人员可以在模板中使用自定义的代码逻辑和功能。自定义模板标签的方式较为简单，只需要根据需求定义标签函数，然后对定义的标签函数使用 Django 提供的函数以装饰器形式进行注册即可。根据不同的需求可以使用不同的函数进行注册，常用的注册函数如下：

- simple_tag()：用于注册简单标签，即不需要传递任何参数的标签。使用该装饰器后，可以在模板中直接调用这个标签。
- inclusion_tag()：用于注册包含标签，即需要传递参数并返回渲染结果的标签。使用该装饰器后，可以在模板中通过指定的参数调用这个标签，并将渲染结果嵌入模板中。
- tag()：用于注册复杂标签，即需要自行定义标签处理逻辑的标签。使用该装饰器后，需要在自定义的标签类中实现 render() 方法，以定义标签的渲染行为。

在使用上述三个函数注册自定义模板标签时，需要先创建 template.Library() 的实例对象，该实例对象是 Django 模板系统中用于注册和管理自定义模板标签和过滤器的核心对象，然后使用该对象调用注册函数，并以装饰器形式注册定义的标签函数即可。

接下来，在 templatetags 包中创建 custom_tags.py 文件，并在该文件中分别使用上述三种注册函数注册自定义的标签。

（1）使用 simple_tag() 注册自定义标签。

simple_tag() 函数用于注册简单标签，简单标签指的是不需要传递任何参数的标签，该函数语法格式如下：

```
simple_tag(func=None, takes_context=None, name=None)
```

simple_tag() 函数中各个参数的具体含义如下：

- func：用于定义自定义标签的逻辑。如果未提供该参数，则装饰器将作为一个包装器函数使用。
- takes_context：一个布尔值，指示装饰的函数是否接受上下文作为第一个参数。默认为 False。如果设置为 True，则在调用标签函数时，Django 会将当前的上下文对象作为第一个参数传递给标签函数。
- name：一个字符串，用于指定自定义标签的名称。如果未提供该参数，则默认使用函数的名称作为标签的名称。

例如，在 custom_tags.py 文件中定义获取当前时间的模板标签，示例代码如下：

```
from django import template
```

```python
from datetime import datetime
register = template.Library()
@register.simple_tag(name='current_time')
def get_current_time():
    return datetime.now().strftime("%Y-%m-%d %H:%M:%S")
```

当自定义标签注册完成之后，便可以在模板文件中使用自定义的标签，在使用自定义标签之前，需要使用 load 标签加载自定义标签所在的模块。例如，在模板文件 letter.html 中使用自定义标签 current_time.html，示例代码如下：

```
{% load custom_tags %}      # 将自定义标签加载到模板中
<p> 自定义模板标签 </p>
{% current_time %}          # 使用自定义标签
```

运行开发服务器，在浏览器访问 http://127.0.0.1:8000/letter/ 后，页面效果如图 4-5 所示。

图 4-5 simple_tag() 的使用效果

（2）使用 inclusion_tag() 注册自定义标签。

inclusion_tag() 函数用于注册包含标签。包含标签用于将一个模板文件中的一部分代码封装成可重复使用的内容，并在其他模板中使用。该函数语法格式如下：

```
inclusion_tag(filename, func=None, takes_context=None, name=None)
```

inclusion_tag() 函数中各个参数的具体含义如下：

- filename：指定包含标签对应的模板文件的路径。这是一个必需参数，用于指定要包含的模板文件的位置。
- func：包含标签函数的名称。如果提供了这个参数，那么被装饰的函数将会作为包含标签函数，用于处理包含标签的逻辑。如果不提供这个参数，那么装饰器会将被装饰的函数自身作为包含标签函数。
- takes_context：一个布尔值，表示包含标签函数是否需要接收模板上下文作为第一个参数。如果设置为 True，包含标签函数的第一个参数将会是模板上下文；如果设置为 False 或未提供，则不会传递模板上下文给包含标签函数。
- name：指定包含标签在模板中的名称。如果提供了这个参数，可以在模板中使用指定的名称来调用包含标签；如果未提供，Django 将会默认使用被装饰函数的名称作为包含标签的名称。

例如，在 custom_tags.py 文件中定义根据书名长度从小到大进行排序的模板标签，示例代码如下：

```
from django import template
register = template.Library()
@register.inclusion_tag('book_sort.html')    # 表示包含标签需要使用的模板文件
def book_sort(book):
    book.sort(key=len)
    ret urn {'book_data': book}
```

上述示例代码中，定义了标签函数 book_sort()，该函数接收一个参数 book，表示传入的书名列表，然后使用装饰器 @register.inclusion_tag() 对定义的函数进行注册，并指定标签要使用的模板文件 book_sort.html。

在模板文件 book_sort.html 定义如何展示书籍排序的样式，示例代码如下：

```
<body>
<p>书籍名称按照长度进行排序</p>
{% for book in book_data %}
    <p>{{ book }}</p>
{% endfor %}
</body>
```

格式设置完成之后，便可以在其他模板文件中使用自定义的标签 book_sort。例如，在 book_list.html 模板文件中使用标签 book_sort，示例代码如下：

```
<body>
{% load custom_tags %}
{% book_sort book_list %}
</body>
```

运行开发服务器，在浏览器访问 http://127.0.0.1:8000/info/ 后，页面效果如图 4-6 所示。

图 4-6　inclusion_tag() 的使用效果

（3）使用 tag() 注册自定义模板标签。

tag() 用于注册较为复杂的标签，如带有开始标记和结束标记的标签、控制流程、修改上下文变量等。该函数语法格式如下：

```
tag(name=None, compile_function=None)
```

tag() 函数中各个参数的具体含义如下：

- name：表示注册的标签的名称。如果未提供名称，则装饰的函数的名称将被用作标签的名称。可以在模板中使用这个名称来调用对应的标签函数。

- compile_function：表示一个用于编译标签节点的函数。它可以接收模板解析器和标签节点作为参数，并返回一个 Node 对象，用于在模板渲染时执行与该标签相关的逻辑。通常情况下不需要提供这个参数，因为 Django 会自动为简单的标签生成编译函数。

例如，在 custom_tags.py 文件中定义实现反转字符串的标签，示例代码如下：

```python
from django import template
register = template.Library()
@register.tag(name='reverse')   # 指定标签名称
def reverse_tag(parser, token):
    # 解析标签参数
    try:
        """
        token.split_contents() 用于将模板标签的内容（token.contents）
        拆分成多个部分，并返回一个包含这些部分的列表
        """
        tag_name, var_name = token.split_contents()
    except ValueError:
        # token.contents 表示整个模板标签的内容
        raise template.TemplateSyntaxError(f"{token.contents} 需要一个变量作为参数")
    # 返回一个 Node 实例
    return ReverseNode(var_name)
class ReverseNode(template.Node):
    def __init__(self, var_name):
        self.var_name = var_name
    def render(self, context):
        # 获取变量的值
        '''
        template.Variable()：用于创建一个模板变量对象，
        它接收一个字符串参数，表示需要解析的模板变量。
        resolve() 用于解析模板变量，并获取其对应的值。
        它接收一个上下文（context）作为参数，用于获取模板变量的值。
        '''
        value = template.Variable(self.var_name).resolve(context)
        # 将字符串反转
        result = value[::-1]
        return result
```

当自定义标签注册完成之后，便可以在模板文件中使用自定义的标签。例如，在 letter.html 模板文件中使用标签 reverse，示例代码如下：

```
{% load custom_tags %}
{% reverse 'hello world' %}
```

运行开发服务器，在浏览器访问 http://127.0.0.1:8000/letter/ 后，页面效果如图 4-7 所示。

图 4-7　tag() 的使用效果

4.4 模板继承

Web 网站的多个页面往往包含一些相同的元素，为了避免多个模板包含大量重复代码，提高代码重用率，减少开发人员的工作量，Django 模板实现了模板继承机制。模板继承机制允许开发人员先在一个模板中定义多个页面共有的内容和样式，再以该模板为基础拓展模板。

模板继承机制使用模板语法中的 block 标签和 extends 标签实现，其中 block 标签标识与继承机制相关的代码块，extends 指定子模板所继承的模板。子模板可以通过继承获取父模板中的内容。

接下来，通过一个案例演示模板继承。

（1）在 templates 中定义一个父模板 base_content.html，父模板内容如下：

```html
<!DOCTYPE html>
<html lang="en">
<head>
    <link rel="stylesheet" href="style.css">
    <title>{% block title %} 页面标题 {% endblock %}</title>
</head>
<body>
{% block header %}
    <h1> 父模板 </h1>
    <h1> 标题 </h1>
{% endblock header %}
{% block main %}
    <h2> 页面内容 </h2>
{% endblock %}
<br><br><br>
{% block footer %}
    <div class="footer no-mp">
        <div class="foot_link">
            <a href="#"> 关于我们 </a>
            <span> | </span>
            <a href="#"> 联系我们 </a>
            <span> | </span>
            <a href="#"> 招聘人才 </a>
            <span> | </span>
            <a href="#"> 友情链接 </a>
        </div>
        <p>CopyRight © 2024 北京小鱼商业股份有限公司 All Rights Reserved</p>
        <p> 电话：010-****888    京ICP备*******8号 </p>
    </div>
{% endblock %}
</body>
</html>
```

以上模板使用 block 标签定义了四个可以被子模板填充的块，分别为表示页面标题的块 title、表示页头的块 header、表示页面内容的块 main、表示页脚的块 footer。

（2）在 templates 定义一个继承该模板的子模板 lists.html，子模板内容如下：

```
{% extends 'base_content.html' %}
```

```
{% block title %}
    列表页面
{% endblock %}
{% block header %}
    <h1>子模板</h1>
    <h1>书单</h1>
{% endblock header %}
{% block main %}
    <a href="#">1.《围城》</a><br>
    <a href="#">2.《边城》</a><br>
    <a href="#">3.《蛙》</a><br>
    <a href="#">4.《龙凤艺术》</a><br>
{% endblock main %}
```

以上子模板 lists.html 继承了模板 base_content.html，并重写了块 title、header 和 main，保留了 base_content.html 的块 footer，即在模板文件 lists.html 中修改页面标题、页头和页面内容信息，而页脚内容保持不变。

（3）模板定义完成之后，还需在 tem_demo 应用的 views.py 文件中定义两个视图函数，这两个视图函数分别渲染模板文件 base_content.html 和 lists.html，示例代码如下：

```
def base_content(request):
    return render(request,'base_content.html')
def lists(request):
    return render(request,'lists.html')
```

（4）视图函数定义完成之后，需要为这两个视图函数配置 URL，在 chapter05 项目的 urls.py 文件中配置 URL，示例代码如下：

```
from tem_demo import views
urlpatterns = [
    path('base/', views.base_content),
    path('lists/', views.lists),
]
```

启动开发服务器，访问 http://127.0.0.1:8000/base/ 查看父模板内容，如图 4-8 所示。

图 4-8　父模板内容

访问 http://127.0.0.1:8000/lists/ 查看子模板内容，如图 4-9 所示。

图 4-9　子模板内容

4.5　Jinja2

Django 虽然提供了一个优秀的模板引擎，但它并不限制开发者使用其他模板引擎的自由。Django 支持以下几种模板引擎：

- Django 模板引擎（Django template engine）：Django 自带的模板引擎，语法简单易懂，可以方便地与 Django 框架集成使用。
- Jinja2：Jinja2 是一个流行的 Python 模板引擎，它的语法灵活且易于理解，支持变量、宏、过滤器、控制结构和继承等高级功能。Jinja2 的模板语法更接近 Python 语法，因此对于熟悉 Python 的开发者来说，代码更易于理解和维护。由于 Jinja2 使用更简洁的语法和更高效的解析器，因此相对于 Django 模板引擎，它通常具有更快的渲染速度。
- Mako：Mako 是一个快速、轻量级的 Python 模板引擎，它提供了许多高级特性，如标签的继承、缓存、过滤器等，同时也有很好的扩展性。
- Cheetah 是一个使用 Python 编写的模板引擎，具有灵活的语法和强大的数据加载能力，可用于创建站点、应用程序和 Web 服务。但是与其他引擎相比，它的性能较低。

上述四种模板引擎，具体选择哪个应该综合考虑项目的需求和开发者的经验。如果需要快速原型开发和小型应用，可使用 Django Templates；如果需要更高的灵活性和可定制性，可以使用 Jinja2 或 Mako；如果需要更强大的数据加载功能，则可以考虑使用 Cheetah。

接下来，以 Jinja2 模板引擎为例，演示在 chapter04 项目中如何使用 Jinja2 模板引擎。

1. 安装与配置Jinja2模板引擎

安装与配置 Jinja2 模板引擎具体步骤如下：

（1）使用 pip 工具快速安装 Jinja2，具体命令如下：

```
pip install jinja2==3.1.3
```

（2）安装完成之后，在 chapter04 项目中创建 jinja2_env.py 文件，在该文件中配置 Jinja2 模板引擎，示例代码如下：

```python
from jinja2 import Environment
from django.urls import reverse
from django.contrib.staticfiles.storage import staticfiles_storage
def jinja2_environment(**options):
    """jinja2 环境"""
    # 创建环境对象
    env = Environment(**options)
    env.globals.update({
        'static': staticfiles_storage.url,      # 获取静态文件的前缀
        'url': reverse,                          # 反向解析
    })
    # 返回环境对象
    return env
```

（3）配置 Jinja2 模板引擎。打开 chapter04 项目的配置文件 settings.py，在 TEMPLATES 选项中指定使用 Jinja2 模板引擎，示例代码如下：

```python
TEMPLATES = [
    {
        'BACKEND': 'django.template.backends.django.DjangoTemplates',
        'DIRS': [],
        'APP_DIRS': True,
        'OPTIONS': {
            'context_processors': [
                'django.template.context_processors.debug',
                'django.template.context_processors.request',
                'django.contrib.auth.context_processors.auth',
                'django.contrib.messages.context_processors.messages',
            ],
        },
    },
    {
        'BACKEND': 'django.template.backends.jinja2.Jinja2',
        'DIRS': [os.path.join(BASE_DIR, 'templates')],
        'APP_DIRS': True,
        'OPTIONS': {
            'context_processors': [
                'django.template.context_processors.debug',
                'django.template.context_processors.request',
                'django.contrib.auth.context_processors.auth',
                'django.contrib.messages.context_processors.messages',
            ],
            'environment': 'chapter04.jinja2_env.jinja2_environment',
        },
    },
]
```

需要注意的是,如果使用 Jinja2 模板引擎,那么在 TEMPLATES 选项中第一个字典的 DIRS 选项需要设置为空列表。

至此,在 Django 项目中已经指定使用模板引擎 Jinja2 渲染模板文件。

2. 使用Jinja2

Jinja2 模板的用法与 Django 模板基本相同,语法元素和元素的功能也十分相似,但它们之间也存在一些区别。掌握 Jinja2 与 Django 内置模板的区别,方能在掌握 Django 内置模板的基础上,快速上手 Jinja2。

为了便于演示 Jinja2 与 Django 内置模板使用的区别,下面先实现在模板文件显示文本的视图函数,具体步骤如下:

(1)在 tem_demo 应用的 views.py 文件中定义视图函数 program(),并在该视图函数中将列表 program_list 渲染到模板文件 program.html 中,示例代码如下:

```
def program(request):
    program_list = ['python','java','php','go']
    return render(request,'program.html',{'program_list':program})
```

(2)在 templates 中创建模板文件 program.html,并使用 for 标签遍历列表 program_list,示例代码如下:

```
<body>
{% for program in program_list %}
    {{ program }}<br>
{% endfor %}
</body>
```

(3)在 chapter04 项目的 urls.py 文件中定义匹配视图函数 program() 的 URL,示例代码如下:

```
from django.urls import path
from tem_demo import views
urlpatterns = [
    path('program/', views.program),
]
```

视图函数创建完成之后,分别使用 Django 模板引擎和 Django 模板语法,以及 Jinja2 模板引擎和 Jinja2 语法,在模板文件中演示它们的使用区别。

(1)方法调用。Django 模板中对方法的调用是隐式的,即调用方法时省略小括号,例如,在模板文件 program.html 使用 upper() 方法将每个单词大写,示例代码如下:

```
{% for program in program_list %}
    {{ program.upper }}<br>
{% endfor %}
```

启动开发服务器,访问 http://127.0.0.1:8000/program/ 查看页面内容,如图 4-10 所示。

Jinja2 模板中必须使用括号明确表明调用的是一个方法,即不能省略括号,在模板文件 program.html 使用 upper() 方法将每个单词大写,示例代码如下:

```
{% for program in program_list %}
    {{ program.upper() }}<br>
{% endfor %}
```

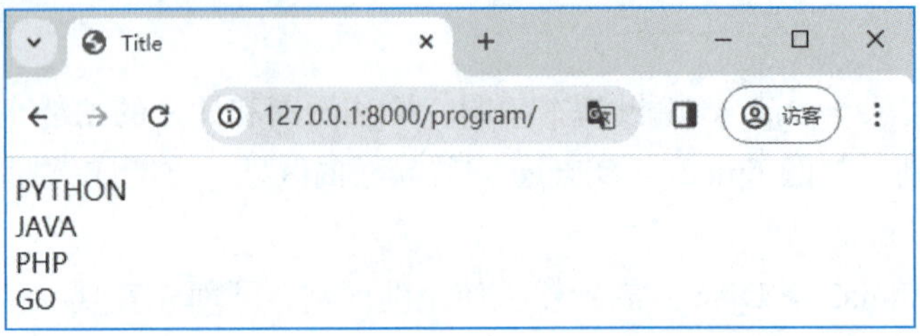

图 4-10　Django 模板中调用方法

启动开发服务器，访问 http://127.0.0.1:8000/program/ 查看页面内容，如图 4-11 所示。

图 4-11　Jinja2 模板中调用方法

（2）过滤器参数。Django 模板中使用冒号 ":" 间隔过滤器和过滤器的参数，示例代码如下：

```
{{ program|join:", " }}
```

Jinja2 使用括号包含过滤器参数，示例代码如下：

```
{{ program|join(', ') }}
```

（3）循环。在 Django 模板中，循环迭代使用的变量是 forloop，示例代码如下：

```
{% for program in program_list %}
    {{ forloop.counter }}:{{ program }}
{% endfor %}
```

在 Jinja2 模板中，循环迭代使用的变量是 loop，示例代码如下：

```
{% for program in program_list %}
    {{ loop.index }}:{{ program }}
{% endfor %}
```

Jinja2 的语法与 Django 模板的语法有很高的匹配度，但不可在 Jinja2 环境中直接使用 Django 模板。另外需注意 Jinja2 的扩展接口与 Django 的有根本区别，Django 自定义标签无法在 Jinja2 环境下正常工作。

小　结

本章介绍了与Django模板相关的知识，包括模板引擎与模板文件、模板文件的使用、模板语言、模板继承以及第三方模板引擎Jinja2。通过本章的学习，读者能够熟悉Django模板语法、掌握如何配置模板引擎、可熟练使用模板。

习　题

一、填空题

1. Django的模板引擎是用于_____和渲染模板文件的工具。
2. 在Django项目中模板文件默认保存在_____文件夹中。
3. 在Django中可以使用_____方法注册自定义过滤器之外。
4. Django模板中通过_____标签实现模板继承。
5. 模板变量通常使用_____符号包裹。

二、判断题

1. 模板文件可以是HTML、CSV、TXT文件。　　　　　　　　　　　　　　（　　）
2. 模板变量用于标识模板中会动态变化的数据。　　　　　　　　　　　　（　　）
3. 模板中若点字符后是一个方法，这个方法在调用时需要带括号。　　　　（　　）
4. 模板变量不能以下画线开头。　　　　　　　　　　　　　　　　　　　（　　）
5. 模板变量用于标识模板中会动态变化的数据，通常用双中括号[[ ]]包裹起来。
　　　　　　　　　　　　　　　　　　　　　　　　　　　　　　　　　（　　）

三、选择题

1. 下列配置项中，用于指定使用默认模板引擎的是（　　）。
   A. BACKEND　　　B. DIRS　　　C. APP_DIRS　　　D. OPTIONS
2. 在模板中，使用（　　）将过滤器应用于变量？
   A. @　　　　　　B. #　　　　　C. &　　　　　　D. |
3. 下列过滤器中，表示将变量与给定的值相加的是（　　）。
   A. add　　　　　B. capfirst　　C. center　　　　D. cut
4. 下列标签中，用于生成URL链接的是（　　）。
   A. now　　　　　B. url　　　　C. block　　　　D. extends
5. 下列选项中，关于Jinja2的描述错误的是（　　）。
   A. Jinja2是一种模板引擎，用于生成动态内容
   B. Jinja2是一个被广泛应用于Web开发领域的Python模板引擎
   C. Jinja2支持标签、过滤器和控制结构等功能
   D. Jinja2是Django框架的默认模板引擎

四、简答题
1. 简述模板引擎的工作流程。
2. 简述过滤器的作用。
3. 简述标签的作用。
4. 简述如何自定义过滤器。
5. 简述如何使用模板继承。

第 5 章

视　　图

学习目标

◎ 了解什么是视图，能够说出视图的基本结构。
◎ 掌握请求对象的使用，能够通过 HttpRequest 类处理请求。
◎ 掌握 QueryDict 对象的使用，能够使用该对象处理查询字符串和表单数据。
◎ 掌握响应对象的使用，能够通过 HttpResponse 类处理响应。
◎ 掌握生成响应的快捷方式，能够通过快捷方式生成响应。
◎ 掌握视图装饰器的使用，能够根据视图装饰器控制视图的行为。
◎ 掌握类视图如何定义，能够定义并使用类视图。
◎ 熟悉基础类视图，能够归纳基础类视图的作用。
◎ 熟悉通用视图分类，能够归纳各视图的作用。
◎ 熟悉通用显示视图与模型，能够归纳 ListView 和 DetailView 的使用场景。
◎ 熟悉如何修改查询集结果，能够说明如何修改查询集结果。
◎ 熟悉如何添加额外的上下文对象，能够说明如何实现添加额外的上下文对象。
◎ 熟悉异步视图的定义，能够说明异步视图的作用。

视图在 Django 中扮演着非常重要的角色，它用于处理来自用户的 HTTP 请求并生成相应的 HTTP 响应。视图是连接用户和应用程序逻辑之间的桥梁，负责处理请求数据、执行业务逻辑以及渲染响应内容。本章将对视图相关的内容进行讲解。

5.1　认　识　视　图

在 Web 开发中，视图是处理用户请求并生成响应的一部分。视图负责接收来自用户的请求，处理请求的数据，并返回一个包含 HTML、JSON、XML 或其他格式的响应。视图通常是以函数或类的形式出现，它与 URL 模式相关联。当用户访问特定 URL 时，路由系统将匹配到相应的视图，并调用该视图来处理请求。

视图函数由 Python 中的函数实现，类视图由 Python 中的类实现。以视图函数为例介绍视图的基本结构如下：

```
def view_name(request, *args=None, **kwargs=None):
    代码段
    return HttpResponse(response)
```

使用以上结构便可定义一个视图函数。以上结构中的 view_name 表示视图名称；参数 request 是必选参数，用于接收请求对象（HttpRequest 类的实例）；参数 args 和 kwargs 为可选参数，用于接收 URL 中的额外参数；返回值 HttpResponse(response) 表示响应对象（HttpResponse 类或其子类的实例）。

接下来，定义一个视图函数 curr_time()，它的功能是返回当前的日期和时间，具体步骤如下：

首先，创建 chapter05 项目和 book 应用，在 book 应用的 views.py 文件中定义视图函数 curr_time()，示例代码如下：

```
from django.http import HttpResponse
import datetime
def curr_time(request):
    now = datetime.datetime.now()
    response = "<html><body>当前时间为：%s.</body></html>" % now
    return HttpResponse(response)
```

然后，在 chapter05 项目的 urls.py 文件中配置该视图函数关联的 URL 模式，示例代码如下：

```
from django.contrib import admin
from django.urls import path
from book import 
urlpatterns = [
    path('admin/', admin.site.urls),
    path('time/', views.curr_time),
]
```

运行开发服务器，在浏览器地址栏中访问 http://127.0.0.1:8000/time/，此时页面会显示当前的日期和时间，如图 5-1 所示。

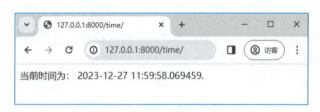

图 5-1　显示当前的日期和时间

5.2　请求对象

在 Django 中，请求对象是一个 HttpRequest 类的实例，它代表了一个 HTTP 请求。每当用户发送请求时，Django 会创建一个 HttpRequest 对象，并将其传递给相应的视图函数来处理请求。通过 HttpRequest 类内定义的属性和方法可以访问与 HTTP 请求相关的信息,下面分别介绍 HttpRequest 类的常用属性和方法。

1. HttpRequest类的常用属性

HttpRequest 类提供了一系列属性获取 HTTP 请求信息,包括请求协议、请求方法、请求参数、请求对象等。HttpRequest 类的常用属性见表 5-1。

表 5-1 HttpRequest 类的常用属性

属　　性	说　　明
scheme	表示请求的协议,如 http 或 https
body	表示请求的主体内容,通常在 POST 请求中包含表单数据
path	表示请求的路径部分,不包括域名和查询参数
method	表示请求的 HTTP 方法,如 GET、POST 等
encoding	表示请求的编码方式
content_type	表示请求的内容类型
GET	包含所有 GET 请求参数的类似字典的 QueryDict 对象
POST	包含所有 POST 请求参数的类似字典的 QueryDict 对象
COOKIES	包含所有请求 Cookie 的类似字典的对象
META	包含了关于请求的元数据信息,提供了有关客户端、服务器和请求本身的各种详细信息
headers	表示请求的头部信息
session	表示请求对应的会话对象
user	表示发起请求的用户对象

若在定义的视图函数中需要获取请求协议、请求方法、请求头信息等,那么可以通过参数 request 进行获取。例如,在 book 应用的 views.py 文件中定义视图函数 show_http_info(),并在该视图函数中获取请求协议、请求方法、请求头信息,示例代码如下:

```
from django.http import HttpResponse
def show_http_info(request):
    scheme = request.scheme
    method = request.method
    headers = request.headers
    response = "<html><body><p>请求协议:%s</p><p>请求方法:%s</p>" \
            "<p>请求头信息:%s</p></body></html>" % (scheme,method,headers)
    return HttpResponse(response)
```

在 chapter05 项目的 urls.py 文件中配置该视图函数关联的 URL 模式,示例代码如下:

```
urlpatterns = [
    path('http-info/',views.show_http_info),
]
```

运行开发服务器,在浏览器的地址栏中访问 http://127.0.0.1:8000/http-info/,此时页面会显示请求协议、请求方法、请求头信息,如图 5-2 所示。

图 5-2 显示请求协议、请求方法、请求头信息

在表 5-1 中，访问 META 属性后会返回一个包含请求元数据信息的字典，在这个字典中 key 值表示一个 HTTP 头字段的名称。常见的 HTTP 头字段及其含义见表 5-2。

表 5-2 常见的 HTTP 头字段及其含义

HTTP 头字段	说　　明
CONTENT_LENGTH	请求的主体内容长度
CONTENT_TYPE	请求的内容类型
HTTP_ACCEPT	客户端接收的响应内容类型
HTTP_ACCEPT_ENCODING	客户端接收的编码方式
HTTP_HOST	请求的目标主机名
HTTP_USER_AGENT	客户端的用户代理（浏览器）信息
QUERY_STRING	请求的查询字符串
REMOTE_ADDR	客户端的 IP 地址
REMOTE_HOST	客户端的主机名
REQUEST_METHOD	请求的 HTTP 方法
SERVER_NAME	服务器的主机名
SERVER_PORT	服务器的端口号

若在定义的视图函数中需要使用请求的内容类型、服务器端口号等数据，那么可以通过参数 request 进行获取。例如，在 book 应用的 views.py 文件中定义视图函数 show_info()，并在该视图函数中获取请求的内容类型、服务器端口号，示例代码如下：

```
from django.http import HttpResponse
def show_info(request):
    content_type = request.META.get('CONTENT_TYPE', '')
    port = request.META.get('SERVER_PORT', '')
    response = "<html><body><p>请求类型：%s</p>" \
               "<p>端口号：%s</p></body></html>" % (content_type, port)
    return HttpResponse(response)
```

在 chapter05 项目的 urls.py 文件中配置该视图函数关联的 URL 模式，示例代码如下：

```
urlpatterns = [
    path('show-info/', views.show_info),
]
```

运行开发服务器，在浏览器的地址栏中访问 http://127.0.0.1:8000/info/，此时页面会显示请求的类型和端口号，如图 5-3 所示。

图 5-3　显示请求类型和端口号

2．HttpRequest 类的常用方法

HttpRequest 类提供了一系列方法处理和操作 HTTP 请求，如获取完整的请求路径、判断请求是否为 POST 请求等。HttpRequest 类的常用方法见表 5-3。

表 5-3　HttpRequest 类的常用方法

方　　法	说　　明
auser()	返回一个代表当前已登录用户的实例，该方法适用于异步上下文
read()	读取请求的主体内容
readline()	逐行读取请求的主体内容
readlines()	读取请求的主体内容，并返回一个包含每行内容的列表
get_host()	返回请求的主机名，包括可能的端口号
get_port()	返回请求的目标端口号
get_full_path()	返回请求的完整路径，包括查询参数
is_secure()	用于检查当前请求是否通过安全的 HTTPS 协议进行

若在定义的视图函数中需要使用请求的主机名和请求的完整路径，那么可以通过参数 request 进行获取。例如，在 book 应用的 views.py 文件中定义视图函数 info()，并在该视图函数中获取请求的主机名和请求的完整路径，示例代码如下：

```
from django.http import HttpResponse
def info(request):
    host = request.get_host()
    full_path = request.get_full_path()
    response = "<html><body><p>主机名：%s</p>" \
               "<p>请求完整路径：%s</p></body></html>" % (host, full_path,)
    return HttpResponse(response)
```

在 chapter05 项目的 urls.py 文件中配置该视图函数关联的 URL 模式，示例代码如下：

```
urlpatterns = [
    path('info/', views.info),
]
```

运行开发服务器，在浏览器的地址栏中访问 http://127.0.0.1:8000/info/，此时页面会显示主机名和请求完整路径，如图 5-4 所示。

图 5-4　显示主机名和请求完整路径

5.3　QueryDict 对象

当 HttpRequest 对象访问 GET 属性或 POST 属性后，会返回一个 QueryDict 对象。QueryDict 对象是一个用于处理查询字符串和表单数据的类。它是 HttpRequest 对象的一部分，用于解析和操作 HTTP 请求中的参数。

QueryDict 类是 Python 字典的子类，实现了字典中所有的方法，除此之外，QueryDict 内部也实现一系列方法来处理查询字符串和表单数据。QueryDict 类的常用方法见表 5-4。

表 5-4　QueryDict 类的常用方法

方　　法	说　　明
get()	获取指定键的值。如果该键不存在，则返回默认值
items()	返回一个键值对的迭代器，可以用于遍历 QueryDict 对象的所有键值对
keys()	返回一个包含所有键的列表
values()	返回一个包含所有值的列表
getlist()	获取指定键的所有值，返回一个列表。如果该键不存在，则返回默认值
setlist()	用于设置指定键的值列表
appendlist()	将值添加到指定键的值列表中
update()	用另一个 QueryDict 对象的内容更新当前 QueryDict 对象

需要注意的是，QueryDict 对象是不可变的，即一旦创建就无法直接修改其内容。因此，表 5-4 列举的方法中涉及的一些修改操作，实际上是返回一个新的 QueryDict 对象。

若希望在定义的视图函数中获取 GET 请求的内容，那么可以先通过 request.GET 获取包含所有 GET 请求参数的 QueryDict 对象，再通过该对象调用 get() 方法进行获取。例如，在 book 应用的 views.py 文件中定义视图函数 personal()，并在该视图函数中获取 GET 请求中的姓名、年龄和城市，示例代码如下：

```
from django.http import HttpResponse
def personal(request):
    name = request.GET.get('name', 'Unknown')
    age = request.GET.get('age', 'Unknown')
    city = request.GET.get('city', 'Unknown')
    response_str = f"Name: {name}, Age: {age}, City: {city}"
    return HttpResponse(response_str)
```

在 chapter05 项目的 urls.py 文件中配置该视图函数关联的 URL 模式，示例代码如下：

```
path('personal/', views.personal),
```

运行开发服务器，在浏览器的地址栏中访问 http://127.0.0.1:8000/personal/?name=John&age=30，此时页面会显示姓名、年龄和城市，如图 5-5 所示。

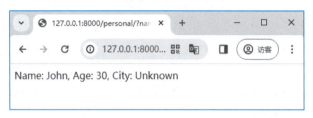

图 5-5　显示姓名、年龄和城市

5.4　响应对象

在 Django 中，响应对象（HttpResponse）用于构建和返回 HTTP 响应。它是一个包含 HTTP 响应内容和相关信息的对象，可以用来向客户端发送数据、状态码和其他与 HTTP 响应相关的内容。本节将对 HttpResponse 类以及 HttpResponse 的子类进行介绍。

5.4.1　HttpResponse类

通过 HttpResponse 类内定义的属性和方法用于设置和获取与 HTTP 响应相关的信息。下面分别介绍 HttpResponse 类的常用属性和方法。

1. HttpResponse类的常用属性

HttpResponse 类的常用属性见表 5-5。

表 5-5　HttpResponse 类的常用属性

属　　性	说　　明
content	表示响应的内容，可以是字符串、字节串或可迭代对象
cookies	表示响应中包含的 Cookie，是一个字典，包含了响应中所有的 Cookie 信息
headers	表示响应的头部信息。它是一个字典，包含了所有的头部字段和值
status_code	表示响应的状态码。它指示服务器对请求的处理结果
charset	表示响应的字符集。它指定了响应内容使用的字符编码
closed	表示响应是否已关闭
reason_phrase	表示响应状态码的原因短语

若在定义的视图函数中需要指定响应内容，那么可以通过 content 属性进行设置。例如，在 book 应用的 views.py 文件中定义视图函数 resp()，并在该视图函数中将响应内容设置为"Hello, World!"，示例代码如下：

```python
from django.http import HttpResponse
def resp(request):
    response = HttpResponse()
    response.content = "Hello, World!"
    return response
```

在 chapter05 项目的 urls.py 文件中配置该视图函数关联的 URL 模式，示例代码如下：

```python
urlpatterns = [
    path('resp/',views.resp),
]
```

运行开发服务器，在浏览器的地址栏中访问 http://127.0.0.1:8000/resp/，此时页面会显示设置的响应内容，如图 5-6 所示。

图 5-6　显示设置的响应内容

2．HttpResponse类的常用方法

HttpResponse 类还提供了一系列方法处理和操作 HTTP 响应，下面将对 HttpRequest 类的常用方法进行介绍。

（1）__init__()方法。__init__()方法是 HttpResponse 类的构造方法，该方法使用给定的页面内容和内容类型创建 HttpResponse 对象。__init__()方法的语法格式如下：

```
__init__(content=b'',content_type=None,status=200,reason=None,
        charset=None, headers=None)
```

以上语法格式中各参数的含义如下：
- content：表示要包含在 HTTP 响应中的内容。默认为一个空字节串（b''），可以是字符串或字节串。
- content_type：表示 HTTP 响应的 Content-Type 头部字段的值，指定了响应内容的 MIME 类型。如果未提供，则不会设置 Content-Type 头部字段。
- status：表示 HTTP 响应的状态码。默认为 200，表示请求成功。
- reason：表示 HTTP 响应状态码的原因短语。如果未提供，则使用与状态码相对应的默认原因短语。
- charset：表示 HTTP 响应内容的字符集。如果未提供，则不会设置字符集。
- headers：表示要添加到 HTTP 响应中的其他头部字段。它的值是一个字典，包含要设置的头部字段及其对应的值。

例如，在 book 应用的 views.py 文件中定义视图函数 say_hello()，并在该视图函数中通过 HttpResponse 类设置响应内容为 "Hello Django！"，示例代码如下：

```
from django.http import HttpResponse
def say_hello(request):
    return HttpResponse(content='Hello Django！')
```

（2）get() 方法。get() 方法用于获取响应头部中指定字段的值。如果找到了指定的字段，则返回其对应的值；如果找不到，则返回默认值 None。get() 方法的语法格式如下：

```
get(header, alternate=None)
```

以上语法格式中各参数的含义如下：

- header：表示要获取值的响应头部字段名称。
- alternate：可选参数，表示当指定的响应头部字段不存在时，返回的备用值。如果未提供备用值，则默认为 None。

例如，在 book 应用的 views.py 文件中定义视图函数 get_http_host()，并在该视图函数中获取指定响应头信息，示例代码如下：

```
from django.http import HttpResponse
def get_http_host(request):
    response = HttpResponse()                              # 创建响应对象
    response['Custom-Header'] = 'Custom Value'             # 设置响应头信息
    content_type = response.get('Custom-Header')           # 获取设置的响应头信息
    return HttpResponse(f'{content_type}')
```

（3）items() 方法。items() 方法用于返回一个包含响应头部所有字段和值的迭代器。每个迭代项都是一个元组，其中第一个元素是字段名称，第二个元素是字段的值。

例如，在 book 应用的 views.py 文件中定义视图函数 get_http_info()，并在该视图函数中获取响应头信息，示例代码如下：

```
from django.http import HttpResponse
def get_http_info(request):
    response = HttpResponse()                              # 创建响应对象
    response['Content-Type'] = 'text/plain'                # 设置响应头信息
    response['Custom-Header'] = 'Custom Value'             # 设置响应头信息
    header_items = response.items()                        # 获取响应头信息
    return HttpResponse(f'{header_items}')
```

（4）set_cookie() 方法。set_cookie() 方法用于设置响应的 cookie，这个方法允许向客户端发送一个带有指定名称和值的 cookie。该方法的语法格式如下：

```
set_cookie(key, value='', max_age=None, expires=None, path='/',
domain=None, secure=False, httponly=False, samesite=None)
```

以上语法格式中常用参数的含义如下：

- key：cookie 的名称，字符串类型。
- value：cookie 的值，字符串类型。
- max_age：cookie 的生存周期，以秒为单位。默认为 None，表示该 cookie 将一直存在，直到浏览器关闭为止。
- expires：cookie 的过期时间，它的值必须为一个 datetime 对象或符合 "Wdy, DD-Mon-YYYY HH:MM:SS GMT" 格式的字符串。默认为 None，表示该 cookie 将一直存在，直到浏览器关闭为止。
- path：指定 cookie 适用的服务器路径。默认为 '/'，表示整个网站都可以访问该 cookie。
- secure：布尔值，表示 cookie 是否只能通过 HTTPS 连接传输。默认为 False。
- httponly：布尔值，表示 cookie 是否设置为 HTTP Only，即限制 JavaScript 访问该 cookie。默认为 False。

例如，在 book 应用的 views.py 文件中定义视图函数 http_set_cookie()，并在该视图函数中设置 Cookie 信息，示例代码如下：

```
def http_set_cookie(request):
    response = HttpResponse("cookie 设置完成")   # 创建响应对象
    # 通过响应对象设置 cookie 信息，并设置过期时间为 3 600 s
    response.set_cookie(key='username', value='john_doe', max_age=3600)
    return response
```

（5）delete_cookie() 方法。delete_cookie() 方法用于在 HTTP 响应中删除指定的 cookie，该方法的语法格式如下：

```
delete_cookie (key, path='/', domain=None, samesite=None)
```

以上语法格式中各参数的含义如下：
- key：表示要删除的 cookie 的名称，字符串类型。
- path：指定要删除的 cookie 的路径。默认为 '/'，表示删除与整个网站关联的 cookie。
- domain：指定要删除的 cookie 的域名。如果不提供，默认为当前请求的域名。
- samesite：定义 cookie 的 SameSite 属性，取值可以是 'Strict'（完全禁止跨站点请求）、'Lax'（仅允许 GET 跨站点请求）或 'None'。默认值为 None，表示被设置为浏览器的默认行为。

例如，在 book 应用的 views.py 文件中定义视图函数 http_delete_cookie()，并在该视图函数中删除指定 Cookie 信息，示例代码如下：

```
def http_delete_cookie(request):
    response = HttpResponse("删除 cookie 完成")
    response.delete_cookie(key='username')   # 删除名称为 username 的信息
    return response
```

5.4.2 HttpResponse 的子类

Django 还提供了许多 HttpResponse 的子类，通过这些子类可以更方便地创建各种类型的响应，提高开发效率和代码可读性。HttpResponse 类的常见子类见表 5-6。

表 5-6　HttpResponse 类的常见子类

子　类	说　明
HttpResponseRedirect	用于执行临时重定向，将请求重定向到另一个 URL
HttpResponseNotModified	用于返回 HTTP 304 Not Modified 响应，表示客户端缓存的资源仍然有效，无须重新传输
HttpResponseBadRequest	用于返回 HTTP 400 Bad Reques 响应，表示客户端请求有误
HttpResponseNotFound	用于返回 HTTP 404 Not Found 响应，表示请求的资源不存在
HttpResponseNotAllowed	用于返回 HTTP 405 Method Not Allowed 响应，表示客户端使用了服务器不允许的 HTTP 方法
JsonResponse	用于返回 JSON 格式的响应，将 Python 对象转换为 JSON 格式并进行响应
HttpResponseForbidden	表示 HTTP 403 Forbidden 状态码，表示服务器理解请求，但拒绝执行请求

接下来以 HttpResponseRedirect 类和 JsonResponse 类为例，演示如何通过这两个子类创建响应对象，用于进行页面重定向和返回 JSON 数据，具体内容如下：

1. HttpResponseRedirect类

HttpResponseRedirect 的使用非常简单，只需要创建一个实例对象，然后将重定向的 URL 作为参数传入即可。这个 URL 可以是完整的路径，如 http://example.com/；也可以是不包含域名的绝对路径或相对路径，如 /search/ 或 search/，示例代码如下：

```
# 创建响应对象，使用完整路径指定重定向的 URL
HttpResponseRedirect("http://example.com/")
# 创建响应对象，使用绝对路径指定重定向的 URL
HttpResponseRedirect("/search/")
# 创建响应对象，使用相对路径指定重定向的 URL
HttpResponseRedirect("search/")
```

需要注意 HttpResponseRedirect 只支持硬编码链接，不能直接使用 URL 名称，若要使用 URL 名称，需要先使用反向解析方法 reverse() 解析 URL。例如，使用命名空间 blog 下名为 article_list 的 URL，示例代码如下：

```
HttpResponseRedirect(reverse('blog:article_list'))
```

HttpResponseRedirect 默认返回 302 状态码和临时重定向，可以通过参数 status 重设状态码、设置参数 permanent 值为 True 以返回永久重定向。使用类 HttpResponsePermanentRedirect 可直接返回永久重定向（状态码为 301）。

2. JsonResponse

JSON 是 Web 开发中常用的数据格式，视图函数常常需要返回 JSON 类型的响应。HttpResponse 的子类 JsonResponse 能更方便地实现此项功能。使用 JsonResponse 返回 JSON 类型的响应，示例代码如下：

```
from django.http import JsonResponse
def json_view(request):
    response = JsonResponse({'foo':'bar'})
    return response
```

当 json_view() 视图被调用时，页面会显示 JSON 数据 "{'foo':'bar'}"。

默认情况下，JsonResponse 只能响应字典类型的数据，若要响应非字典类型的数据，需要通过参数 safe 进行指定，该参数用于指定是否允许将非字典类型的数据作为 JSON 响应，若为 True，表示只允许字典类型的数据作为 JSON 响应；若为 False，表示允许非字典类型的数据也可以作为 JSON 响应，示例代码如下：

```
from django.http import JsonResponse
def json_view(request):
    # 创建 JsonResponse 对象，将列表作为 JSON 响应
    response = JsonResponse(['coding', 'fish'], safe=False)
    return response
```

值得一提的是，HttpResponse 也能满足返回 JSON 类型的响应，但在返回之前需要先通过 json 模块调用 dumps() 函数将数据转储为 JSON 字符串。

在处理响应对象时，首先需要确保响应对象包含的信息中不要暴露用户的个人信息，从而保障用户的隐私权；其次应当具备正确的价值观和道德底线，在编写响应对象时，避免在响应信息中传播虚假信息、歧视性言论或者违反社会公共道德的内容。

5.5 生成响应的便捷函数

django.shortcuts 模块中提供了一些用于生成响应的便捷函数，通过这些便捷函数可以更加方便地处理常见的操作，如渲染模板、重定向和获取模型对象等。接下来，本节将对便捷函数 render()、redirect()、get_object_or_404() 和 get_list_or_404() 进行介绍。

5.5.1 render()函数

render() 函数是 django.shortcuts 模块中的一个便捷函数，它会结合给定的模板和上下文字典渲染模板，并将渲染后的内容作为响应返回，即返回一个 HttpResponse 对象。该函数的语法格式如下：

```
render(request, template_name, context=None, content_type=None,
status=None, using=None)
```

render() 函数中各参数的含义如下：

- request：表示当前的请求对象。
- template_name：表示要使用的模板名称。
- context：表示要传递给模板的上下文数据。默认为 None。
- content_type：表示响应的内容类型。默认为 None，表示使用默认的 MIME 类型。
- status：表示响应的状态码。默认为 None，表示使用 200 状态码。
- using：表示使用的数据库别名。默认为 None。

接下来，通过一个案例演示 render() 函数的基本使用，案例的效果是将获取的当前时间渲染到模板文件中，具体步骤如下：

（1）在 chapter05 项目中创建 templates 文件夹，在该文件夹中创建名称为 time 的 HTML

文件，此时创建好的项目结构如图 5-7 所示。

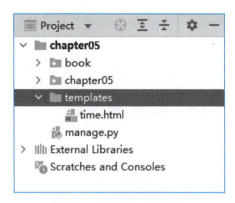

图 5-7　创建好的项目结构

（2）在 settings.py 文件的 TEMPLATES 配置项的 DIRS 选项中指定模板文件所在位置，具体配置如下：

```
TEMPLATES = [
    {
        'BACKEND': 'django.template.backends.django.DjangoTemplates',
        'DIRS': [os.path.join(BASE_DIR,'templates')],
        'APP_DIRS': True,
        'OPTIONS': {
            'context_processors': [
                'django.template.context_processors.debug',
                'django.template.context_processors.request',
                'django.contrib.auth.context_processors.auth',
                'django.contrib.messages.context_processors.messages',
            ],
        },
    },
]
```

（3）配置完成之后，便可以在 book 应用中定义视图函数，并在视图函数中使用 render() 函数将响应内容渲染到 time.html 文件中，示例代码如下：

```
from django.shortcuts import render
def curr_time(request):
    now = datetime.datetime.now()
    time = now.strftime("%Y-%m-%d %H:%M:%S")
    context = {'time': time,}
    return render(request, "time.html", context)
```

（4）视图函数定义完成之后，需要在 time.html 文件中将要响应的数据进行渲染，示例代码如下：

```
<body>
    当前时间为：{{ now }}
</bod y>
```

运行开发服务器并访问 http://127.0.0.1:8000/time/，便可以在 HTML 页面中显示当前时间，如图 5-8 所示。

图 5-8　当前时间

5.5.2　redirect()函数

redirect() 函数是一个快速生成重定向 HTTP 响应的函数。它可以将用户重定向到指定的 URL 或视图，该函数语法格式如下：

```
redirect(to, *args, permanent=False, **kwargs)
```

redirect() 函数中各参数的含义如下：

- to：表示要重定向的目标 URL 或视图。它的值可以是一个表示 URL 路径的字符串，也可以是一个视图函数名，Django 将根据该函数名自动解析出对应的 URL。
- *args 和 **kwargs：可选参数，用于传递额外的动态参数给目标 URL 或视图函数。
- permanent：可选参数，表示是否使用永久重定向（301）。默认为 False，即使用临时重定向（302）。

例如，在 book 应用的 views.py 文件中定义视图函数 redirect_demo()，并在该函数中使用 redirect() 指定重定向地址为百度首页，示例代码如下：

```
from django.shortcuts import redirect
def redirect_demo(request):
    return redirect('https://www.baidu.com/')  # 重定向到百度首页
```

视图函数定义为完成，还需在项目的 urls.py 文件中为该视图函数定义 URL 模式，示例代码如下：

```
path('bd/', views.redirect_demo)
```

运行开发服务器并访问 http://127.0.0.1:8000/bd/，便可以在 HTML 页面中显示百度首页，如图 5-9 所示。

图 5-9　百度首页

5.5.3 get_object_or_404()函数

get_object_or_404() 函数用于从数据库中获取指定模型的单个对象。如果该对象不存在，则会引发 Http404 异常。

读者可以扫描二维码查看 get_object_or_404() 函数的详细讲解。

文 档

get_object_or_404()函数

5.5.4 get_list_or_404()函数

get_list_or_404() 函数用于从数据库中获取一个对象列表，如果找不到匹配的对象，则引发 Http404 异常。

读者可以扫描二维码查看 get_list_or_404() 函数的详细讲解。

文 档

get_list_or_404()函数

5.6 视图装饰器

视图装饰器用于修改或扩展 Django 框架中的视图函数的行为。它们可以在不修改原始视图函数代码的情况下，添加额外的逻辑和功能，如检查用户权限、跟踪日志、缓存页面等。常用的视图装饰器见表 5-7。

表 5-7 常用的视图装饰器

视图装饰器	说 明
require_http_methods()	用于限制视图只能接收特定的 HTTP 方法
require_GET()	用于限制视图只能接收 GET 方法
require_POST()	用于限制视图只能接收 POST 方法
require_safe()	用于保护视图函数只能被安全的 HTTP 请求方法（GET、HEAD、OPTIONS）访问
login_required()	用于保护视图，只允许已登录用户访问
csrf_exempt()	用于跳过 CSRF 保护，允许在 POST 请求中提交数据而无须提供 CSRF 令牌

在表 5-7 中，安全的 HTTP 请求方法是指请求方法不会对服务器上的资源进行实质性修改，不会改变资源的状态。因此，GET、HEAD 和 OPTIONS 被认为是安全的 HTTP 请求方法。与安全方法相对应的是非安全的 HTTP 请求方法，这些方法会对服务器上的资源进行修改，可以增加、更新或删除数据。因此，POST、PUT 和 DELETE 被认为是非安全的 HTTP 请求方法。

视图装饰器的使用方式较为简单，只需放置在视图函数定义的上方即可。语法格式如下：

```
@decorator_name
def test(arg1, arg2, ...):
    # 函数体
```

上述格式中 @decorator_name 表示要使用的视图装饰器，test() 表示定义的视图函数。

例如，在 book 应用的 views.py 文件中定义视图函数 http_demo()，并在该视图函数上方使用装饰器 require_http_methods() 指定允许的请求方式为 GET 和 POST，示例代码如下：

```
from django.views.decorators.http import require_http_methods
@require_http_methods(['GET', 'POST'])
def http_demo(request):
```

```
    if request.method == 'GET':
        return HttpResponse('GET 请求')
    elif request.method == 'POST':
        return HttpResponse('POST 请求')
```

上述示例代码中，视图函数 http_demo() 通过装饰器 require_http_methods() 指定了能够处理的 HTTP 请求，如果接收的 HTTP 请求方法不是 GET 或 POST，那么将返回 Method Not Allowed 错误响应。

5.7 类视图

在 Django 中提供了两种处理请求的视图，分别是视图函数和类视图。视图函数具有灵活性高和学习成本低的特点。但是缺乏结构性，代码维护性较低，并且缺少某些内置功能。为了解决这些问题，Django 提供了类视图。类视图为处理请求提供了更清晰的结构，使代码更易于理解和维护。此外，类视图具有高度的可重用性，可以通过继承和扩展来减少重复代码，提高开发效率。

类视图是以类的形式处理请求，在类中需要定义与请求方式同名的方法。例如，如果要处理 GET 请求，那么需要在类中定义 get() 方法。

Django 提供了许多类视图，用于处理各种类型的 HTTP 请求。这些类视图可以根据开发需求进行继承和扩展，并提供了丰富的功能和便利性。其中最基础的类视图是 View 类，并且该类是所有类视图的基类，它用于处理视图与 URL 的连接、HTTP 方法的调度以及其他简单的功能；除了 View 类，Django 还提供了一些特定功能的类视图。

例如，在 book 应用中的 views.py 文件中定义继承 View 类的类视图 MyView，并在该类视图中处理 GET 请求和 POST 请求，示例代码如下：

```
from django.http import HttpResponse
from django.views import View
class MyView(View):                           # 继承 View 类
    def get(self, request):                   # 处理 GET 请求
        return HttpResponse('GET 请求')
    def post(self, request):                  # 处理 POST 请求
        return HttpResponse('POST 请求')
```

因为在 Django 中，URL 路由配置需要指定一个可调用的视图函数来处理请求，所以当定义类视图以后，需要在 URL 路由配置中将类视图转换为视图函数。

在 Django 中提供了一个 as_view() 方法，该方法用于将类视图转换为可调用的函数。它返回一个包装了类视图的函数，可以直接用于处理 HTTP 请求。

在项目的 urls.py 中配置 URL，调用以上定义的类视图，示例代码如下：

```
path('about/', views.MyView.as_view()),
```

以上示例中的 path() 函数在接收到 URL 模式为 "about/" 的请求时，会调用 MyView 类的 as_view() 方法，并根据不同的请求方式执行类视图 MyView 中的不同方法。

运行开发服务器并访问 http://127.0.0.1:8000/about/，此时页面显示类视图 MyView 处理请

求的响应内容，如图 5-10 所示。

图 5-10　类视图 MyView 处理请求的响应内容

从图 5-10 中可以看出，页面上显示了类视图 MyView 中 get() 方法返回的响应内容，这是因为用户访问网页通常会使用 GET 请求来获取页面内容。

5.8　通用视图

通用视图是 Django 框架提供的一组预定义的类视图，用于简化开发者对常见功能的实现。通用视图优点在于提供了一致的接口和默认行为，使得开发者能够更快速地实现常见的功能需求，同时也提供了灵活的扩展机制，可以根据具体需求进行自定义和扩展。使用通用视图可以让开发者专注于业务逻辑的实现，减少重复代码的编写，提高开发效率。

本节将对通用视图分类、通用显示视图与模型、添加额外的上下文对象和通过 queryset 控制页面内容进行介绍。

5.8.1　通用视图分类

Django 中提供了许多通用类视图，这些视图都可以通过 django.views.generic 模块导入。它们是基于常见的 Web 开发模式和最佳实践而设计的。这些类视图可以帮助我们更加高效地编写视图，避免重复代码，提高开发效率。

读者可以扫描二维码查看通用视图分类的详细讲解。

5.8.2　通用显示视图与模型

通用显示视图与模型的使用密切相关，它们可以帮助我们快速创建与数据库模型相关的展示功能。通用显示视图是 Django 框架内置的一组预定义视图，用于处理常见的数据展示需求。这些视图与模型类紧密结合，可以直接从数据库中查询数据，并将查询结果传递给模板进行展示。

读者可以扫描二维码查看通用显示视图与模型的详细讲解。

通用显示视图与模型

5.8.3　修改查询集结果

通用显示类视图中 queryset 属性和 get_queryset() 方法用于返回用于渲染视图的查询集。通过指定 queryset 属性值或重写 get_queryset() 方法，可以对查询集进行动态过滤，以根据特定的条件显示所需的数据。接下来，对这两种方式的使用进行演示。

读者可以扫描二维码查看修改查询集结果的详细讲解。

修改查询集结果

5.8.4 添加额外的上下文对象

通用显示视图提供了一种快捷的方式来呈现模型数据，但在某些情况下，可能需要向模板中添加额外的上下文。此时可以通过在类视图中重写 get_context_data() 方法来实现，该方法默认返回一个上下文字典，其中包含传递给模板的数据。

读者可以扫描二维码查看添加额外的上下文对象的详细讲解。

5.9 异步视图

异步视图是指在服务器处理请求时使用异步 IO 技术，将 CPU 资源释放出来，处理其他的请求。异步视图通常在处理需要长时间计算或者需要大量 IO 操作的请求时可以提高响应速度和并发处理能力。Django 3.0 版本引入了异步视图支持。通过在视图函数前添加 async 关键字，可以定义异步视图函数。另外，Django 3.1 版本还引入了异步数据库支持。通过在异步视图函数中使用异步的数据库 API，可以进一步提高 Web 应用程序的性能和并发能力。

读者可以扫描二维码查看异步视图的详细讲解。

小　　结

本章介绍了与 Django 中的视图相关的知识，包括认识视图、请求对象、QueryDict 对象、响应对象、生成响应的便捷函数、视图装饰器、类视图、通用视图以及异步视图。通过本章的学习，读者能够熟悉 Django 中视图的功能、结构，掌握请求对象和响应对象，能熟练定义和使用视图。

习　　题

一、填空题

1. 定义的视图函数中必须包含_____参数。
2. 使用_____函数可以渲染指定的模板并将渲染后的内容作为响应返回。
3. 当 HttpRequest 对象访问 GET 属性或 POST 属性后，会返回一个_____对象。
4. 用户发送请求时，Django 会创建一个_____对象。
5. 通过_____类内定义的属性和方法可以获取 HTTP 响应相关的信息。

二、判断题

1. redirect() 函数的功能是快速生成重定向 HTTP 响应。　　　　　　　　　　（　　）
2. 类视图是以类的形式处理请求，在类中需要定义与请求方式同名的方法。　（　　）

3. 在Django中，请求对象是HttpRequest类实例，它代表了一个HTTP请求。（   ）
4. get_object_or_404()函数用于从数据库中获取一个对象列表。（   ）
5. 当HttpRequest对象调用GET或POST属性后，会返回一个QuerySet对象。（   ）

三、选择题

1. 下列HttpRequest类的属性中，用于获取请求方法的是（   ）。
   A. path   B. scheme   C. method   D. body
2. HttpResponse类中用于获取响应状态码的属性是（   ）。
   A. status_code   B. charset   C. cookies   D. headers
3. 下列视图装饰器中，表示只允许已登录用户访问的是（   ）。
   A. require_GET()   B. require_POST()
   C. require_safe()   D. login_required()
4. RedirectView用于实现重定向功能，使用（   ）属性可以用于设置是否将查询参数包含在重定向的URL中。
   A. permanent   B. url   C. pattern_name   D. query_string
5. 下列函数中，（   ）会从数据库中获取一个对象列表，并在找不到匹配的对象时引发Http404异常。
   A. render()   B. redirect()
   C. get_object_or_404()   D. get_list_or_404()

四、简答题

1. 简述什么是请求对象。
2. 简述什么是响应对象。
3. 简述如何使用类视图。
4. 简述视图装饰器的作用。
5. 简述类视图相较于类视图函数的优点。

第 6 章

身份验证系统

学习目标

◎掌握 User 对象，能够通过 User 对象的 create_user() 和 create_superuser() 方法创建普通用户和超级用户。

◎了解默认权限，能够说出如何检测和查看当前用户具有哪些权限。

◎了解权限管理，能够说出如何对户和组的权限进行管理。

◎熟悉如何自定义权限，能够归纳自定义权限的两种方式。

◎掌握用户登录与退出，能够实现用户登录与退出功能。

◎掌握限制用户访问的方式，能够使用三种方式实现限制用户访问。

◎熟悉模板中身份验证的方式，能够说明如何在模板中进行身份验证。

◎掌握自定义用户模型的方式，能够根据需求自定义用户模型。

◎掌握 Cookie 的基本操作，能够对 Cookie 执行设置、读取和删除操作。

◎掌握 Session 的基本操作，能够对 Session 执行写入和读取操作。

身份验证系统是 Django 框架内置的一种身份验证和权限控制机制，它提供了一系列的类和方法，用于实现用户身份验证、注册、登录、注销、密码重置等功能。此外，Django 身份验证系统还支持多种权限控制方式，可以根据用户的角色或组别进行权限控制。本章将对 Django 身份验证系统相关的知识进行介绍。

6.1 User 对象

在 Django 中 User 对象是用来管理应用程序的用户身份验证和授权的核心部分。Django 提供了内置的 User 类，用于处理用户账户的创建、认证和管理。User 对象通过 User 类创建，该类中内置了很多与用户信息相关字段，如用户名、密码、邮件，其中常用字段如下：

- username：必选，表示用户名，长度在 150 字符以内，可以由字母、数字和 "_@+.-" 字符组成。
- password：必选，表示用户密码，长度无限制、可以由任意字符组成。

- email：可选，表示用户的邮箱地址。
- first_name：可选，表示用户的名。
- last_name：可选，表示用户的姓。
- email：可选，表示用户的电子邮件。
- is_superuser：可选，布尔值，如果值为 True 表示超级用户。
- is_active：可选，布尔值，如果值为 True 表示用户已激活。
- is_staff：可选，布尔值，如果值为 True 表示该用户可以访问管理站点。
- date_joined：可选，用户的创建日期时间，默认设置为当前日期时间。
- last_login：可选，用户上次登录的日期时间。

User 类中为了方便开发人员创建普通用户和超级用户，提供了 create_user() 和 create_superuser() 两个方法。注意，在使用这些方法之前，需要确保已经生成了数据表，即已经执行迁移文件命令。下面分别演示如何使用这两个方法创建普通用户和超级用户。

1. 使用create_user()方法创建普通用户

create_user() 方法的语法格式如下：

```
create_user(username, email=None, password=None, **extra_fields)
```

create_user() 函数中各个参数的具体含义如下：

- username：用户的用户名。这是创建用户时必须提供的参数，用于唯一标识用户。
- email：用户的电子邮件地址。这是可选的参数，但通常也是创建用户时要提供的信息之一。
- password：用户的密码。用户在创建时需要设置密码。
- extra_fields：其他额外的参数以关键字参数的形式传入，可以包含任意额外的用户信息，如年龄、性别等。

为了便于后续演示，先创建 chapter06 项目，然后执行迁移文件命令，最后在该项目的 Django Shell 中使用 create_user() 方法创建用户，示例代码如下：

```
>>> from django.contrib.auth.models import User    # 导入User类
>>> # 创建普通用户
>>> ordinary_user = User.objects.create_user('zhangsan', 'zhangsan@xx.com',
                'zhangsan123')
>>> ordinary_user.save()
```

2. 使用create_superuser()方法创建超级用户

create_superuser() 方法的语法格式如下：

```
create_superuser(username, email=None, password=None, **extra_fields)
```

create_superuser() 函数与 create_user() 函数的各个参数的含义与用法相似，此处不再赘述。

在 Django Shell 中使用 create_superuser() 方法创建超级用户，示例代码如下：

```
>>> from django.contrib.auth.models import User    # 导入User类
>>> # 创建超级用户
```

```
>>> super_user = User.objects.create_superuser('lisi', 'lisi@xx.com',
                'lisi123')
>>> super_user.save()
```

以上代码分别使用 create_user() 和 create_superuser() 方法创建了用户 ordinary_user 和 super_user，并使用 save() 方法将用户信息保存到了数据库中。默认情况下，通过 User 类创建的用户默认保存在数据表 auth_user 中。auth_user 表中的数据如图 6-1 所示。

图 6-1　auth_user 表中的数据

观察图 6-1 可知，超级用户 lisi 的 is_superuser 与 is_staff 字段为 1，普通用户 zhangsan 的 is_superuser 与 is_staff 字段为 0，这正因 create_user() 和 create_superuser() 的区别所致，即通过 create_user() 方法创建的用户会将其 is_staff 字段与 is_superuser 字段设置为 False；通过 create_superuser() 方法创建的用户会将其 is_staff 字段与 is_superuser 字段为 True。

使用 User 对象的 set_password() 方法可以修改用户的密码。例如，修改超级用户 lisi 的密码，示例代码如下：

```
>>> from django.contrib.auth.models import User
>>> u = User.objects.get(username='lisi')
>>> u.set_password('lisi4321')                   # 设置新密码
>>> u.save()                                     # 保存新密码
```

以上示例首先通过 User 对象的 get() 方法获取用户名为 lisi 的用户对象，然后使用 User 对象的 set_password() 方法修改了用户密码。

Django 中可以使用 authenticate() 函数来验证用户，该函数通过参数 username 和 password 分别接收用户名和密码。如果用户名和密码正确，验证成功，返回一个 User 对象；否则后端引发 PermissionDenied 错误，并返回 None。

接下来，通过一个用户登录的示例演示 authenticate() 函数的使用，具体步骤如下：

（1）在 chapter06 项目中新建 goods 应用，在该应用的 views.py 文件中定义 LoginView 类视图。在 LoginView 类视图中，使用 authenticate() 函数来验证超级用户 lisi 是否存在。若 lisi 存在，则返回响应登录的用户名，否则返回响应"登录失败"，示例代码如下：

```
from django.http import HttpResponse
from django.contrib.auth import authenticate
```

```
from django.views import View
class LoginView(View):
    def get(self,request):
        return render(request,'login.html')
    def post(self, request):
        username = request.POST.get("username")
        password = request.POST.get('password')
        user = authenticate(username=username, password=password)
        if user is not None:
            return HttpResponse (f"用户：{user}")
        return HttpResponse("登录失败")
```

（2）在 chapter06 项目中新建 templates 文件夹。在 templates 文件夹中新建模板文件 login.html，在该文件中定义登录表单，示例代码如下：

```
<form method="post">
    {% csrf_token %}
    <label for="username">用户名:</label>
    <input type="text" id="username" name="username" required><br>
    <label for="password">密码:</label>
    <input type="password" id="password" name="password" required><br>
    <input type="submit" value="登录">
</form>
```

（3）在 chapter06 项目的 settings.py 文件的 TEMPLATES 选项中配置模板文件访问路径，示例代码如下：

```
'DIRS': [os.path.join(BASE_DIR,'templates')]
```

（4）在 chapter06 项目的 urls.py 文件定义匹配类视图 LoginView 的 URL 模式，示例代码如下：

```
from goods import views
urlpatterns = [
    path('login/',views.LoginView.as_view())
]
```

运行开发服务器，在浏览器地址栏中访问 http://127.0.0.1:8000/login/，用户名对应的文本框输入"lisi"，密码对应的文本框输入"lisi4321"，然后单击"登录"按钮，若登录成功，则显示"用户：lisi"。

6.2 权限与权限管理

在 Django 中，权限是用于控制用户对特定资源或操作的访问权限的机制。权限是建立在用户和用户组之上的，可以根据用户的角色或组织结构来划分不同的权限。权限管理则是指对用户或用户组进行授权和限制其对资源或操作的访问权限的过程。它是一种安全机制，用于确保只有经过授权的用户能够执行特定的操作或访问特定的资源。本节对 Django 框架中用户和用户组的默认权限、权限管理、自定义权限进行介绍。

6.2.1 默认权限

默认权限

Django 内置了一个简单的权限系统，若 INSTALLED_APPS 中安装了 django.contrib.auth 应用后，定义新的模型并执行生成迁移文件和执行迁移文件命令，该系统会为每个已安装 Django 模型创建增（add）、删（delete）、改（change）、查（view）这四种权限，这些权限信息会保存到 auth_permission 数据表中。

读者可以扫描二维码查看默认权限的详细讲解。

6.2.2 权限管理

权限管理

Django 的权限管理是指通过在项目中配置和设置权限规则，控制用户对资源的访问和操作。Django 提供了强大且灵活的权限管理系统，允许开发者对不同用户或用户组分配不同的权限，并在视图或模板中进行权限检查。下面分为用户权限管理、组权限管理、用户加入组三部分进行介绍。

读者可以扫描二维码查看权限管理的详细讲解。

6.2.3 自定义权限

在 Django 中，我们可以自定义权限来满足特定的应用程序需求。自定义权限可以用于对特定的操作或资源进行访问控制，以确保只有具有相应权限的用户才能执行这些操作或访问这些资源。

自定义权限

下面介绍两种方式实现自定义权限。第一种方式在定义模型类时通过在 Meta 类指定 permissions 属性定义自定义权限；第二种方式使用 ContentType 模型类动态创建和管理权限。

读者可以扫描二维码查看自定义权限的详细讲解。

6.3 Web 请求认证

在 Django 中，Web 请求的认证是通过会话（Session）和中间件（Middleware）实现，会话（Session）是指在特定时间段内，用户与系统或应用程序之间的交互和通信过程；中间件是处理请求和响应的一种机制。请求认证系统与请求对象紧密结合，在每个请求上提供了 request.user 属性和 request.auser() 异步方法，用于获取当前用户和用户信息；如果用户未登录，request.user 获取的结果将是一个 AnonymousUser 实例，用于表示匿名用户。本节将对 Web 请求认证环节的用户登录与退出、限制用户访问进行讲解。

6.3.1 用户登录与退出

用户登录与退出是网站中最基本的功能之一，用户登录确保只有经过身份验证的用户才能访问受限制的页面或执行特定的操作。通过登录，应用程序可以验证用户的身份，以确定其是否具有足够的权限来执行请求的操作。这有助于保护敏感信息，确保只有授权的用户才能访问；用户退出操作将结束其当前的会话。通过退出，用户的会话将被终止，应用程序将不再与用户保持连接，这有助于防止其他人访问用户的账户和个人数据。下面对 Django 的用户登录与退出进行介绍。

1. 用户登录

用户登录实质上是将一个已验证的用户附加到当前会话中，在 Django 中可以使用 login() 函数实现用户登录，该函数的作用如下：

（1）验证用户的凭据：login() 函数会接收用户提供的用户名和密码，并将其与存储在数据库或其他数据源中的用户数据进行验证，以确保用户身份的有效性和正确性。

（2）标记用户为已登录状态：验证成功后，login() 函数会将用户对象标记为已登录状态，这将使用户能够访问需要身份验证的功能和页面。

（3）处理会话管理：为了跟踪用户的登录状态和操作，login() 函数会创建和管理会话数据。它会将用户 ID 等相关信息存储在会话中，并在后续请求中使用该 ID 来识别用户。此外，login() 函数还可以实现会话的过期和清除，以提高安全性和性能。

login() 函数语法格式如下：

```
login(request, user, backend=None)
```

login() 函数中各个参数的具体含义如下：

- request：必选参数，表示当前请求的 HttpRequest 对象。它包含了与当前请求相关的所有信息，如请求头、请求方法、URL 等。
- user：必选参数，表示要登录的用户对象。通常是 User 类的实例，该模型是 Django 内置的身份验证系统提供的默认用户模型。User 类包含了用户的认证信息，如用户名、密码等。
- backend：可选参数，一个字符串，表示要使用的认证后端。如果未提供，则使用默认的认证后端。

在使用 login() 函数时，我们不仅要关注用户的身份验证和权限管理，更要保障用户的隐私和数据安全。我们可以通过加密用户密码、采用多因素认证等方式，提升用户账户的安全性，防范各类网络攻击和信息泄露风险。同时，我们也应该积极宣传网络安全知识，提升用户的安全意识，共同构建一个安全的网络环境。

接下来，通过一个示例演示使用 login() 函数实现用户登录，具体步骤如下：

（1）在 goods 应用的 views.py 文件中定义类视图 SigninView，在该类视图中使用 login() 函数登录用户，示例代码如下：

```
from django.contrib.auth import authenticate
from django.contrib.auth import login
class SigninView(View):
    def get(self,request):
        return render(request, 'signin.html')
    """用户名登录"""
    def post(self, request):
        username = request.POST['username']
        password = request.POST['password']
        user = authenticate(request,username=username,password=password)
```

```
        if user is not None:
            login(request,user)        # 用户登录
            return render(request,'info.html',{'user':user})
        else:
            return HttpResponse(f'用户名或密码错误')
```

以上代码在 get() 方法中渲染要展示的模板文件，在 post() 方法中先获取用户输入的用户名和密码，然后通过 authenticate() 函数对用户信息进行验证，如果验证通过，那么使用 login() 函数登录用户，并响应"登录成功，×× 您好！"；如果验证未通过，那么响应"用户名或密码错误"。

（2）在 templates 文件夹中创建模板文件 signin.html，在该模板文件中实现登录表单，示例代码如下：

```
<form method="post">
    {% csrf_token %}
  <label for="username">用户名:</label>
  <input type="text" id="username" name="username" required><br>
  <label for="password">密码:</label>
  <input type="password" id="password" name="password" required><br>
  <input type="submit" value="登录">
</form>
```

（3）在 templates 文件夹中创建模板文件 info.html，在该模板文件中实现登录成功的提示信息以及退出按钮，示例代码如下：

```
<p>登录成功,{{ user }}您好！</p>
<form method="get">
    {% csrf_token %}
    <input type="submit" value="退出">
</form>
```

（4）在 chapter06 项目的 urls.py 文件中定义匹配类视图 SigninView 的 URL 模式，示例代码如下：

```
path('signin/', views.SigninView.as_view(), name='signin'),
```

运行开发服务器，在浏览器地址栏中访问 http://127.0.0.1:8000/signin/，用户名对应的文本框输入"lisi"，密码对应的文本框输入"lisi4321"，然后单击"登录"按钮，登录成功页面如图 6-2 所示。

图 6-2　登录成功页面

2. 用户退出

Django 提供了 logout() 函数实现用户退出功能，该函数接收 HttpRequest 对象，没有返回

值。调用 logout() 函数退出登录后，当前会话中存储的登录数据会被清除。

在用户退出登录时，我们需要确保用户的身份信息得到妥善处理，避免出现信息残留和泄露的问题。我们可以通过及时清除用户的登录状态、销毁相关的会话信息等方式，有效地保护用户的隐私和数据安全。此外，我们也应该倡导用户自主管理个人信息的意识，鼓励他们定期修改密码、清理浏览记录等，保障个人信息的安全和隐私。

例如，使用 logout() 函数退出登录的用户"lisi"，具体步骤如下：

（1）在 goods 应用的 views.py 文件中定义类视图 SignoutView，在该类视图的 get() 方法中使用 logou() 函数退出登录的用户，退出成功后，页面跳转到登录页面，示例代码如下：

```python
from django.contrib.auth import logout
class SignoutView(View):
    """退出登录"""
    def get(self, request):
        logout(request)
        # 重定向到登录页面
        return redirect(reverse('signin'))
```

（2）在 templates 文件夹中修改模板文件 info.html，在该模板文件中通过 url 标签指定单击退出按钮时发送的请求，示例代码如下：

```html
<p>登录成功,{{ user }}您好！</p>
<form method="get" action="{% url 'logout' %}">
    {% csrf_token %}
    <input type="submit" value="退出">
</form>
```

（3）在 chapter06 项目的 urls.py 文件中定义匹配类视图 SigninView 的 URL 模式，示例代码如下：

```python
path('logout/', views.SignoutView.as_view(),name='logout'),
```

运行开发服务器，在浏览器地址栏中先访问 http://127.0.0.1:8000/signin/，并使用用户"lisi"进行登录，然后单击"退出"按钮，页面跳转至登录页面，如图 6-3 所示。

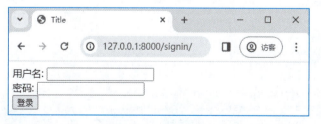

图 6-3　登录页面

6.3.2　限制用户访问

限制用户访问是指在网站或应用程序中，通过一些机制或规则，限制特定用户或用户组对某些功能、页面或资源的访问权限。限制用户访问的目的是确保只有经过身份验证的用户才能执行特定的操作或访问特定的页面，如登录成功的用户才能访问用户中心页面。这可以提高网站或应用程序的安全性,并防止未经授权的用户访问敏感信息或执行敏感操作。Django 中使用 request.user.is_authenticated 属性、装饰器 login_required 和 LoginRequiredMixin 类三种方式限制用户访问。接下来,对这三种限制用户访问的方式进行介绍。

1. request.user.is_authenticated属性

request.user.is_authenticated 属性用来判断用户是否通过验证,该属性会返回一个布尔值,如果布尔值为 True,那么表示当前登录用户对象提供了有效的用户名和密码;如果布尔值为 False,那么表示当前登录用户对象提供了错误的用户名和密码。

如果输入错误的用户名和密码,那么页面将重定向到登录页面,登录页面对应的 URL 地址通常在 settings.py 文件中通过配置项 LOGIN_URL 进行指定,如指定登录页面的 URL 地址为 /login/,示例代码如下:

```
LOGIN_URL = '/login/'    # 登录页面的URL
```

虽然通过配置项 LOGIN_URL 可以指定重定向到登录页面,但如果希望登录成功之后,自动重定向到原始请求页面,那么可以在 URL 中通过参数 next 进行指定,语法格式如下所示:

```
redirect(f"{settings.LOGIN_URL}?next={request.path}")
```

上述格式中,redirect() 函数用于生成重定向响应;settings.LOGIN_URL 用于获取登录页面的 URL 地址;"?"表示查询字符串分隔符;参数 next 用于重定向回原始请求;request.path 表示获取当前请求路径。

接下来,通过一个案例演示通过 request.user.is_authenticated 属性限制用户访问,如果用户登录成功,那么重定向到用户中心页面;如果用户没有登录成功,那么重定向到登录页面。具体步骤如下:

(1)在 goods 应用的 views.py 文件中定义类视图 UserLogin,在该类视图的 get() 方法中渲染模板文件 signin.html;在 post() 方法中先获取用户输入的用户名和密码,然后使用 authenticate() 函数对用户信息进行验证,如果验证失败响应"用户名或密码错误";如果验证通过使用 is_authenticated 属性判断用户是否能够访问用户中心页面;若允许,则跳转用户中心页面,示例代码如下:

```python
class UserLogin(View):
    def get(self, request):
        return render(request, 'signin.html')
    def post(self, request):
        username = request.POST['username']
        password = request.POST['password']
        user = authenticate(request, username=username, password=password)
        if user is not None:
            login(request, user)    # 用户登录
            if request.user.is_authenticated:
                return redirect(reverse('userinfo'))    # 重定向用户中心页面
        else:
            return HttpResponse(f'用户名或密码错误')
```

(2)在 goods 应用的 views.py 文件中定义类视图 UserInfo,在该类视图的 get() 方法中

使用 is_authenticated 属性判断用户是否具有访问用户中心页面的权限，如果具有，那么渲染用户中心页面；如果不具有，那么重定向到登录页面，示例代码如下：

```
from django.conf import settings
class UserInfo(View):
    def get(self, request):
        if request.user.is_authenticated:
            return render(request, 'userinfo.html', {'user': request.user})
        else:
            return redirect(f"{settings.LOGIN_URL}?next={request.path}")
```

（3）在 chapter06 项目的 urls.py 文件中定义匹配类视图 UserLogin 和 UserInfo 的 URL，示例代码如下：

```
path('user-login/', views.UserLogin.as_view()),
path('info/', views.UserInfo.as_view(), name='userinfo'),
```

（4）在 templates 文件夹中新建模板文件 userinfo.html，在该模板文件中展示当前登录的用户，示例代码如下：

```
<body>
<p>登录成功,{{ user }}您好！</p>
</body>
```

运行开发服务器，在浏览器地址栏中访问 http://127.0.0.1:8000/info/，因为用户未登录直接访问用户中心页面，所以页面会重定向到登录页面，并在 URL 地址中指定原始请求地址，登录页面具体如图 6-4 所示。

图 6-4　重定向到登录页面

如果输入正确的用户名和密码，那么 userinfo.html 页面会展示当前登录的用户，用户中心页面具体如图 6-5 所示。

图 6-5　用户中心页面

2. 装饰器login_required

装饰器 login_required 用于在视图层面限制用户访问，它有 login_url 和 redirect_field_ name 两个参数。其中，login_url 表示重定向地址，默认为 None；redirect_field_name 表示重定向字段名称，默认值为 "next"，该字段保存了用户成功验证后浏览器应跳转的地址。

例如，用户直接访问用户中心页面，如果用户没有登录，那么重定向到登录页面；如果用户登录成功，那么重定向到用户中心页面，示例代码如下：

```python
from django.conf import settings
from django.contrib.auth.decorators import login_required
@login_required(login_url=settings.LOGIN_URL)
def userinfo(request):
    if request.method == 'GET':
        if request.user.is_authenticated:
            return render(request, 'userinfo.html', {'user': request.user})
```

3. LoginRequiredMixin类

使用 LoginRequiredMixin 类同样可在视图层面限制用户访问，该类的具体用法为：从 django.contrib.auth.mixins 模块中引入 LoginRequiredMixin，定义继承 LoginRequiredMixin 类的类视图，在定义的类视图中通过类属性 login_url 指定登录页面的 URL 地址，示例代码如下：

```python
from django.contrib.auth.mixins import LoginRequiredMixin
class UserInfo(LoginRequiredMixin, View):
    login_url = settings.LOGIN_URL
    def get(self, request):
        if request.user.is_authenticated:
            return render(request, 'userinfo.html', {'user': request.user})
```

需要注意，LoginRequiredMixin 类必须位于类视图基类列表的最左侧。

6.4 模板身份验证

在模板中进行身份验证,可以根据用户的身份状态或权限级别来个性化展示内容、控制访问权限、提供个性化导航以及控制表单显示与处理，从而提升用户体验并确保系统的安全性。

读者可以扫描二维码查看模板身份验证的详细讲解。

6.5 自定义用户模型

尽管 Django 内置的用户模型类中包含许多通用字段，但在实际开发项目时可能需要使用额外的用户字段，此时可以编写自定义代码，对内置用户模型类进行拓展。

自定义用户模型类需要继承 django.contrib.auth.models 模块中的抽象类 AbstractUser，并在用户模型类中自定义额外的字段。

例如，在 goods 应用的 models.py 文件中通过继承 AbstractUser 自定义用户模型 User，示例代码如下：

```python
from django.contrib.auth.models import AbstractUser
class User(AbstractUser):
    """ 自定义用户模型类 """
    name = models.CharField(max_length=20, verbose_name='姓名')
    # 手机号码
    mobile = models.CharField(max_length=11, verbose_name='手机号码')
    # 收货地址
    recv_address = models.TextField(blank=False, verbose_name='收货地址')
    class Meta:
        db_table = 'users'     # 数据表名
    def __str__(self):
        return self.name
```

上述示例中，定义的模型类 User 除了包含 AbstractUser 类中用户字段信息之外，还自定义了收货人（name）、手机号（mobile）与收货地址（recv_address）字段。

User 模型类定义完成之后，修改 settings.py 中的 AUTH_USER_MODEL 选项，使其指向自定义用户模型类以启用自定义 User 模型类，语法格式如下：

```
AUTH_USER_MODEL='应用名.模型类名'
```

假设以上定义的模型类位于 goods/models.py 中，在配置文件 settings.py 中添加的具体设置如下：

```
AUTH_USER_MODEL = 'goods.User'
```

配置完成后使用 "python manage.py makemigrations" 命令生成迁移文件，使用 "python manage.py migrate" 命令执行迁移文件以生成（或更新）用户表。此时在数据库中查看数据表 users，可观察到其中包含了 AbstractUser 类中的所有字段以及自定义模型中的字段。

需要注意的是，如果在自定义用户模型类之前已经执行过迁移文件命令，那么自定义用户模型类之后，再次执行迁移文件命令会出现错误，为避免错误，需要先自定义用户模型类，然后再执行生成迁移文件和执行迁移文件命令。

6.6 状态保持

在 Django 中，状态保持指的是在用户与网站进行交互时，为了跟踪用户的身份和活动状态而使用的机制。在 Web 应用程序中，HTTP 协议是一种无状态协议，这意味着每次发送请求时，服务器并不知道请求的具体来源是哪个用户，也无法知道用户之前的活动状态。为了解决这个问题，Django 提供了各种方式来进行状态保持，最常见的方式为在客户端使用 Cookie 存储信息或者在服务器端使用 Session 存储信息。本节将对 Cookie 和 Session 进行介绍。

6.6.1 Cookie

Cookie 是网站为了辨别用户身份，在用户本地终端存储的一组由服务器产生的、不超过 4 KB 的、key-value 类型的数据。

Django 通过 HttpResponse 对象提供的方法，可以对 Cookie 中的数据进行设置、读取和删除，下面分别进行介绍。

1. 设置Cookie

HttpResponse 对象的 set_cookie() 方法用于设置 Cookie，其语法格式如下：

```
HttpResponse.set_cookie(key, value='', max_age=None, expires=None,
path='/',domain=None, secure=False, httponly=False, samesite=None)
```

set_cookie() 方法中常用参数的含义如下：

- key：必选参数，表示 Cookie 的名称。
- value：必选参数，表示 Cookie 的值。
- max_age：表示 Cookie 的最大存活时间，以秒为单位。
- expires：指定 Cookie 的过期时间。可以是一个表示日期和时间的字符串或一个 datetime 对象。如果不设置该参数，则 Cookie 默认为会话 Cookie，即关闭浏览器后会自动删除。

需要注意的是，参数 expires 和参数 max_age 均可以设置 Cookie 的过期时间，但不建议同时使用。

例如，在 goods 应用的 views.py 文件中定义视图函数 setup_cookie()，在该视图函数中使用 set_cookie() 方法设置 Cookie 的名称为"Python"，值为"Django"，并设置有效期为 1 小时，示例代码如下：

```
from django.http import HttpResponse
def setup_cookie(request):
    response = HttpResponse('设置Cookie')
    response.set_cookie('Python','Django', max_age=3600)   # 有效期一小时
    return response
```

视图函数定义完成之后，还需在 chapter06 项目的 urls.py 文件中定义 URL 模式，示例代码如下：

```
from goods import views
urlpatterns = [
    path('admin/', admin.site.urls),
    path('setup-cookie/', views.setup_cookie)
]
```

启动开发服务器，在浏览器地址栏中输入 http://127.0.0.1:8000/setup-cookie/，此时 Cookie 已经设置完成。在浏览器中右击并选择"检查命令"，然后再选择 Application，最后在左侧栏选择 Cookies 便可以查看 Cookie 信息。设置 Cookie 信息如图 6-6 所示。

2. 读取Cookie

当浏览器向服务器发起请求时，会将 Cookie 数据存储在请求头中。Django 可通过获取指定 key 或 get() 方法获取请求信息中的 Cookie 数据，语法格式如下：

```
HttpRequest.COOKIES[key]
HttpRequest.COOKIES.get(key)
```

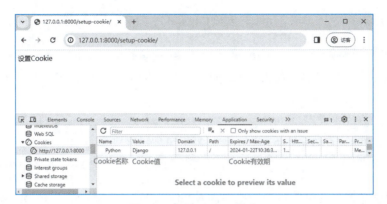

图 6-6 设置 Cookie 信息

例如，在 goods 应用的 views.py 文件中定义视图函数 show_cookie()，在该视图函数中读取 Cookie 名称为"Python"的值，示例代码如下：

```
def show_cookie(request):
    cookie = request.COOKIES.get('Python')
    return HttpResponse(f'Cookie 的值为：{cookie}')
```

视图函数定义完成之后，还需在 chapter06 项目的 urls.py 文件中定义 URL 模式，示例代码如下：

```
urlpatterns = [
    path('admin/', admin.site.urls),
    path('show-cookie/', views.show_cookie)
]
```

运行开发服务器，在浏览器地址栏中输入 http://127.0.0.1:8000/show-cookie/，此时页面会展示 Cookie 的值。读取 Cookie 信息如图 6-7 所示。

图 6-7 读取 Cookie 信息

3．删除Cookie

delete_cookie() 方法接收要删除的 Cookie 的键，并删除存储在 Cookie 中的该键对应的数据。语法格式如下：

```
HttpResponse.delete_cookie(Cookie 的名称)
```

例如，在 goods 应用的 views.py 文件中定义视图函数 delete_cookie()，在该视图函数中使用 delete_cookie() 方法删除 Cookie 名称为"Python"的值，示例代码如下：

```
def delete_cookie(request):
```

```
        response = HttpResponse('删除 Cookie')
        response.delete_cookie('Python')
        return response
```

视图函数定义完成之后，还需在 chapter06 项目的 urls.py 文件中定义 URL 模式，示例代码如下：

```
urlpatterns = [
    path('admin/', admin.site.urls),
    path('delete-cookie/', views.delete_cookie)
]
```

运行开发服务器，在浏览器地址栏中输入 http://127.0.0.1:8000/delete-cookie/，此时页面会响应"删除 Cookie"，通过浏览器查看 Cookie 信息，具体如图 6-8 所示。

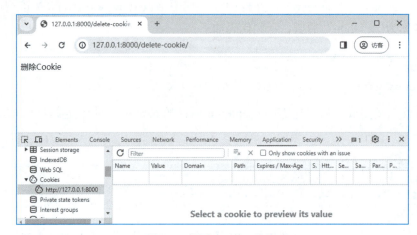

图 6-8　删除 Cookie 信息

观察图 6-8 可知，Cookie 中的内容已删除。

6.6.2　Session

在 Web 应用程序中，Session 是一种用于跟踪用户状态的机制。它是指服务器创建的一个数据结构，用于存储与当前用户相关的信息，如用户身份、访问权限、购物车内容等。

Session 的工作原理如下：

（1）当用户第一次访问网站时，服务器会为该用户创建一个唯一的 Session ID（会话标识符），这个 Session ID 通常是一个随机生成的字符串。服务器会通过将该 Session ID 存储在客户端的 Cookie 中或通过 URL 参数传递给客户端，以便在用户的后续请求中识别该用户的身份。

（2）在后续的每个请求中，客户端会将该 Session ID 发送给服务器。服务器根据该 ID 找到对应的 Session 数据，并进行相应的处理。

（3）当用户关闭浏览器或长时间不活动时，服务器会自动销毁该 Session 数据。

在 Django 中提供了内置的 Session 功能，通过该功能可以方便地处理用户的身份验证、状态管理和数据存储等需求。下面分 Session 介绍和 Session 操作两部分对 Django 中 Session

的使用进行说明。

1. Session介绍

在 Django 中通过 Session 中间件处理 Session，该中间件负责在每个请求和响应之间传递 Session 数据，并对 Session 进行初始化、存储和删除等操作。

Django 框架默认安装并启用了 Session 中间件，查看项目配置文件 settings.py 的 MIDDLEWARE 项，可观察到 Session 中间件的配置信息，如图 6-9 所示。

```
MIDDLEWARE = [
    'django.middleware.security.SecurityMiddleware',
    'django.contrib.sessions.middleware.SessionMiddleware',
    'django.middleware.common.CommonMiddleware',
    'django.middleware.csrf.CsrfViewMiddleware',
    'django.contrib.auth.middleware.AuthenticationMiddleware',
    'django.contrib.messages.middleware.MessageMiddleware',
    'django.middleware.clickjacking.XFrameOptionsMiddleware',
]
```

图 6-9　Django 中间件

在图 6-9 中，MIDDLEWARE 列表中第 2 个元素为 Django 中的 Session 中间件。

Django 项目中的 Session 数据默认存储在项目配置的数据库（SQLite 数据库），除此之外，Session 数据也可以存储在 cache、数据库或混合存储。Session 数据的存储位置通过项目配置文件 settings.py 的 SESSION_ENGINE 项指定，不同存储位置的配置信息分别如下：

（1）存储在数据库中。在 settings.py 中显式设置将 Session 数据存储在数据库中，示例代码如下：

```
SESSION_ENGINE='django.contrib.sessions.backends.db'
```

（2）存储在本机内存。在 settings.py 中设置 Session 数据存储到本机内存，示例代码如下：

```
SESSION_ENGINE='django.contrib.sessions.backends.cache'
```

（3）混合存储。在 settings.py 中设置 Session 数据混合存储，示例代码如下：

```
SESSION_ENGINE='django.contrib.sessions.backends.cached_db'
```

2. Session操作

Django 通过 HttpRequest 对象的 session 属性管理会话信息，具体用法如下：

```
request.session['键']=值                  # 以键值对的格式写 Session
request.session.get('键','默认值')         # 读取 Session
request.session.set_expiry(value)         # 设置 Session 过期时间
# 删除 Session 字典中的所有键值对，但会保留 SessionID
request.session.clear()
# 删除整个 Session 对象，包括 Session 数据和 SessionID
request.session.flush()
```

需要注意的是，在设置 Session 过期时间时，如果 set_expiry() 方法接收的参数 value 是一个整数，会话将在指定的时间内过期，单位为秒。例如，request.session.set_expiry(300) 表示会话将在 300 s 后过期；如果 value 为 0，会话将在用户浏览器关闭时过期；如果 value 为 None，那么当前会话会使用全局的会话过期策略。

接下来，分别对写入 Session 数据、读取 Session 数据、设置 Session 数据过期时间进行介绍。

（1）写入 Session 数据。写入 Session 数据的方式非常简单，只需要简单地将值分配给 request.session 中的指定的键即可。

例如，在 goods 应用的 views.py 文件中定义视图函数 set_session()，在该视图函数中通过 session 属性设置键为 Python，值为 Django 的数据，示例代码如下：

```
from django.http import HttpResponse
def set_session(request):
    request.session['Python']='Django'
    return HttpResponse('写入session')
```

函数视图定义完成之后，还需在 chapter06 项目的 urls.py 文件中定义 URL 模式，示例代码如下：

```
urlpatterns = [
    path('admin/', admin.site.urls),
    path('set-session/',views.set_session)
]
```

运行开发服务器，在浏览器地址栏中输入 http://127.0.0.1:8000/set-session/，此时 Session 已经设置完成。在浏览器中右击并选择"检查命令"，然后再选择 Application，最后在左侧栏选择 Cookies 便可以查看生成的 SessionID 信息。生成的 SessionID 数据如图 6-10 所示。

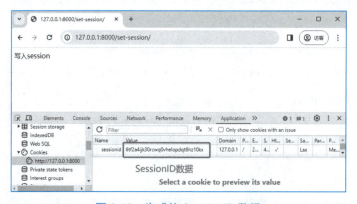

图 6-10　生成的 SessionID 数据

从图 6-10 中可以看出，生成的 SessionID 为 6tf2a4ijk30rcwq0vhelopdqt6hz10kx，该值也会在默认的数据库中保存。Django 会自动创建一个名为 django_session 的表，用于存储 Session 数据。该表包含以下三个字段：

- session_key：Session ID，作为主键存储。
- session_data：序列化后的 Session 数据。
- expire_date：Session 数据的过期时间。

数据表 django_session 中 Session 数据如图 6-11 所示。

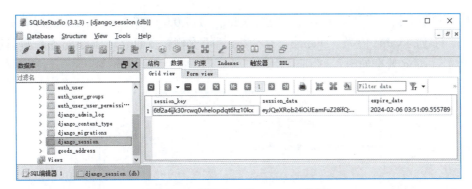

图 6-11 数据表中的 Session 数据

从图 6-11 中可以看出，生成 SessionID、序列化后的 Session 数据以及 Session 数据过期时间。

（2）读取 Session 数据。保存的 Session 数据在需要使用时会被自动反序列化出来，通过 session 属性的 get() 方法可以读取 Session 数据。例如，在 goods 应用的 views.py 文件中定义视图函数 get_session()，在该视图函数中获取值为 Python 对应的 Session 数据，示例代码如下：

```
def get_session(request):
    value = request.session.get('Python')
    return HttpResponse(f"Python对应的value值为：{value}")
```

函数视图定义完成之后，还需在 chapter06 项目的 urls.py 文件中定义 URL 模式，示例代码如下：

```
urlpatterns = [
    path('admin/', admin.site.urls),
    path('get-session/',views.get_session)
]
```

运行开发服务器，在浏览器地址栏中输入 http://127.0.0.1:8000/get-session/，此时页面会显示获取到的 Session 数据，读取到的 Session 数据如图 6-12 所示。

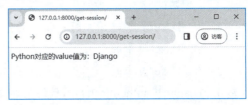

图 6-12 读取到的 Session 数据

（3）设置 Session 数据过期时间。若对 Session 数据设置了过期时间，那么在指定的时间后该 Session 数据会被删除。例如对上述 Session 数据设置 2 s 过期时间，示例代码如下：

```
def set_time(request):
    request.session.set_expiry(2)    # 设置过期时间
    value = request.session.get('Python')
    return HttpResponse(f"Python对应的value值为：{value}")
```

函数视图定义完成之后，还需在 chapter06 项目的 urls.py 文件中定义 URL 模式，示例代码如下：

```
urlpatterns = [
    path('admin/', admin.site.urls),
    path('set-time/',views.set_time)
]
```

运行开发服务器，在浏览器地址栏中输入 http://127.0.0.1:8000/set-time/，此时若页面显示为"Python 对应的 value 值为：Django"，在 2 s 后再次刷新页面会对 Session 数据进行删除，获取过期的 Session 数据如图 6-13 所示。

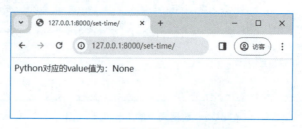

图 6-13 获取过期 Session 数据

clear() 方法和 flush() 方法与写入或读取 Session 的使用方式相同，此处不再演示。

小 结

本章介绍了身份验证系统的相关知识，包括 User 对象、权限与权限管理、Web 请求认证、模板身份验证、自定义用户模型、状态保持。通过本章的学习，读者能够掌握 Django 身份验证系统的基本使用，为后续项目开发作铺垫。

习 题

一、填空题

1. 使用 User 类创建用户时，必选的字段有_____和_____。
2. 使用 User 类中的_____方法可以创建超级用户。
3. 使用 User 类中的_____方法可以修改用户密码。
4. Django 中 authenticate() 函数的功能是_____。
5. Django 内置的权限模型类为_____。

二、判断题

1. logout() 函数必须有返回值。( )
2. login() 函数的作用是将用户对象标记为已经登录。( )
3. 自定义用户模型类需要继承 AbstractUser。( )
4. 限制用户访问的目的是确保只有经过身份验证的用户才能执行特定的操作或访问特定的页面。( )
5. Cookie 是网站为了辨别用户身份而在用户本地终端存储的一组由服务器产生的数据。( )

三、选择题

1. 下列选项中,用于检测用户是否具有某种权限的是(　　)。
   A. has_perm()　　B. has_perms()　　C. get_perms()　　D. get_perm()
2. 下列选项中,关于Cookie的说法正确的是(　　)。
   A. Cookie存储在服务器端　　　　　　B. Cookie大小没有限制
   C. Cookie是以key-value形式存储数据　D. Cookie是以列表形式存储数据
3. 在Django中,下列方法用于设置Cookie数据的是(　　)。
   A. set_cookie()　　B. delete_cookie()　　C. get_cookie()　　D. write_cookie()
4. 下列选项中,关于Session的描述错误的是(　　)。
   A. Session数据存储在服务器端
   B. 会话过程存储在Session对象中的变量会一直保存
   C. Session大小为4 KB
   D. Session存储特定用户会话所需的属性及配置信息
5. 下列选项中,关于装饰器login_required的描述错误的是(　　)。
   A. 参数login_url用于设置重定向地址
   B. 参数redirect_field_name用于设置重定向地址
   C. 参数login_url可以在settings.py中设置
   D. 参数redirect_field_name默认使用next

四、简答题

1. 简述自定义权限的两种方式。
2. 简述限制访问的三种方式,并说明其应用场景。
3. 简述自定义用户模型类的步骤。
4. 简述什么是Cookie和Session。

第 7 章

电商项目——前期准备

学习目标

◎ 熟悉项目需求,能够说明如何使用小鱼商城各项功能。
◎ 了解模块归纳,能够说出各模块所包含的功能。
◎ 了解项目开发模式与运行机制,能够说出小鱼商城的开发模式与运行机制。
◎ 掌握项目创建和配置,能够创建和配置小鱼商城项目。

本章将创建一个基于 Django 框架的电商平台项目——小鱼商城。鉴于电商平台涉及的模块较多且功能复杂,本章将主要介绍该项目的主要界面和重点模块,并给出搭建开发环境的步骤。各个功能的具体实现,我们将在后续章节中详细讲解。

7.1 项目需求

在开发项目之前,明确项目的业务流程和主要需求非常重要,而需求驱动开发则是实现这一目标的基础。通常情况下,需求由产品经理提供,开发人员则通过产品经理提供的示例网站、产品原型图或需求文档来明确项目需求,进而确定项目的业务。

在本节中,我们将借助示例网站来明确小鱼商城的业务需求。我们将从电商平台通常具备的首页、用户、商品、购物车、结算和支付这些模块入手,结合示例网站来分析项目需求,以明确各个模块的业务。

1. 首页

小鱼商城的首页是整个网站的入口,通常会展示广告信息、部分商品信息和其他页面的入口。我们可以借助示例网站来了解该页面的具体内容和展现方式,首页如图 7-1 所示。

图 7-1 所示的首页主要分为两部分:第一部分是各项功能的入口,包括导航栏、搜索栏、搜索栏右侧的简单购物车和 Logo 下方的分类导航菜单,导航栏又包括登录、注册、用户中心、我的购物车、我的订单页;第二部分是广告,包括分类导航下的轮播图、快讯、页头广告以及页面底部的分层广告。下面分这两部分对首页进行分析。

图 7-1 首页

（1）功能入口。功能入口除分类导航菜单外，导航栏、搜索框以及搜索框右侧便捷的购物车功能在多个页面中得以共有，这些功能与用户模块和商品模块之间存在着密切的关联性。在具体实现用户模块和商品模块时，我们会对这些功能进行详细说明。这里先对分类导航菜单进行分析。

分类导航菜单是首页的核心之一，这个菜单分为三级，其中一级菜单包含 11 个频道，每个频道显示 3~4 个分类（如频道 1 包含手机、相机、数码三个分类）；二级菜单是各个频道中各个分类的详细类别（如一级菜单包含手机通讯、手机配件等七个类别）；三级菜单是每个二级菜单的详细类别（如手机通讯包含手机、游戏手机等四个类别）。分类导航栏菜单如图 7-2 所示。

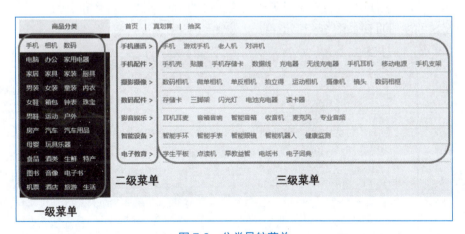

图 7-2 分类导航菜单

（2）首页广告。分类导航菜单右侧的轮播图、快讯、页头和页面下方的楼层是首页的第二项核心，虽然这些部分包含一些商品信息，但它们不是商品列表，而是小鱼商城的广告。当下流行的电商网站都在首页放置广告、展示商品新鲜资讯以吸引用户。

综合以上介绍对首页功能进行分析，小鱼商城的首页主要具备以下业务：
- 提供各功能入口；
- 展示商品分类导航栏；
- 展示商城广告信息。

2. 用户

若想要通过该平台购买商品，那么网站的访问者应先在该平台进行注册，成为该平台的用户。单击首页中的"登录"按钮页面会跳转到登录页面；单击首页"注册"按钮页面会跳转到注册页面。

小鱼商城的登录页面如图 7-3 所示。

图 7-3　登录页面

由图 7-3 可知，用户在进行登录时需要输入正确的用户名或手机号和密码。

小鱼商城的注册页面如图 7-4 所示。

图 7-4　注册页面

由图 7-4 可知，注册用户时需要输入用户名、密码、确认密码、手机号、图形验证码，并勾选同意协议。注册页面比较简单，但实现注册功能时又需要遵循一定的业务逻辑，实现一些子功能，如校验用户名和密码、手机号是否已存在等功能。

已登录的用户可对用户信息进行管理，小鱼商城将此项功能放在导航栏的"用户中心"中实现。在首页单击导航栏的"用户中心"按钮进入相应页面。用户中心页面如图 7-5 所示。

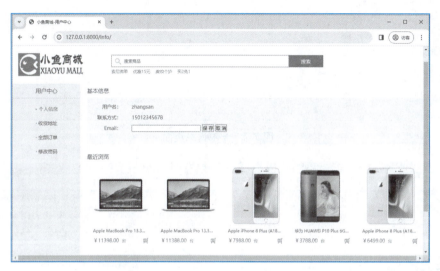

图 7-5 用户中心页面

图 7-5 显示的用户中心页面左侧共包含四个选项，分别是个人信息、收货地址、全部订单和修改密码，选择不同的选项可以访问不同的页面。在个人信息页面中包含用户的基本信息和最近浏览两部分内容，其中基本信息提供绑定邮箱功能。

在图 7-5 中单击收货地址选项，进入收货地址页面，如图 7-6 所示。

图 7-6 收货地址页面

由图 7-6 可知，收货地址页面默认展示用户的收货地址，用户可在该页面增加、删除、编辑地址。

在图 7-6 中单击全部订单选项，进入全部订单页面，如图 7-7 所示。

图 7-7　全部订单页面

在图 7-7 中单击修改密码选项，进入修改密码页面，如图 7-8 所示。

图 7-8　修改密码页面

综上所述，小鱼商城与用户相关的业务如下：
- 注册功能，涉及用户信息的校验和图形验证。
- 登录功能，涉及验证用户信息是否存在。
- 退出功能，确保用户正确退出小鱼商城。
- 用户中心功能，展示用户个人信息、用户订单，设置收货地址和修改密码。

3．商品

首页是用户选购商品时的入口，用户可以选择首页轮播图、快讯、楼层中的商品，或者通过分类列表进入商品列表页或商品详情页。在图 7-2 的分类导航菜单中，选择频道 1 中的"手机 相机 数码"→"手机通讯"→"手机"，单击三级分类"手机"，网站将跳转到商品列表页面，如图 7-9 所示。

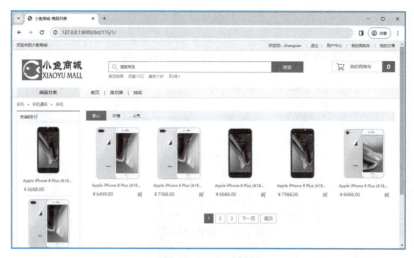

图 7-9 商品列表页面

由图 7-9 可知，商品列表页主要包含商品列表和热销排行两部分，此外热销排行上方呈现当前商品的类别，此处也需要实现分类导航菜单，方便用户查看其他类别的商品。

商品列表页面只能看到商品的简略信息，单击商品列表或热销排行中的某个商品，可进入商品详情页面。在图 7-9 的商品列表中，单击第一个商品进入其对应的商品详情页面，如图 7-10 所示。

图 7-10 商品详情页面

由图 7-10 可知，商品详情页面主要展示包括商品图片、名称、价格等商品基本信息，此外图片上方展示了当前分类，实现了分类导航菜单。商品基本信息下方还展示了热销排行和商品的详细信息，包括商品详情、规格与包装、售后服务以及商品评价。

小鱼商城的多个页面都提供了搜索框与搜索按钮，商品列表实现后，可着手实现搜索功能。通过搜索功能用户可根据关键字搜索商品。例如，在图 7-10 中输入搜索关键字"华为"，单击"搜索"按钮后看到的搜索结果页面如图 7-11 所示。

图 7-11　搜索结果页面

根据以上业务分析，小鱼商城与商品相关的功能如下：
- 展示商品列表功能；
- 展示热销商品排行；
- 展示商品详情信息功能；
- 商品搜索功能。

4．购物车

用户在详情页面选择商品数量与规格，单击"加入购物车"按钮，会将选中的商品放入购物车。若商品成功加入购物车，当前页面的顶部会弹出提示弹框。添加购物车成功提示如图 7-12 所示。

小鱼商城有两个购物车入口，分别为页面导航栏的"我的购物车"和部分页面搜索框右侧的"我的购物车"（如图 7-1 和图 7-10）。当将鼠标移动到搜索框右侧的"我的购物车"位置时，页面会显示一个简单购物车，其中包含了加购商品的缩略信息。购物车缩略信息如图 7-13 所示。

图 7-12　添加购物车成功提示

图 7-13　购物车缩略信息

单击上述两个位置的"我的购物车"，都可进入购物车页面，该页面如图 7-14 所示。

由图 7-14 可知，购物车页面展示用户已加购的商品，用户可修改购物车中的商品数量或者删除商品。

根据以上业务分析，小鱼商城与购物车相关的功能如下：
- 购物车缩略信息展示；
- 购物车商品管理。

图 7-14 购物车页面

5. 结算

单击图 7-14 所示的"去结算"按钮进入结算页面，如图 7-15 所示。

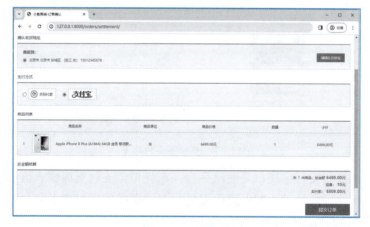

图 7-15 结算页面

由图 7-15 可知，用户可在结算页面选择收货地址和支付方式（货到付款或支付宝），并确认选购的商品信息。单击"提交订单"按钮提交订单，之后跳转到提交结果页面。成功提交订单后跳转的页面如图 7-16 所示。

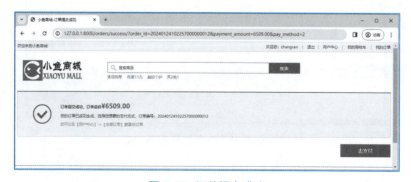

图 7-16 订单提交成功

根据以上业务分析，小鱼商城与结算相关的功能如下：
- 确认订单展示。
- 提交订单展示。

6. 支付

若用户选择的付款方式为货到付款，订单提交后即可等待送货；若选择了支付宝支付，订单提交后需要进行支付。

单击图 7-16 所示页面右下角的"去支付"按钮可进入支付页面。小鱼商城支持使用支付宝在线支付，实现此项功能需要对接支付宝提供的支付平台。示例网站已对接了支付宝提供的支付平台，单击"去支付"按钮后将跳转到支付宝的支付页面，如图 7-17 所示。

图 7-17　支付宝支付页面

开发过程中对接的支付宝接口是测试平台，在支付宝支付页面输入测试平台提供的测试账号和密码进行登录，登录成功方可进行支付。支付完成后支付宝平台会先跳转到支付结果页面，再跳转到小鱼商城支付结果页面，如图 7-18 所示。

图 7-18　支付结果页面

单击图 7-18 所示页面中的链接（可以在"用户中心"→"我的订单"查看该订单），可进入订单页面查看该订单。此时刚刚提交的订单处于待评价状态，单击"待评价"按钮可进入商品评价页面,如图 7-19 所示。

图 7-19 商品评价页面

由图 7-19 可知,用户在评价页面可以选择商品满意度并填写评价内容,随后单击"提交"按钮即可提交评价信息。提交成功后,该评价信息将被加入对应商品的评价列表中,用户可以在相应商品的详情页查看新增的商品评价。

根据以上业务分析,小鱼商城与支付相关的功能如下:

- 支付宝支付。
- 订单商品评价。

至此小鱼商城的需求分析完毕。

7.2 模块归纳

在实际开发中,一个项目通常由多名开发人员协作完成。为了方便项目管理和协同开发,人们会根据需求和功能将项目划分为不同的模块。在使用 Django 框架开发网站时,可以按照模块的方式创建应用。这种做法不仅可以降低项目的耦合度,还有利于项目管理和协同开发的进行。

根据 7.1 节对小鱼商城业务逻辑与功能的分析,归纳出小鱼商城模块见表 7-1。

表 7-1 小鱼商城模块归纳

模 块	功 能
用户	注册、登录、用户中心
验证	图形验证
首页	分类、广告
商品	商品热销、商品列表、商品搜索、商品详情
购物车	购物车管理、简单购物车
订单	确认订单、提交订单
支付	支付宝支付、订单商品评价

7.3 项目开发模式与运行机制

小鱼商城是一个涉及前端开发和后端开发的电商项目，在开发之前需要先确定项目的开发模式，项目会用到一些第三方服务和接口，确定使用哪些服务和接口，明确项目的运行机制，也是开发前的准备工作之一。接下来，分为开发模式和运行机制进行介绍。

1. 开发模式

小鱼商城项目采用了 Django 框架进行开发，使用了前后端不分离的模式。在模板引擎的选择上，使用了 Jinja2 代替 Django 自带的模板引擎，因为 Jinja2 具有更加出色的性能表现。前端方面，选择了 Vue.js 作为前端框架。

对于需要整体刷新的页面，采用 Jinja2 模板引擎进行渲染。对于需要局部刷新的页面，可以使用 Vue.js 来实现。Vue.js 具有简洁方便的特点，且相对于整体刷新而言，它所产生的数据传输量较小。

通过这样的优化策略，小鱼商城项目在保持页面响应速度快的同时，也能提供良好的用户体验。

2. 运行机制

用户发送的请求被 Web 服务器接收，Web 服务器根据请求的 URL 判断用户请求的是静态数据还是动态数据。小鱼商城将静态数据存储在本地，若用户请求的是静态数据，服务器根据 URL 到本地找到数据并返回给浏览器，浏览器再将数据呈现给用户，这个过程非常迅速。若用户请求了动态数据，则服务器需要根据业务逻辑确定执行一系列操作来生成所需的数据，并将数据封装成响应后返回给浏览器，浏览器将动态数据解析后并呈现给用户。相比于静态数据，动态数据的生成过程可能需要更多的计算和处理时间，因此响应时间可能会有所延迟。

小鱼商城项目的静态文件包括 CSS 文件、JavaScript 文件、图片文件；动态数据由 Jinja2 模板渲染，该服务由 Django 程序提供。Django 程序的后端提供了登录、状态缓存、商品列表、搜索、购物车、订单、验证等业务，实现这些业务会涉及数据存储服务、缓存服务、全文检索等服务。

Django 后端在提供服务时会用到一些外部接口，如提供支付和订单查询功能的支付宝。

综上所述，小鱼商城项目运行机制如图 7-20 所示。

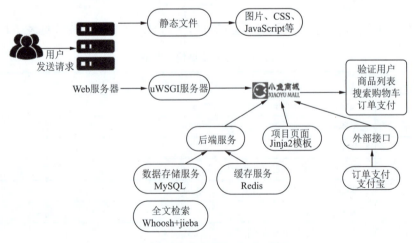

图 7-20 小鱼商城项目运行机制

7.4 项目创建和配置

7.4.1 创建项目

在了解了项目的开发模式和运行机制以后，便可以开始着手项目的开发。创建小鱼商城项目具体步骤如下：

（1）进入项目存储路径（本书将项目存储在 E:\ 目录下），创建小鱼商城使用的虚拟环境 xiaoyu_mall，具体命令如下：

```
E:\>python -m venv xiaoyu_mall
```

（2）首先进入创建的虚拟环境，然后在该环境中安装 Django 框架，安装 Django 框架和查看已安装的软件包，具体命令如下：

```
(xiaoyu_mall) E:\> pip install django==5.0
(xiaoyu_mall) E:\> pip list
Package    Version
---------- -------
asgiref    3.7.2
Django     5.0
pip        23.3.2
sqlparse   0.4.4
tzdata     2023.4
```

（3）创建小鱼商城的 Django 项目，具体命令如下：

```
(xiaoyu_mall) E:\> django-admin startproject xiaoyu_mall
```

（4）启动小鱼商城项目，具体命令如下：

```
(xiaoyu_mall) E:\xiaoyu_mall\xiaoyu_mall>python manage.py runserver
```

若命令行窗口中输出如下信息，说明项目成功启动。

```
Watching for file changes with StatReloader
Performing system checks...

System check identified no issues (0 silenced).

You have 18 unapplied migration(s). Your project may not work properly until you apply the migrations for app(s): admin, auth, content
types, sessions.
Run 'python manage.py migrate' to apply them.
January 26, 2024 - 13:44:29
Django version 5.0, using settings 'xiaoyu_mall.settings'
Starting development server at http://127.0.0.1:8000/
Quit the server with CTRL-BREAK.
```

7.4.2 配置开发环境

项目环境分为开发环境和生产环境，开发环境是编写和调试项目代码的环境，生产环境是部署项目上线运行时使用的环境。不同的环境使用的配置信息不同，为了避免开发环境和生产环境的配置相互干扰，这里将它们的配置信息分别存储在两个配置文件中。下面分新建配置文件和指定开发环境配置文件两部分来配置开发环境。

1. 新建配置文件

（1）准备配置文件目录：在 xiaoyu_mall/xiaoyu_mall 中新建包 settings，作为配置文件目录。

（2）准备开发和生产环境配置文件：在配置包 settings 中新建开发环境配置文件 dev.py 和生产环境配置文件 prod.py。

（3）准备开发环境配置内容：首先将默认的配置文件 settings.py 中的内容分别复制到 dev.py 和 prod.py 中，然后删除原配置文件 settings.py。

此时项目的目录结构如图 7-21 所示。

图 7-21　项目的目录结构

2. 指定开发环境配置文件

若要让项目使用新建的配置文件 dev.py，需将其指定为项目当前使用的配置文件。打开 manage.py 文件，修改配置文件加载路径，修改后的示例代码如下：

```
os.environ.setdefault('DJANGO_SETTINGS_MODULE',
                      'xiaoyu_mall.settings.dev')
```

以上代码的功能是调用 os.environ.setdefault() 函数指定当前项目使用的配置文件。

7.4.3　配置Jinja2模板

小鱼商城使用 Jinja2 作为模板引擎，下面分步骤介绍如何为 xiaoyu_mall 项目配置 Jinja2 模板。

1. 安装Jinja2扩展包

安装 Jinja2 扩展包，具体命令如下：

```
(xiaoyu_mall) E:\xiaoyu_mall>pip install jinja2==3.1.3
```

2. 配置Jinja2模板引擎

首先在 xiaoyu_mall/xiaoyu_mall 目录下创建 templates 文件夹，然后打开配置文件 dev.py，在配置选项 TEMPLATES 中添加 Jinja2 模板引擎的配置信息，示例代码如下：

```
import os
TEMPLATES = [
    {
        'BACKEND': 'django.template.backends.django.DjangoTemplates',
        'DIRS': [],
        ...                              # 省略的默认模板配置信息
    },
    # Jinja2 模板引擎配置信息
    {
        'BACKEND': 'django.template.backends.jinja2.Jinja2',
        'DIRS': [os.path.join(BASE_DIR, 'templates')],  # 模板文件加载路径
        'APP_DIRS': True,
```

```
            'OPTIONS': {
                'context_processors': [
                    'django.template.context_processors.debug',
                    'django.template.context_processors.request',
                    'django.contrib.auth.context_processors.auth',
                    'django.contrib.messages.context_processors.messages',
                ],
            },
        },
    ]
```

以上配置信息，在 TEMPLATES 选项中添加了 Jinja2 模板引擎，然后在 DIRS 选项中配置了保存模板文件加载路径。

3．创建Jinja2模板引擎配置文件

在 Jinja2 模板引擎中，实现引用静态文件和对 URL 进行反向解析这两项操作相对复杂。然而，我们可以通过自定义 Jinja2 语法来简化这两种操作，这里考虑采用 {{static(")}} 和 {{url(")}} 这两种自定义语法，以实现以上功能。

为了让 Jinja2 模板引擎能够使用和识别这两种自定义语法，我们需要创建一个 Jinja2 模板引擎配置文件，并编写 Jinja2 模板引擎环境配置代码。在这个配置文件中，我们可以自定义语法，并将其添加到 Jinja2 模板引擎环境中，具体操作步骤如下：

（1）创建 Jinja2 模板引擎环境配置文件。考虑到后续开发中还需要配置其他全局文件，为保证项目结构清晰，这里先在 xiaoyu_mall/xiaoyu_mall 目录下创建用于存放全局文件的包 utils，之后创建模板引擎环境配置文件 jinja2_env.py，此时项目结构如图 7-22 所示。

图 7-22　项目结构

（2）编写 Jinja2 模板引擎环境配置代码。在步骤（1）创建的 jinja2_env.py 文件中编写 Jinja2 模板引擎环境的配置代码，示例代码如下：

```
from jinja2 import Environment
from django.urls import reverse
from django.contrib.staticfiles.storage import staticfiles_storage
def jinja2_environment(**options):
    """jinja2 环境"""
    # 创建环境对象
    env = Environment(**options)
    # 自定义语法：{{ static('静态文件相对路径') }} {{ url('路由的命名空间') }}
    env.globals.update({
        'static': staticfiles_storage.url,    # 获取静态文件的前缀
        'url': reverse,                        # 反向解析
    })
    # 返回环境对象
    return env
```

（3）添加 Jinja2 模板引擎环境。在配置文件 TEMPLATES 选项的 Jinja2 配置信息中添加 Jinja2 模板引擎环境，示例代码如下：

```
TEMPLATES = [
    {...},
    {
        'BACKEND': 'django.template.backends.django.DjangoTemplates',
        'DIRS': [os.path.join(BASE_DIR, 'templates')],
        'APP_DIRS': True,
        'OPTIONS': {
            'context_processors': [
                'django.template.context_processors.debug',
                'django.template.context_processors.request',
                'django.contrib.auth.context_processors.auth',
                'django.contrib.messages.context_processors.messages',
            ],
            'environment': 'xiaoyu_mall.utils.jinja2_env.jinja2_environment',
        },
    },
]
```

配置完毕后重启项目，若项目成功启动，说明 Jinja2 模板配置成功。

7.4.4 配置MySQL数据库

小鱼商城项目需要处理和存储大量的商品信息、用户账户信息以及交易订单等核心业务数据，为了保证数据的安全性、可靠性和高效处理能力，选择采用 MySQL 作为数据库管理系统来保存这些数据。下面分步骤介绍如何为 Django 项目配置 MySQL 数据库。

1. 新建MySQL数据库

为项目配置 MySQL 数据库前需先创建小鱼商城的数据库和配置数据库连接信息，在本地主机新建 MySQL 数据库 xiaoyu_mall，创建数据库的 SQL 语句如下：

```
CREATE DATABASE xiaoyu_mall CHARSET=utf8;
```

2. 配置MySQL数据库

打开配置文件 dev.py，修改 DATABASES 的配置信息，修改后的代码如下：

```
DATABASES = {
    'default': {
        # 'ENGINE': 'django.db.backends.sqlite3',
        # 'NAME': os.path.join(BASE_DIR, 'db.sqlite3'),
        'ENGINE': 'django.db.backends.mysql',      # 数据库引擎
        'HOST': '127.0.0.1',                        # 数据库主机
        'PORT': 3306,                               # 数据库端口
        'USER': 'root',                             # 数据库用户名
        'PASSWORD': '123456',                       # 数据库用户密码
        'NAME': 'xiaoyu_mall',                      # 数据库名字
    }
}
```

3. 安装mysqlclient库

在小鱼商城项目中配置完 MySQL 数据信息之后，还并不能使用 MySQL 数据库。如果希望当前的 Django 项目能够连接 MySQL 数据库，那么需要在当前的 Python 环境中安装

mysqlclient 库。

mysqlclient 库提供了与 MySQL 数据库的连接和交互功能，也是 Django 默认使用的驱动程序，安装命令具体如下：

```
(xiaoyu_mall) E:\xiaoyu_mall\xiaoyu_mall>pip install mysqlclient==2.2.1
```

7.4.5 配置Redis数据库

小鱼商城中数据缓存服务使用 Redis 数据库进行存储，因此需要确保当前计算中已经安装了 Redis 数据库。

Redis 在 Windows 平台上不受官方支持，如果想在 Windows 平台中安装 Redis 数据库，那么需要在 Github 网站中下载适用于 Windows 平台的 Redis 数据库。Redis 数据库下载页面如图 7-23 所示。

在图 7-23 中，单击 Redis-x64-5.0.14.1.msi 可以下载 Windows 平台的 Redis 数据库的安装包。

双击安装包开始安装 Redis 数据库。在安装过程中，需要勾选将 Redis 数据库安装文件夹添加到系统环境变量中，其余选项保持默认即可。Redis 添加到系统环境变量如图 7-24 所示。

安装完 Redis 数据库后，要在小鱼商城中进行访问和操作 Redis 数据库，通常需要使用第三方包 django-redis。这个包可以方便地与 Redis 进行交互并提供访问接口。接下来，介绍如何安装 django-redis 以及如何在项目中配置 Redis 数据库。

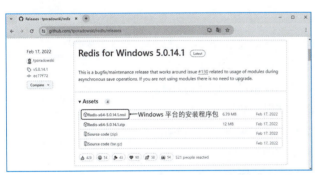

图 7-23　Redis 数据库下载页面

图 7-24　Redis 添加到系统环境变量

（1）安装第三方包 django-redis。在虚拟环境中安装第三方包 django-redis，具体命令如下：

```
(xiaoyu_mall)E:\xiaoyu_mall\xiaoyu_mall>pip install django-redis==5.4.0
```

（2）配置 Redis 数据库。第三方包 django-redis 安装完成之后，便可以在小鱼商城的配置文件 dev.py 文件中配置连接 Redis 数据库信息，具体配置信息如下：

```
CACHES = {
    "default": {
        # 指定使用 Redis 作为缓存的后端存储
        "BACKEND": "django_redis.cache.RedisCache",
```

```python
            # 指定连接地址为本地地址 127.0.0.1、默认端口号 6379 和使用 0 号库保存
            "LOCATION": "redis://127.0.0.1:6379/0",
            # 指定使用默认的 Redis 客户端类
            "OPTIONS": {
                # 指定在 django-redis 中使用的 Redis 客户端类
                "CLIENT_CLASS": "django_redis.client.DefaultClient",
            }
        },
        "session": {
            "BACKEND": "django_redis.cache.RedisCache",
            "LOCATION": "redis://127.0.0.1:6379/1",
            "OPTIONS": {
                "CLIENT_CLASS": "django_redis.client.DefaultClient",
            }
        },
}
# Django 框架中会话引擎的配置项，用于指定会话管理模块的类型
SESSION_ENGINE = "django.contrib.sessions.backends.cache"
# Django 框架中会话缓存别名的配置项，用于指定使用哪个缓存配置项来存储会话数据
SESSION_CACHE_ALIAS = "session"
```

上述配置信息中，CACHES 是一个字典，包含了不同的缓存配置项。这里定义了 default 和 session 两个配置项，分别用于设置默认缓存和会话缓存。默认缓存表示在代码中没有明确指定使用哪个缓存配置项时，Django 就会使用默认缓存；会话缓存表示使用缓存来存储和管理用户会话数据。SESSION_ENGINE 用于指定会话管理模块的类型；SESSION_CACHE_ALIAS 用于指定使用哪个缓存配置项来存储会话数据。

7.4.6 配置项目日志

Web 项目中，项目日志是记录应用程序运行状态、错误信息以及其他相关信息的记录。这些记录通常会被写入特定的文件中，以便于在应用程序出现问题时进行排查和分析。项目日志可以记录应用程序中发生的各种事件，如用户访问、请求处理过程、数据库操作、异常信息等。通过对项目日志进行分析，可以了解应用程序的运行情况，及时发现问题并进行修复，提高应用程序的稳定性和可靠性。

在小鱼商城项目中，使用 logging 模块记录和管理日志。具体步骤如下：

1. 准备日志文件目录

首先在 xiaoyu_mall 目录下创建 logs 目录，然后在该目录下创建 xiaoyu.log 文件。项目目录结构如图 7-25 所示。

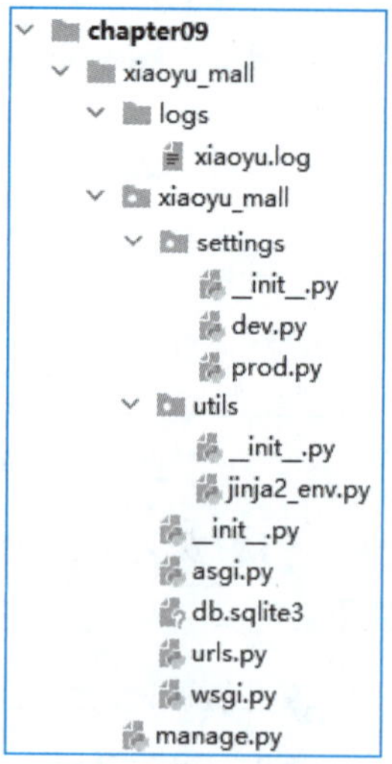

2. 配置工程日志

图 7-25　项目目录结构

为了确保小鱼商城的日志信息保存到 xiaoyu.log 文件中，还需在配置文件 dev.py 文件中进行设置，具体设置如下：

```python
# 配置工程日志
LOGGING = {
```

```python
    'version': 1,                    # 日志版本号
    'disable_existing_loggers': False,  # 是否禁用已经存在的日志器
    'formatters': {                  # 日志信息显示的格式
        'verbose': {                 # 详细格式 包括日志级别、时间、模块、行号和消息
            'format': '%(levelname)s %(asctime)s %(module)s %(lineno)d '
                      '%(message)s'
        },
        'simple': {                  # 简单格式 包括日志级别、模块、行号和消息
            'format': '%(levelname)s %(module)s %(lineno)d %(message)s'
        },
    },
    'filters': {                     # 对日志进行过滤
        'require_debug_true': {      # 只在django在debug模式下才输出日志
            '()': 'django.utils.log.RequireDebugTrue',
        },
    },
    'handlers': {                    # 日志处理方法
        'console': {                 # 向终端中输出日志
            'level': 'INFO',         # 日志级别为INFO
            # 使用require_debug_true过滤器
            'filters': ['require_debug_true'],
            # 日志处理类为logging.StreamHandler，将日志输出到终端
            'class': 'logging.StreamHandler',
            'formatter': 'simple'    # 使用simple格式的日志信息显示
        },
        'file': {   # 向文件中输出日志
            'level': 'INFO',
            'class': 'logging.handlers.RotatingFileHandler',
            'filename': os.path.join(os.path.dirname(BASE_DIR),
                                     'logs/xiaoyu.log'),  # 日志文件的位置
            'maxBytes': 300 * 1024 * 1024,  # 单个日志文件的最大字节数
            'backupCount': 10,              # 保留的日志文件备份数量
            'formatter': 'verbose'          # 使用verbose格式的日志信息显示
        },
    },
    'loggers': {                     # 日志器
        'django': {                  # 定义了一个名为django的日志器
            # 可以同时向终端与文件中输出日志
            'handlers': ['console', 'file'],
            'propagate': True,       # 是否继续传递日志信息
            'level': 'INFO',         # 日志器接收的最低日志级别
        },
    }
}
```

3. 测试日志记录器

首先在PyCharm终端输入python manage.py shell命令进入Django Shell中，然后通过logging模块测试日志信息能否保存到xiaoyu.log文件中，示例代码如下：

```
>>> import logging
>>> logger = logging.getLogger('django')
>>> logger.debug('测试logging模块debug')
```

```
>>> logger.info('测试 logging 模块 info')
INFO <console> 1 测试 logging 模块 info
>>> logger.error('测试 logging 模块 error')
ERROR <console> 1 测试 logging 模块 error
```

上述示例中，logging.getLogger('django') 表示创建一个名为 'django' 的日志记录器对象；logger.debug() 表示使用 debug 级别记录一条日志信息；logger.info() 使用 info 级别记录一条日志信息；logger.error() 表示使用 error 级别记录一条日志信息。

在配置项目日志时，我们可以设置不同级别的日志记录，如 INFO 级别用于记录常规操作，ERROR 级别用于记录系统错误；同时，我们也可以设置日志的输出目标，如文件、数据库等，以便于日后查看和分析。在实践中，我们要时刻审视自己的行为和言论，注意自己的言行是否符合道德规范和社会主义核心价值观，做到言行一致，以身作则，成为社会的合格公民。这样不仅有助于自身的成长，也有利于社会的和谐与进步。

7.4.7 配置前端静态文件

在小鱼商城项目中，我们需要使用前端静态文件，包括 HTML、CSS、JavaScript 和图像文件。这些静态文件的主要作用是提供样式和布局、实现交互和动态效果，并提供图像资源。

由于本书实现的小鱼商城项目主要关注后端代码的实现，因此对于静态文件的使用，可以直接使用提供的文件，无须进行额外的优化处理。

小鱼商城项目配置前端静态文件具体步骤如下：

1. 准备静态文件

本书提供的静态文件存储在 static 文件夹和 templates 文件夹中，其中 static 文件中保存 CSS 文件、图片文件和 JavaScript 文件；templates 文件夹中保存了 HTML 文件。

首先将准备好的 static 文件夹直接复制到 xiaoyu_mall/xiaoyu_mall 目录下，然后将准备好的 HTML 文件复制到 templates 文件夹中。此时项目结构如图 7-26 所示。

2. 指定静态文件加载路径

要在小鱼商城项目中使用提供的静态文件，需要在项目的配置文件 dev.py 中指定静态文件目录，具体配置如下：

```
# 用于指定静态文件在网页中的访问路径
STATIC_URL = '/static/'
# 用于指定额外的静态文件目录
STATICFILES_DIRS = [os.path.join(BASE_DIR, 'static')]
```

以上配置指定了静态文件的请求路径。Django 项目接收到请求后根据路由前缀（/static/）判断请求是否为静态文件，若是则直接在静态文件路径下找文件。

配置完成后重启项目，在浏览器中访问 http://127.0.0.1:8000/static/images/adv01.jpg，浏览器呈现的图片如图 7-27 所示。

由图 7-27 所示页面，方可判定静态文件配置成功。

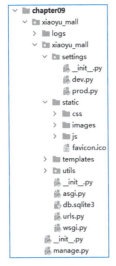

图 7-26　项目结构

图 7-27　浏览器呈现的图片

7.4.8　配置应用目录

考虑到项目涉及多个应用，为保证项目结构清晰，这里在 xiaoyu_mall/xiaoyu_mall 目录下创建一个包 apps，来存放项目的所有应用。新增 apps 包的目录结构如图 7-28 所示。

由于应用程序都存放在包 apps 中，因此在配置文件 dev.py 的 INSTALLED_APPS 配置项中，不能直接添加应用程序的名称，需要指定添加的应用所属目录。例如，添加的应用名称为 users，那么在 INSTALLED_APPS 的配置信息如下：

图 7-28　新增 apps 包的目录结构

```
INSTALLED_APPS = [
    'django.contrib.admin',
    'django.contrib.auth',
    'django.contrib.contenttypes',
    'django.contrib.sessions',
    'django.contrib.messages',
    'django.contrib.staticfiles',
    'xiaoyu_mall.apps.users'
]
```

为了简化添加应用，我们可以将目录 apps 追加到项目的导包路径中，具体操作为：在配置文件 dev.py 中定义 BASE_DIR 变量之后添加追加路径的代码。具体如下：

```
import os,sys
# Build paths inside the project like this: os.path.join(BASE_DIR, …)
BASE_DIR = os.path.dirname(os.path.dirname(os.path.abspath(__file__)))
# 追加导包路径，简化添加应用
sys.path.insert(0, os.path.join(BASE_DIR, 'apps'))
…
```

上述设置完成之后，在 INSTALLED_APPS 配置项中添加应用时，只需传入应用名即可。

下面根据 7.2 节划分的模块在 apps 中创建应用，以用户模块的应用 users 为例，创建应用的命令如下：

```
(xiaoyu_mall) E:\xiaoyu_mall\xiaoyu_mall\apps>python ../../manage.py startap p users
```

按照以上命令创建下面七个应用：
- 验证模块：verifications。
- 首页广告：contents。
- 商品模块：goods。
- 地区模块：areas。
- 购物车模块：carts。
- 订单模块：orders。
- 支付模块：payment。

至此，前期准备完成。

小　　结

本章通过示例网站分析了电商平台小鱼商城的前期准备工作，包括项目需求、模块归纳、项目开发模式与运行机制和项目创建和配置。通过本章的学习，读者能够明确小鱼商城项目的需求和模块，了解项目开发模式与运行机制，搭建小鱼商城项目的环境。

习　　题

简答题

1. 简述小鱼商城项目包含的模块以及各模块包含的功能。
2. 简述小鱼商城项目的项目开发模式。
3. 简述项目日志的作用。

第 8 章

电商项目——用户管理与验证

学习目标

◎掌握用户模型类的定义，能够在项目中定义用户模型类。
◎掌握图形验证码的功能逻辑，能够在项目中实现图形验证码的验证。
◎掌握用户登录的功能逻辑，能够通过用户名和手机号进行登录。
◎掌握状态保持的功能逻辑，能够在项目中实现状态保持。
◎掌握退出登录的功能逻辑，能够将登录的用户进行退出。
◎掌握添加邮箱的功能逻辑，能够将用户输入的邮箱保存到数据库中。
◎掌握邮箱验证的功能逻辑，能够向用户发送验证邮件。
◎掌握新增与展示收货地址的功能逻辑，能够根据需求实现新增和展示收货地址。
◎掌握设置默认地址与修改地址标题的功能逻辑，能够对指定的地址设置为默认地址或修改地址标题。
◎掌握修改与删除收货地址的功能逻辑，能够对指定的地址进行修改或删除。
◎掌握修改登录密码的功能逻辑，能够对原始密码进行修改。

小鱼商城是一个 B2C（business-to-customer）类型的网站，它向用户展示商品并出售商品。为了保证更好地为每位用户提供服务，小鱼商城提供用户注册功能，用户可使用此功能注册个人的小鱼商城账号，用户注册成功后登录小鱼商城，可在用户中心查看个人信息。本章将先定义用户模型类，再分用户注册、用户登录和用户中心三部分实现小鱼商城的用户模块。

8.1 定义用户模型类

用户在注册页面按照提示输入用户名、密码、确认密码、手机号和图形验证码，并进行数据校验，若所有数据均符合要求，则成功完成注册。用户注册页面如图 8-1 所示。

因为用户注册功能包含手机号信息，而 Django 提供的用户模型类 User 中没有手机号字段，为了满足存储小鱼商城用户信息的需求，所以需要自定义用户模型类。

自定义用户模型类可以继承 Django 内置的抽象用户模型类 AbstractUser，该模型类中已定义了注册页面中除手机号外需要存储的其他字段，Django 内置的用户模型类 User 也继承了该模型类。

图 8-1　用户注册页面

在 users 应用的 models.py 文件中自定义用户模型类 User，示例代码如下：

```python
from django.db import models
from django.contrib.auth.models import AbstractUser
class User(AbstractUser):
    """ 自定义用户模型类 """
    # 手机号
    mobile = models.CharField(max_length=11, unique=True,
                              verbose_name="手机号")
    class Meta:
        db_table = 'tb_users'                              # 数据表名称
        verbose_name = '用户'
        verbose_name_plural = verbose_name
    def __str__(self):
        return self.username
```

以上代码自定义的用户模型类 User 继承了 AbstractUser 类，新定义了手机号字段 mobile，并在 Meta 类中设置数据表名称、后台管理系统中该表对应的详细名称及其复数形式。

Django 项目默认使用的 User 类是 Django 内置的 User 类，若想使用以上自定义的 User 类，还需修改全局配置项 AUTH_USER_MODEL，使其指向自定义的 User 类。在 dev.py 文件设置 AUTH_USER_MODEL 配置项，将项目使用的用户模型类修改为自定义的 User 类，示例代码如下：

```python
# 指定本项目用户模型类
AUTH_USER_MODEL = 'users.User'
```

配置项设置完成后，生成迁移文件并执行迁移命令，此时，数据库中会生成 User 模型对应的数据表 tb_users。

8.2 用户注册

本节将分用户注册逻辑分析、用户注册后端基础需求的实现、用户名与手机号唯一性校验、验证码这四部分分析和实现用户模块的用户注册功能，下面一一讲解这些内容。

8.2.1 用户注册逻辑分析

用户在注册页面填写注册信息时，前端会校验用户填写的每一条注册信息，若注册信息为空或不符合规则，相应文本框下方会呈现错误提示信息。错误提示信息如图 8-2 所示。

图 8-2　错误提示信息

用户填写完符合规则的注册信息后，单击注册页面中的"注册"按钮，浏览器会向后端发送注册请求，小鱼商城的注册视图接收注册请求，对注册信息进行简单校验，若校验通过，实现状态保持并将注册数据存入数据库；若校验失败，响应错误信息。用户注册后端逻辑如图 8-3 所示。

图 8-3　用户注册后端逻辑

本书提供的前端文件中已经实现注册功能的前端逻辑，但为了让大家对注册功能的逻辑有全面的认识，下面介绍用户注册部分前端已经实现的需求与后端需要实现的需求。

1. 前端已经实现的需求

用户注册功能的前端代码主要分布在 register.html 和 register.js 两个文件中。register.html 文件包含了用户注册页面的 HTML 结构和表单元素，而 register.js 文件则包含了与注册功能相关的 JavaScript 代码，如注册数据是否符合规则、表单提交。

小鱼商城前端已实现的用户注册的需求如下：

- 校验用户名：校验用户名是否为由数字、大小写英文字母或下画线组成的 5～20 个字符；向后端发送校验用户名唯一性的请求。
- 校验密码：校验用户输入的密码是否为由数字、大小写英文字母组成的 8～20 个字符。
- 检查确认密码：检查用户两次输入的密码是否一致。
- 校验手机号：校验用户输入的手机号码是否格式正确；向后端发送校验手机号码唯一性的请求。
- 生成图形验证码：用于生成注册页面的 4 位图形验证码。
- 检查图形验证码：检查用户输入的图形验证码是否为 4 位。
- 检查是否勾选协议：检查用户是否勾选小鱼商城用户注册协议。
- 提交表单：向后端提交用户填写的注册数据。

2. 后端需要实现的需求

虽然前端已对小鱼商城的注册数据进行了校验，但为了防止恶意用户绕过前端校验进行非法注册，后端仍需要对注册数据进行简单校验。

小鱼商城后端需要实现的需求如下：

- 数据完整性校验。
- 用户名、密码、手机号的格式正确性校验。
- 是否勾选用户协议。
- 用户名与手机号唯一性校验：前端发送用户名与手机号重复校验的请求，后端需要接收请求，校验用户名与手机号是否唯一，并返回校验结果。
- 保存注册数据：将注册数据存储到数据库。
- 生成验证码：小鱼商城的验证码为图形验证码，本书提供的前端文件已定义了生成验证码的接口。

由于用户名与手机号唯一性校验和生成验证码这两项功能较为复杂，因此后面的内容先实现用户注册后端的基础需求，再单独实现这两项功能。

8.2.2 用户注册后端基础需求的实现

用户发起注册请求后，小鱼商城调用后端定义的接口呈现注册页面，提供用户注册功能。下面分接口设计、定义接口、配置 URL、渲染模板四部分来实现用户注册的后端代码。

1. 接口设计

在设计用户注册接口时需明确请求方式、请求地址、请求参数以及响应结果。其中请求地址是指用户在浏览器输入的 URL；请求方式指浏览器在向小鱼商城服务器发送请求或提交资源使用的不同方式，如用户访问注册页面，浏览器发送 GET 请求；提交注册数据，浏览器发送 POST 请求；请求参数指发送请求过程携带的参数；响应结果指服务器接收请求后返回的处理结果。小鱼商城设计接口如下：

（1）请求方式。用户使用浏览器发送 GET 请求获取注册页面，发送 POST 请求提交注册数据。

（2）请求地址。设计注册页面的请求 URL 为 /register/，该地址用于请求 register.html 页面。

（3）请求参数。后端需要对用户填写的用户名、密码、确认密码、验证码数据进行校验，因此需要将这些表单数据作为请求参数传递到后端。

注册表单中的请求参数见表 8-1。

表 8-1 注册表单中的请求参数

参 数 名	类 型	是否必传	说 明
username	str	是	用户名
password	str	是	密码
password2	str	是	确认密码
mobile	str	是	手机号
allow	str	是	是否同意用户协议

（4）响应结果

若注册失败则返回错误提示，若注册成功则重定向到首页。

2. 定义接口

在 users 应用的 views.py 文件中定义处理用户注册请求的视图类 RegisterView，在该视图中处理用户在使用注册功能时发起的 GET 请求与 POST 请求。

（1）处理 GET 请求。当小鱼商城的后端接收到用户通过浏览器发送的 GET 请求时，会调用 RegisterView 类的 get() 方法来处理该请求，示例代码如下：

```
from django.shortcuts import render
from django.views import View
import logging
logger = logging.getLogger('django')
from django.shortcuts import render
class RegisterView(View):
    def get(self, request):
        """ 提供用户注册页面 """
        return render(request, 'register.html')
```

当用户向后端发送 GET 请求时，类视图 RegisterView 调用 get() 方法处理 GET 请求，并返回 register.html 页面。

（2）处理 POST 请求。在小鱼商城中，当用户在注册页面通过前端校验之后，单击"注册"按钮时，浏览器会向后端发送一个 POST 请求。小鱼商城后端接收到这个 POST 请求后，会调用 RegisterView 类中的 post() 方法来处理该请求，示例代码如下：

```python
import re
from django.db import DatabaseError
from .models import User
from django.shortcuts import redirect
from django.urls import reverse
from django.http import HttpResponseForbidden
class RegisterView(View):
    def post(self, request):
        # 1.接收请求参数
        username = request.POST.get('username')
        password = request.POST.get('password')
        password2 = request.POST.get('password2')
        mobile = request.POST.get('mobile')
        allow = request.POST.get('allow')
        # 2.校验请求参数
        # 判断参数是否齐全
        if not all([username, password, password2, mobile, allow]):
            return HttpResponseForbidden('缺少必传参数')
        # 判断用户名是否是5-20个字符
        if not re.match(r'^[a-zA-Z0-9_-]{5,20}$', username):
            return HttpResponseForbidden('请输入5-20个字符的用户名')
        # 判断密码是否是8-20个数字
        if not re.match(r'^[0-9A-Za-z]{8,20}$', password):
            return HttpResponseForbidden('请输入8-20位的密码')
        # 判断两次密码是否一致
        if password != password2:
            return HttpResponseForbidden('两次输入的密码不一致')
        # 判断手机号是否合法
        if not re.match(r'^1[3-9]\d{9}$', mobile):
            return HttpResponseForbidden('请输入正确的手机号码')
        # 判断是否勾选用户协议
        if allow != 'on':
            return HttpResponseForbidden('请勾选用户协议')
        # 3.保存注册数据
        try:
            User.objects.create_user(username=username, password=password,
                                      mobile=mobile)
        except DatabaseError:
            # 4.返回注册结果
            return render(request, 'register.html',
                          {'register_errmsg': '注册失败'})
        return redirect(reverse('contents:index'))   # 重定向到首页
```

3. 配置URL

在小鱼商城的 urls.py 文件中，使用 include() 函数来配置 users 应用的路由分发，并指定实例命名空间，示例代码如下：

```python
from django.contrib import admin
from django.urls import path, include
```

```
urlpatterns = [
    path('', include('users.urls', namespace='users')),
]
```

在 users 应用中新建 urls.py 文件，配置子路由并定义命名空间，示例代码如下：

```
from django.urls import path,re_path
from . import views
# 设置应用程序命名空间
app_name = 'users'
urlpatterns = [
# 用户注册
path('register/', views.RegisterView.as_view(), name='register'),
]
```

在小鱼商城中，首页展示功能是通过 contents 应用的 views.py 文件中的 IndexView 视图类来实现的。该视图类负责处理首页的逻辑，包括获取需要展示的内容数据、渲染模板等操作，示例代码如下：

```
from django.shortcuts import render
from django.views import View
class IndexView(View):
    """ 首页广告 """
    def get(self, request):
        """ 提供首页广告页面 """
        return render(request, 'index.html')
```

在小鱼商城的 urls.py 文件中，使用 include() 函数来配置 contents 应用的路由分发，并指定实例命名空间，示例代码如下：

```
from django.contrib import admin
from django.urls import path, include
urlpatterns = [
    path('admin/', admin.site.urls),
    path('', include('users.urls', namespace='users')),
    path('', include('contents.urls', namespace='contents')),
]
```

在 contents 应用中新建 urls.py 文件，在其中配置子路由并定义命名空间，示例代码如下：

```
from django.urls import path
from . import views
# 设置应用程序命名空间
app_name = 'contents'
urlpatterns = [
path("", views.IndexView.as_view(), name='index')
]
```

4．渲染模板

如果用户注册失败，需要在 register.html 页面上渲染出注册失败的提示信息，示例代码如下：

```
<span class="error_tip" v-show="error_allow">请勾选用户协议</span>
```

```
{% if  register_errmsg %}
<span class="error_tip"> {{ register_errmsg }}</span>
{% endif %}
```

在 index.html 代码中设置注册页面的入口链接，示例代码如下：

```
<div v-else class="login_btn fl">
    ...
    <a href="{{ url('users:register') }}">注册 </a>
</div>
```

至此，小鱼商城的注册功能完成。启动项目，访问小鱼商城首页，单击首页右上角的"注册"按钮，便可进入注册页面注册用户。

8.2.3 用户名与手机号唯一性校验

在小鱼商城中，为了确保用户的唯一性，用户名和手机号需要进行唯一性校验。接下来，我们将分别分析和实现对用户名和手机号的唯一性校验功能。

1. 用户名和手机号唯一性校验分析

用户输入的用户名或手机号经过前端的正则校验后，将会向后端发送查询请求，后端在数据库中查询当前用户名，并统计其在数据库中的数量。若数据库中当前用户名的数量为 0，说明该用户名不存在；若数量为 1，说明用户名或手机号已存在，此时在前端渲染相应的提示信息。下面以用户名为例，画图描述用户名唯一性的校验流程，具体如图 8-4 所示。

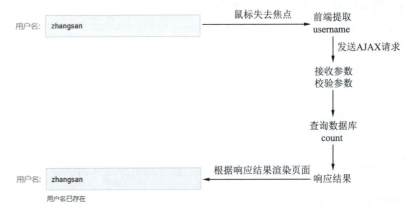

图 8-4　用户名唯一性的校验流程

2. 用户名唯一性校验实现

下面分设计接口、定义响应结果、后端逻辑实现、配置 URL、前端逻辑实现这五部分实现用户名唯一性校验功能。

（1）设计接口。在小鱼商城中，为了实现用户名的唯一性校验，可以通过发送 GET 请求来查询输入的用户名数量。具体而言，需要将待查询的用户名作为路由参数传递给后端视图。用户名唯一性校验接口设计见表 8-2。

表 8-2 用户名唯一性校验接口设计

选 项	方 案
请求方式	GET
请求地址	/usernames/(?P<username>[a-zA-Z0-9_-]{5,20})/count/

（2）定义响应结果。后端需要向前端返回代表查询结果的状态码、错误信息、用户名个数，因为前端规定使用 JSON 格式响应数据，所以后端需要返回 JSON 格式的响应结果。定义的响应结果见表 8-3。

表 8-3 用户名唯一性校验响应结果

键值名称	说 明	键值名称	说 明
code	状态码	count	记录该用户名的个数
errmsg	错误信息		

（3）后端逻辑实现。检测用户名唯一性的逻辑为：提取路由中的用户名，在数据库中查询该用户名对应的记录条数，并将查询结果构建符合要求的 JSON 数据后进行返回，示例代码如下：

```python
from django.http import JsonResponse
from xiaoyu_mall.utils.response_code import RETCODE
class UsernameCountView(View):
    """ 判断用户名是否重复注册 """
    def get(self, request, username):
        count = User.objects.filter(username=username).count()
        return JsonResponse({'code': RETCODE.OK, 'errmsg': 'OK', 'count': count})
```

为了方便确认程序出错的原因，小鱼商城项目中自定义了状态码与错误提示，这些状态存储在本书提供的 response_code.py 文件中。由于整个项目都使用这个文件中的错误提示与状态码，因此需要将该文件复制到 xiaoyu_mall/xiaoyu_mall/utils 下。

（4）配置 URL。在 users 应用的 urls.py 文件中定义检测用户名是否重复注册的路由，示例代码如下：

```python
re_path('usernames/(?P<username>[a-zA-Z0-9_-]{5,20})/count/',
views.UsernameCountView.as_view()),
```

（5）前端逻辑实现。在 register.js 的 check_username() 方法中通过 axios 发送检测用户名是否重复注册的 AJAX 请求，示例代码如下：

```javascript
check_username(){
        let re = /^[a-zA-Z0-9_-]{5,20}$/;
        if (re.test(this.username)) {
            this.error_name = false;
        } else {
            this.error_name_message = '请输入5-20个字符的用户名';
            this.error_name = true;
        }
        // 检查用户名是否重名注册
```

```
            if (this.error_name == false) {
                let url = '/usernames/' + this.username + '/count/';
                axios.get(url,{
                    responseType: 'json'   // 响应类型为JSON
                })
                    .then(response => {
                        if (response.data.count == 1) {
                            this.error_name_message = '用户名已存在';
                            this.error_name = true;
                        } else {
                            this.error_name = false;
                        }
                    })
                    .catch(error => {
                        console.log(error.response);
                    })
            }
        },
```

以上代码首先判断用户名是否与正则表达式匹配，若匹配则拼接携带当前用户名的请求地址，使用axios的get()方法向该地址发起请求；然后通过回调函数then()与catch()接收后端响应的数据，若响应的数据中count值为1则表示用户已存在。

3. 手机号唯一性校验实现

小鱼商城校验手机号唯一性的业务逻辑与校验重复用户名的逻辑完全相同，此处不再赘述。下面设计手机号唯一性校验的接口、响应结果，并实现后端逻辑。

（1）设计接口。定义校验手机号唯一性的接口，具体见表8-4。

表8-4 手机号唯一性校验接口设计

选 项	方 案
请求方式	GET
请求地址	/mobiles/(?P<mobile>1[3-9]\d{9})/count/

（2）响应结果。定义响应结果内容，具体见表8-5。

表8-5 手机号唯一性校验响应结果

键值名称	说 明	键值名称	说 明
code	状态码	count	记录该手机号的个数
errmsg	错误信息		

（3）后端逻辑实现。在users应用的views.py文件中，定义用于处理手机号重复注册的MobileCountView视图，示例代码如下：

```
class MoblieCountView(View):
    def get(self, request, mobile):
        count = User.objects.filter(mobile=mobile).count()
        return JsonResponse({'code': RETCODE.OK, 'errmsg': 'OK',
                             "count": count})
```

MobileCountView视图的get()方法实现了手机号重复的检测，为了调用该功能，我们还需要在users应用的urls.py文件中配置检测手机号重复的路由。

```
re_path(r'mobiles/(?P<mobile>1[3-9]\d{9})/count/',
views.MoblieCountView.as_view()),
```

8.2.4 图形验证码

为了防止用户进行恶意注册，小鱼商城的用户注册功能中包含了图形验证码的验证机制。图形验证码是一种基于视觉的验证码，要求用户输入图片中显示的文字或数字，以证明其为真实用户。

通过验证码的使用，有助于提高用户信息安全意识和网络安全素养。通过引导用户正确使用验证码，我们可以提醒用户注意网络安全，避免在不安全的网络环境下泄露个人信息或受到网络攻击。同时，我们也可以通过教育用户识别验证码攻击和欺诈，增强用户的网络安全意识，促进网络安全文明建设。

小鱼商城使用captcha库生成图形验证码。该库可创建随机验证码图片，并提供添加噪声、旋转、扭曲等功能。然而，为了使用captcha库，需要安装Pillow库作为其依赖项。因此，在生成图形验证码时，需要分别安装captcha库和Pillow库。接下来，分为库的安装和图形验证码的实现两部分进行介绍。

1. 库的安装

因为captcha库依赖于Pillow库，所以需要分别安装captcha库和Pillow库，具体安装命令如下：

```
pip install Pillow==10.2.0 -i https://pypi.tuna.tsinghua.edu.cn/simple
pip install captcha==0.5.0 -i https://pypi.tuna.tsinghua.edu.cn/simple
```

2. 图形验证码的实现

下面分逻辑分析、接口设计、配置文件、前端逻辑说明、后端逻辑实现、配置URL六部分实现图形验证码的功能。

（1）逻辑分析。注册页面加载完毕或用户单击图形验证码时会生成新的图形验证码，其本质为前端向后端发送获取图形验证码的请求，后端接收到前端发送的请求后生成图形验证码，将生成的图形验证码响应到注册页面。图形验证码实现逻辑如图8-5所示。

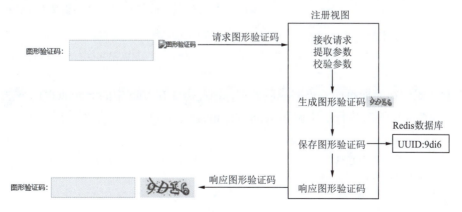

图8-5 图形验证码实现逻辑

（2）接口设计。为了验证用户输入的图形验证码的正确性，注册页面需要向后端发送一个 GET 请求，请求地址中携带 UUID 作为唯一标识。后端会生成一个图形验证码，并将验证码的文字信息保存到 Redis 数据库中。考虑到图形验证码的数据量较小，选择使用 Redis 作为存储工具。这样，当需要验证用户输入的图形验证码时，后端可以通过 UUID 从 Redis 数据库中取出对应的文字信息。图形验证码接口设计见表 8-6。

表 8-6 图形验证码接口设计

选 项	方 案	选 项	方 案
请求方式	GET	请求地址	/image_codes/(?P<uuid>[\w-]+)/

因为需要将图形验证码保存到 Redis 数据库中，所以需要在 xiaoyu_mall/dev.py 配置使用 Redis 的 2 号库存储图形验证码，示例代码如下：

```
"verify_code": {     # 保存验证码
    "BACKEND": "django_redis.cache.RedisCache",
    "LOCATION": "redis://127.0.0.1:6379/2",   # 选择redis2号库
    "OPTIONS": {
        "CLIENT_CLASS": "django_redis.client.DefaultClient",
    }
},
```

（3）配置文件。为了便于后期对图形验证码有效期进行修改，在 verifications 应用中创建 constants.py 文件，在该文件中定义用于设置图形验证码有效期的变量，示例代码如下：

```
# 图形验证码有效期，单位：秒
IMAGE_CODE_REDIS_EXPIRES = 300
```

（4）前端逻辑说明。前端的 register.js 文件中定义了生成图形验证码的 generate_image_code() 方法，该方法中包含请求地址和 UUID，其中生成 UUID 的实现方法已封装在 common.js 文件中，使用时直接调用生成 UUID 的方法即可；请求地址需在代码中通过拼接获取，示例代码如下：

```
methods: {
    // 生成图形验证码
    generate_image_code(){
        // 生成 UUID, generateUUID(): 封装在common.js文件中，需要提前引入
        this.uuid = generateUUID();
        // 拼接图形验证请求地址
        this.image_code_url = "/image_codes/" + this.uuid + "/";
    },
```

图形验证码应在注册页面渲染完成后显示，因此需要在 Vue 中的 mounted()（该方法中的代码会在页面渲染完毕时执行）中调用 generate_image_code() 方法，示例代码如下：

```
mounted(){
    // 界面获取图形验证码
    this.generate_image_code();
},
```

注册页面会在鼠标失去焦点后对用户输入的信息进行校验,如果校验成功,没有任何提示;如果校验失败,注册页面中图形验证码的输入框下会显示"请填写图形验证码"。register.html 页面中图形验证码的 <input> 标签中绑定了鼠标失去焦点事件与消息提示变量,示例代码如下:

```
<li>
    <label>图形验证码:</label>
    <input type="text" v-model="image_code" @blur="check_image_code"
        name="image_code" id="pic_code" class="msg_input">
    <img :src="image_code_url" @click="generate_image_code" alt="图形验证码"
        class="pic_code">
    <span class="error_tip"
    v-show="error_image_code">[[ error_image_code_message ]]</span>
</li>
```

register.js 文件的 methods 下定义了校验图形验证码的 check_image_code() 方法,示例代码如下:

```
check_image_code(){
    if(this.image_code.length != 4) {
        this.error_image_code_message = '请填写图形验证码';
        this.error_image_code = true;
    } else {
        this.error_image_code = false;
    }
},
```

(5)后端逻辑实现。首先在 verifications 应用创建 verify_pic.py 文件,在该文件定义生成图形验证码的文本信息和图片信息的函数,示例代码如下:

```
from captcha.image import ImageCaptcha
import io, random, string
# 生成随机验证码
def generate_captcha_text():
    captcha_text = ''.join(random.choices(string.ascii_letters +
                            string.digits, k=4))
    return captcha_text
# 生成验证码图形
def generate_captcha_image(text):
    image = ImageCaptcha()
    data = image.generate_image(text)
    img_byte_array = io.BytesIO()
    data.save(img_byte_array, format='PNG')
    binary_image = img_byte_array.getvalue()
    return binary_image
```

然后在 views.py 文件中定义类视图 ImageCodeView,用于响应生成的图形验证码,并将验证码的文本信息与前端生成的 UUID 作为键值对存储在 Redis 中,之后将生成的图形验证码返回给前端,示例代码如下:

```
from django.views import View
from .verify_pic import generate_captcha_text,generate_captcha_image
```

```python
from django_redis import get_redis_connection
from . import constants
from django.http import HttpResponse
import logging
logger = logging.getLogger('django')
class ImageCodeView(View):
    def get(self, request, uuid):
        text = generate_captcha_text()                    # 验证码文本信息
        image = generate_captcha_image(text)              # 验证码二进制信息
        redis_conn = get_redis_connection('verify_code')  # 保存图形验证码
        # 将UUID和验证码文本信息保存到Redis中，并设置有效期
        redis_conn.setex('img_%s' % uuid,
                         constants.IMAGE_CODE_REDIS_EXPIRES, text)
        # 响应图形验证码
        return HttpResponse(image, content_type='image/jpg')
```

（6）配置URL。首先在xiaoyu_mall的urls.py文件中添加访问verifications应用的路由，示例代码如下：

```python
path('', include('verifications.urls')),
```

然后在verifications应用中新建urls.py文件，并在该文件添加生成图形验证码的路由，示例代码如下：

```python
from django.urls import path,re_path
from . import views
urlpatterns = [
    # 图形验证码
    path('image_codes/<uuid:uuid>/', views.ImageCodeView.as_view()),
]
```

至此，图形验证码功能完成。

8.3 用户登录

小鱼商城支持用户使用用户名或手机号登录，用户在登录时可选择是否记住用户名，登录成功后首页应展示当前用户名，单击首页的"退出"按钮后，当前用户退出登录。本节将对用户名登录、手机号登录、状态保持、首页展示用户名、退出登录进行介绍。

8.3.1 使用用户名登录

用户在小鱼商城登录页面输入用户名和密码后，单击"登录"按钮，浏览器会向小鱼商城服务器发送登录请求，小鱼商城后端接收到请求后处理登录请求。

处理登录时后端首先会接收前端发送的请求参数并校验参数的格式与唯一性，若校验通过，则查询数据库中的数据，校验登录信息的正确性。用户通过认证后，后端需实现状态保持，并将Session数据保存到Redis数据库中，最后返回登录结果。使用用户名登录的流程如图8-6所示。

图 8-6 使用用户名登录的流程

接下来,分为接口设计、请求参数、响应结果和后端实现介绍如何实现使用用户名登录。

1. 接口设计

用户访问登录页面时,浏览器向后端发送 GET 请求。用户提交登录表单中的用户名与密码时,浏览器会向后端发送 POST 请求。可以将用户登录请求地址设计为 /login/,以提高可读性和一致性。

2. 请求参数

用户请求登录时,后端需要获取用户输入的用户名和密码信息,以及可选的是否记住用户名参数,其中是否记住用户名为非必传参数。用户名登录功能涉及的请求参数的类型及说明见表 8-7。

表 8-7 用户名登录请求参数

字　　段	类　　型	是否必传	说　　明
username	str	是	用户名
password	str	是	密码
remembered	str	否	是否记住用户名

3. 响应结果

用户登录成功后会重定向到小鱼商城首页,用户登录失败后会在登录页面中显示错误提示。

4. 后端实现

在 users 应用的 views.py 文件中定义一个处理登录逻辑的类视图 LoginView。该类视图包含 get() 方法和 post() 方法来分别处理用户名登录功能的 GET 请求和 POST 请求。

前端 login.js 文件中分别定义了校验用户名、校验密码和表单提交方法,表单提交方法会调用校验用户名与校验密码的方法,若这两个方法均返回 True 表示用户名与密码通过校验规则,允许向后端发送 POST 请求。

首先定义类视图 LoginView,然后在该类视图中定义 get() 方法,用于响应用户登录页面。接着在该类视图中定义 post() 方法,用于接收并校验前端发送的参数。如果校验未通过,则向前端响应相应的错误提示。如果校验通过,则使用 Django 内置的身份验证系统进行用户认证。若认证通过表示登录成功,页面将跳转至小鱼商城首页。若认证失败,则响应相应的错误提示。

LoginView 视图的示例代码如下：

```python
from django.shortcuts import render, redirect, reverse
from django.contrib.auth import authenticate
import logging
logger = logging.getLogger('django')
class LoginView(View):
    """ 用户名登录 """
    def get(self, request):
        return render(request, 'login.html')
    def post(self, request):
        # 接收参数
        username = request.POST.get('username')
        password = request.POST.get('password')
        remembered = request.POST.get('remembered')
        # 校验参数
        if not all([username, password]):
            return HttpResponseForbidden(' 缺少必传参数 ')
        # 判断用户名是否是 5-20 个字符
        if not re.match(r'^[a-zA-Z0-9_-]{5,20}$', username):
            return HttpResponseForbidden(' 请输入正确的用户名或手机号 ')
        # 判断密码是否是 8-20 个数字
        if not re.match(r'^[0-9A-Za-z]{8,20}$', password):
            return HttpResponseForbidden(' 密码最少 8 位，最长 20 位 ')
        # 认证登录用户
        user = authenticate(username=username, password=password)
        if user is None:
            return render(request, 'login.html',
 {'account_errmsg': ' 账号或密码错误 '})
        return redirect(reverse('contents:index'))  # 响应登录结果
```

8.3.2　使用手机号登录

小鱼商城的登录页面允许用户通过手机号登录。然而，Django 的默认用户认证系统仅支持基于用户名的登录。为了实现手机号登录功能，我们需要对 Django 的内置用户认证系统进行扩展，以添加手机号认证的支持。

在 Django 中，用户的认证是通过 auth 模块的 authenticate() 函数来实现的。而 authenticate() 函数内部通过 backend 对象的 authenticate() 方法获取用户，进而对获取到的用户进行验证。authenticate() 方法之所以仅支持用户名认证，是因为 backend.authenticate() 方法内部仅使用用户名获取用户对象。为了引入手机号登录功能，我们需要重写 backend 对象的 authenticate() 方法，加入根据手机号来获取用户对象的逻辑。

为了重复利用自定义用户名认证功能，我们考虑将其封装在 users 应用的 utils.py 文件中。此外，为了使代码结构更加清晰，在拓展用户认证系统之前，我们可以先在 utils.py 文件中定义一个 get_user_by_account() 方法，用于根据用户名或手机号查询用户对象，示例代码如下：

```python
import re
from users.models import User
def get_user_by_account(account):
    try:
        if re.match(r'^1[3-9]\d{9}', account):
```

```
                user = User.objects.get(mobile=account)
            else:
                user = User.objects.get(username=account)
        except User.DoesNotExist:
            return None
        else:
            return user
```

在 utils.py 文件中，完成了 get_user_by_account() 方法的定义。接下来，在同一文件中，定义了一个继承自 ModelBackend 类的 UsernameModelBackend 类，并重写了 authenticate() 方法。在重写的方法中，使用 get_user_by_account() 方法获取用户对象，示例代码如下：

```
from django.contrib.auth.backends import ModelBackend
class UsernameModelBackend(ModelBackend):
    def authenticate(self, request, username=None, password=None, **kwargs):
        user = get_user_by_account(username)
        if user and user.check_password(password):
            return user
        else:
            return None
```

若想使小鱼商城启用以上自定义的 UsernameModelBackend 类，还需要在项目的设置文件中进行设置，打开 dev.py 文件，增加如下配置：

```
# 指定自定义用户认证后端
AUTHENTICATION_BACKENDS = ['users.utils.UsernameModelBackend']
```

最后在 users 应用的 urls.py 文件中，定义用户名登录的路由，示例代码如下：

```
path('login/', views.LoginView.as_view(), name='login'),
```

此时用户可使用手机号或用户名登录小鱼商城。

8.3.3 状态保持

为了使用户在登录后能够保持登录状态一段时间，以及在用户完成注册后能够自动登录网站，我们需要实现状态保持的功能。Django 的身份验证系统中提供了 login() 函数，这个函数封装了将用户信息写入 Session 的操作，便于我们快速实现用户的登录并维持其登录状态。接下来，我们将具体介绍如何在小鱼商城项目中实现用户注册的状态保持功能和登录时的状态保持功能。

1. 用户注册的状态保持功能

我们可以通过在 RegisterView 视图的 post() 方法中新增调用 login() 函数的代码，实现状态保持，示例代码如下：

```
from django.contrib.auth import login
class RegisterView(View):
    def post(self, request):
        ...
        try:
            # 注册成功的用户对象
            user = User.objects.create_user(username=username,
```

```
                    mobile=mobile, password=password,)
    except DatabaseError:
        return render(request, 'register.html',
                      {'register_errmsg': '注册失败'})
    login(request, user)       # 登录用户，实现状态保持
    # 响应登录结果，重定向到首页
    response = redirect(reverse('contents:index'))
    return response
```

在 Redis 数据库（1 号库）可查询到当前登录用户保存的 SessionID。Redis 保存的数据如图 8-7 所示。

图 8-7　Redis 保存的数据

由 Redis 中观察到的信息和数据可知，当前用户信息被成功存储，状态保持实现成功。

2．记住登录

当用户在登录时选择"记住登录"选项，系统会通过请求对象 request 在 Session 中为用户信息设置一个过期时间。这样，只要用户在这个有效期内再次访问网站，就无须进行重新登录；反之，如果没有选择"记住登录"，用户的登录状态将在浏览器会话结束时失效。具体来说，"记住登录"的功能实现依赖用户是否勾选该选项：若勾选，则用户登录状态的默认有效期被设置为 14 天；若未勾选，登录状态将随浏览器会话结束而过期。

在 LoginView 视图中实现记住登录功能，示例代码如下：

```
user = authenticate(username=username, password=password)
if user is None:
    return render(request,'login.html',{'account_errmsg':'账号或密码错误'})
login(request, user)
if remembered != 'on':
    request.session.set_expiry(0)         # 没有记住用户，浏览器会话结束后就过期
else:
    request.session.set_expiry(None)      # 记住用户，None 表示两周后过期
return redirect(reverse('contents:index')) # 响应登录结果
```

实现状态保持与用户登录后，当用户在登录页面勾选"记住登录"后，下次访问小鱼商城主页时就不需要再进行登录操作。

8.3.4　首页展示用户名

用户成功登录后，首页会展示登录用户的用户名，如图 8-8 所示。

图 8-8　首页展示用户名

实现以上效果的逻辑是：用户成功登录后，用户名会被存储到 Cookie 中，每当页面发生跳转时，Vue 将从 Cookie 中读取用户信息，渲染到页面之上。

为实现以上功能，需分别在前端和后端补充代码。下面分别给出代码实现。

1. 补充前端代码

在 index.html 文件中找到类名为 fr 的 div 盒子，在其中替换如下代码：

```html
<div v-if="username" class="login_btn fl">
    欢迎您：<em>[[ username ]]</em>
    <span>|</span>
    <a href="#">退出 </a>
</div>
<div v-else class="login_btn fl">
    <a href="{{ url('users:login') }}">登录 </a>
    <span>|</span>
    <a href="{{ url('users:register') }}">注册 </a>
</div>
```

以上代码使用 Vue 中的 v-if 语句判断 username 是否存在，如果存在调用 common.js 中的 getCookie() 方法将用户名信息赋值给变量 username，如果不存在，显示登录、注册链接。

2. 补充后端代码

为了保证前端能从 Cookie 中读取用户信息，注册视图 RegisterView 与登录视图 Loginview 在返回响应之前，需要先将用户名保存到 Cookie 中。

修改 RegisterView 视图后的示例代码如下：

```python
if allow != 'on':
    return HttpResponseForbidden('请勾选用户协议')
# 3.保存注册数据
try:
    user = User.objects.create_user(username=username, password=password,
                                    mobile=mobile)
except DatabaseError:
    # 4.返回注册结果
    return render(request, 'register.html', {'register_errmsg': '注册失败'})
login(request, user)   # 登录用户，实现状态保持
response = redirect(reverse('contents:index'))
response.set_cookie('username', user.username, max_age=3600 * 24 * 14)
return response
```

修改 LoginView 视图后的示例代码如下：

```python
login(request, user)
if remembered != 'on':
    request.session.set_expiry(0)    # 没有记住用户，浏览器会话结束后就过期
else:
    request.session.set_expiry(None)    # 记住用户，None 表示两周后过期
```

```
response = redirect(reverse('contents:index'))
# 注册用户时,将用户名写入 Cookie 中,有效期14 天
response.set_cookie('username', user.username, max_age=3600 * 24 * 14)
return response
```

当用户再次登录或刷新当前页面后,在首页的右上角会显示当前登录用户的用户名。

为了查看小鱼商城在注册成功后登录后的用户名信息,首先启动服务器并打开 index.html 页面,然后右击并选择"检测"命令打开浏览器的开发者工具,并切换到 Application 标签页。在左侧菜单中找到并选择 Cookies,这里可以查看到存储的用户名信息。保存的 Cookie 信息如图 8-9 所示。

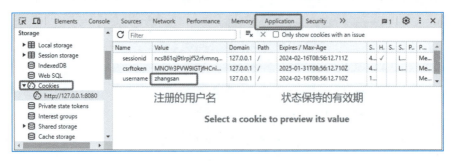

图 8-9 保持的 Cookie 信息

8.3.5 退出登录

退出登录本质上是清除服务端的 Session 信息和客户端 Cookie 中的用户名。在 users 应用中的 urls.py 定义退出登录的 URL 模式,示例代码如下:

```
path('logout/', views.LogoutView.as_view(), name='logout'),  # 用户退出
```

在 users 应用中的 views.py 中定义实现退出登录功能的视图 LogoutView,示例代码如下:

```
from django.contrib.auth import logout
class LogoutView(View):
    """ 用户退出登录 """
    def get(self, request):
        # 清除状态保持信息
        logout(request)
        # 响应结果 重定向到首页
        response = redirect(reverse('contents:index'))
        # 删除 cookie 中的用户名
        response.delete_cookie('username')
        return response
```

上述代码,先使用 Django 用户验证系统提供的 logout() 函数清除状态保持信息,之后通过 delete_cookie() 方法删除用户 Cookie 信息,最后返回响应结果。

在包含退出按钮的页面中配置退出登录的反向解析,以便小鱼商城用户退出后浏览器可会跳转到商城首页。以 index.html 为例进行演示,示例代码如下:

```
<a href="{{ url('users:logout') }}">退出</a>
```

8.4 用户中心

用户中心包含个人信息页面、收货地址页面、全部订单页面和修改密码页面，其中全部订单页面涉及的功能较多，将在第 11 章中详细介绍，本节主要介绍个人信息页面、收货地址页面和修改密码页面所涉及的功能。

8.4.1 用户基本信息

在小鱼商城中，只有登录成功的用户才能访问用户中心页面。因此，在处理访问请求时，需要先判断用户是否已经成功登录。如果用户已登录，可以正常跳转到用户中心页面；如果用户未登录，则应先跳转到登录页面。

为了实现上述功能，Django 内置了限制用户访问的功能，可以使用 LoginRequiredMixin 类。该类继承于 AccessMixin 类，并且可以通过类属性 login_url 和 redirect_field_name 来设置未登录时的重定向地址和成功登录后的默认重定向地址。

下面将分别介绍如何设置未登录时的重定向地址和登录后的重定向地址。

1. 未登录重定向地址

LoginRequiredMixin 类的类属性 login_url 默认值为 None，其值可通过类方法 get_login_url() 中的变量 login_url 进行设置。在类方法 get_login_url() 中变量 login_url 通过类属性 login_url 或配置文件 dev.py 中 LOGIN_URL 进行赋值。我们可以在小鱼商城项目的 dev.py 文件中设置重定向地址。

在小鱼商城项目的 dev.py 文件中，设置重定向地址的示例代码如下：

```python
# 判断用户是否登录后，指定未登录用户重定向地址
LOGIN_URL = '/login/'
```

2. 登录后重定向地址

LoginRequiredMixin 类的属性 redirect_field_name 默认值为 next，该值保存了用户验证成功时跳转的访问地址，通过它可设置重定向登录后的访问地址。在 LoginView 视图中，可以判断当前 URL 中是否包含 next 参数。如果包含，就重定向到 next 指定的页面；否则，重定向到登录页。

在 LoginView 视图中获取 URL 中 next 参数对应的值，示例代码如下：

```python
if remembered != 'on':    # 设置状态保持的周期
...
# 先取出 next
next = request.GET.get('next')
if next:
    # 重定向到 next
    response = redirect(next)
else:
    response = redirect(reverse('contents:index'))
# 登录时用户名写入 cookie, 有效期 14 天
response.set_cookie('username', user.username, max_age=3600 * 24 * 14)
```

```
return response
```

为了处理用户未登录访问用户中心页面时的重定向，需要在 views.py 文件中定义一个类视图 UserInfoView，该类视图需继承 LoginRequiredMixin。下面在 users 应用的 views.py 中定义 UserInfoView，示例代码如下：

```
from django.contrib.auth.mixins import LoginRequiredMixin
class UserInfoView(LoginRequiredMixin, View):
    """用户中心"""
    def get(self, request):
        """提供用户中心页面"""
        return render(request, 'user_center_info.html')
```

用户中心个人信息页面展示包含用户名、联系方式、用户邮箱、用户邮箱验证码状态等信息。

由于 users 应用的模型中未包含邮箱验证字段，因此需要在 users 应用的 models.py 文件的 User 模型类添加验证邮箱的字段，示例代码如下：

```
class User(AbstractUser):
    ...
    email_active = models.BooleanField(default=False,
                                       verbose_name="邮箱验证状态")
```

补充邮箱验证字段后，生成迁移文件并执行迁移文件命令，将补充的字段添加到数据库中。

用户中心页面中展示的用户名、联系方式可在 UserInfoView 视图的 request 对象获取并通过 context 上下文传递到模板中，示例代码如下：

```
class UserInfoView(LoginRequiredMixin, View):
    """用户中心"""
    def get(self, request):
        """提供用户中心页面"""
        context = {
            'username': request.user.username,
            'mobile': request.user.mobile,
            'email': request.user.email,
            'email_active': request.user.email_active
        }
        return render(request, 'user_center_info.html', context=context)
```

为了保证数据能够在前端页面中正确渲染，需要对 user_center_info.html 页面中的用户名、联系方式、Email 和验证状态进行双向绑定，示例代码如下：

```
<ul class="user_info_list">
<li><span>用户名：</span>[[ username ]]</li>
    <li><span>联系方式：</span>[[ mobile ]]</li>
    <li>
        <span>Email: </span>
        <div v-if="set_email">
            <input v-model="email" @blur="check_email" type="email"
                name="email" class="email">
            <input @click="save_email" type="button" name="" value="保 存">
            <input @click="cancel_email" type="reset" name="" value="取 消">
```

```
                <div v-show="error_email"class="error_email_tip">邮箱格式错</div>
            </div>
            <div v-else>
                <input v-model="email" type="email" name="email"
                                    class="email" readonly>
                <div v-if="email_active">已验证</div>
                <div v-else>待验证<input @click="save_email"
                        :disabled="send_email_btn_disabled"
                                    type="button" :value="send_email_tip"></div>
            </div>
        </li>
</ul>
{# 在页面底部的script标签中补充声明变量 #}
<script type="text/javascript">
    let username = "{{ username }}";
    let mobile = "{{ mobile }}";
    let email = "{{ email }}";
    let email_active = "{{ email_active }}";
</script>
<script type="text/javascript" src="{{ static('js/common.js') }}"></script>
<script type="text/javascript"
        src="{{ static('js/user_center_info.js') }}"></script>
...
```

以上代码渲染了 user_center_info.html 页面中的用户信息，同时使用 Vue 绑定了信息提示与保存邮箱的 js 方法，在 <script> 标签中将后端渲染的用户信息赋值给 let 声明的 username、mobile、email 和 email_active 变量中，以便在 user_center_info.js 中使用。

类视图和前端代码实现完成之后，在 users 应用的 urls.py 文件中定义访问用户中心的 URL 模式，示例代码如下：

```
path('info/', views.UserInfoView.as_view(), name='info'),
```

URL 模式定义完成之后，在 index.html 文件中配置用户中心的反向解析，示例代码如下：

```
<a href="{{ url('users:info') }}">用户中心</a>
```

再次运行小鱼商城项目用户中心页面，此时页面会显示当前用户的基本信息，如图 8-10 所示。

图 8-10　用户中心页面

8.4.2 添加邮箱

用户中心页面的个人信息选项中提供保存邮箱的功能。当用户在基本信息的 Email 文本框中输入 E-mail 地址后，单击"保存"按钮，E-mail 地址应被保存到 MySQL 数据库中。如果用户未登录，用户邮箱信息无法被保存，所以在保存用户邮箱时需要先检测用户是否登录。下面分接口设计、后端实现、配置 URL 和添加访问限制四部分实现添加邮箱功能。

（1）接口设计。用户表中默认含有 email 字段，保存邮箱信息是对已有字段进行更新，请求方式为 PUT，由此设计接口以及请求地址，见表 8-8。

表 8-8 添加邮箱接口设计

选　　项	方　　案
请求方式	PUT
请求地址	/emails/

（2）后端实现。添加邮箱后端实现的业务逻辑为：首先后端接收请求体中的参数 email；然后利用正则规则校验输入的邮箱是否符合格式规范，如果符合，将邮箱信息保存到数据库中，否则返回错误提示；最后将结果以 JSON 格式响应给前端。

在 users 应用中的 views.py 文件中定义用于处理保存邮箱信息的类视图 EmailViews，在该视图的 put() 方法中实现添加邮箱的功能，示例代码如下：

```python
import josn
class EmailView(View):
    """ 添加邮箱 """
    def put(self, request):
        """ 实现添加邮箱逻辑 """
        # 接收参数 body，类型是 bytes 类型
        json_str = request.body.decode()
        json_dict = json.loads(json_str)
        email = json_dict.get('email')
        if not email:  # 校验参数
            return HttpResponseForbidden('缺少 email 参数')
        if not re.match(
            r'^[a-z0-9][\w\.\-]*@[a-z0-9\-]+(\.[a-z]{2,5}){1,2}$', email):
            return HttpResponseForbidden('参数 email 有误')
        # 赋值 email 字段
        try:
            request.user.email = email
            request.user.save()
        except Exception as e:
            logger.error(e)
            return JsonResponse({'code': RETCODE.DBERR,
                                 'errmsg': '添加邮箱失败'})
        # 响应添加邮箱结果
        return JsonResponse({'code': RETCODE.OK, 'errmsg': '添加邮箱成功'})
```

（3）配置 URL。添加邮箱后端逻辑实现后，在 users 应用中 urls.py 文件定义添加邮箱的 URL 模式，示例代码如下：

```python
path('emails/', views.EmailView.as_view()),
```

（4）添加访问限制。在小鱼商城中，仅当用户成功登录后才能添加邮箱。这要求在前后端交互时进行用户登录状态的验证，且交互数据格式为 JSON。鉴于 Django 内置的用户验证机制无法直接返回 JSON 格式的响应，因此需要自定义一个用户验证类，以支持返回 JSON 格式的验证结果。

为方便后期使用，在 xiaoyu_mall/utils 文件中创建 views.py 文件并定义限制用户访问类 LoginRequiredJSONMixin，示例代码如下：

```python
from django.contrib.auth.mixins import LoginRequiredMixin
from xiaoyu_mall.utils.response_code import RETCODE
from django.http import JsonResponse
class LoginRequiredJSONMixin(LoginRequiredMixin):
    """自定义判断用户是否登录的扩展类：返回JSON"""
    def handle_no_permission(self):
        return JsonResponse({'code':RETCODE.SESSIONERR,'errmsg':'用户未登'
                            ,json_dumps_params={'ensure_ascii': False}})
```

上述代码定义了 LoginRequiredMixin 类的子类 LoginRequiredJSONMixin 类，并重写了 handle_no_permission() 方法。该类用于判断用户是否登录，处理未登录用户无权访问的情况，并返回 JSON 格式的响应。

在 users 应用中的 views.py 文件中导入 LoginRequiredJSONMixin 类，使 EmailView 视图继承封装的 LoginRequiredJSONMixin 类，即可实现对用户的访问限制，示例代码如下：

```python
from xiaoyu_mall.utils.views import LoginRequiredJSONMixin
class EmailView(LoginRequiredJSONMixin, View):
    def put(self, request):
        ...
```

重启小鱼商城项目后，在用户中心页的 Email 文本框内输入待保存的邮箱信息并完成输入，之后单击"保存"按钮。若邮箱信息保存成功，系统将提示"待验证"。此时用户基本信息如图 8-11 所示。

图 8-11　用户基本信息

8.4.3　邮箱验证

当在用户中心页的基本信息中填写邮箱并单击"保存"按钮后，页面显示"待验证"提示和"已发送验证邮件"按钮，其中"待验证"表示用户填写的邮箱还未通过小鱼商城的验证，而"已发送验证邮件"则表示小鱼商城会向用户填写的邮箱地址发送包含验证邮箱链接的邮件。

小鱼商城项目邮箱验证通过 SMTP 服务器实现。在 Django 框架中，仅提供 send_mail() 函数用于发送邮件，不提供邮件传输协议，因此需要使用 SMTP 服务器来实现邮件的传输协议。接下来，分为 SMTP 服务器使用介绍和邮箱验证的实现两部分进行介绍。

1. SMTP服务器使用介绍

SMTP 是一种可靠有效的电子邮件传输协议，它主要用于系统之间的邮件信息传递，并提供有关来信的通知。SMTP 的基本原理是通过客户端与服务器之间的交互，将电子邮件从发送方传输到接收方的电子邮件服务器。发送方的电子邮件客户端将邮件通过 SMTP 协议发送到自己所在的 SMTP 服务器，然后该服务器将电子邮件传输到接收方 SMTP 服务器，最终接收方的电子邮件客户端通过其他协议（如 POP3 或 IMAP）将电子邮件下载到本地计算机或设备。

以小鱼商城为例，利用 SMTP 服务器实现验证邮箱功能的大致流程为：在小鱼商城后端配置邮件服务器，通过 send_mail() 函数向 SMTP 服务器发送邮件请求，SMTP 服务器将邮件转发到用户邮箱。Django 发送邮件流程如图 8-12 所示。

图 8-12　Django 发送邮件流程

以上流程中使用的 send_mail() 是 Django 的内置函数，它位于 django.core.mail 模块中，其语法格式如下：

```
send_mail(subject, message, from_email, recipient_list,
          fail_silently=False, auth_user=None, auth_password=None,
          connection=None, html_message=None
```

send_mail() 函数中常用参数的具体含义如下：

- subject：表示邮件标题，通常是一个字符串。
- message：表示邮件正文消息，可以是一个字符串或包含 HTML 标记的字符串。
- from_email：表示发件人的电子邮件地址，通常是一个字符串。
- recipient_list：表示收件人的电子邮件地址列表，可以是一个字符串列表或元组。
- html_message：表示用于指定邮件的 HTML 格式内容。

使用第三方提供的 SMTP 服务器需要先申请第三方账号并开启客户端授权。接下来，以网易邮箱提供的 SMTP 服务器为例，介绍 SMTP 服务器的使用，具体步骤如下：

（1）在浏览器中注册并登录网易 163 邮箱，在导航栏中选择"设置"→POP3/SMTP/IMAP，如图 8-13 所示。

（2）选择 POP3/SMTP/IMAP"打开设置页面，在设置页面的"开启服务"选项中，开启"IMAP/SMTP 服务"和"POP3/SMTP 服务"，如图 8-14 所示。

（3）在设置页面的"授权密码管理"选项中，单击"新增授权密码"按钮，并使用绑定邮箱的手机号扫描二维码发送验证短信，如图 8-15 所示。

图 8-13　申请 SMTP 服务器

图 8-14　开启服务

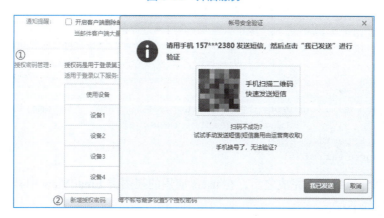

图 8-15　新增授权密码

（4）短信发送完毕后，在图 8-15 中单击"我已发送"按钮，在弹出的对话框中可以看到新增授权密码，如图 8-16 所示。

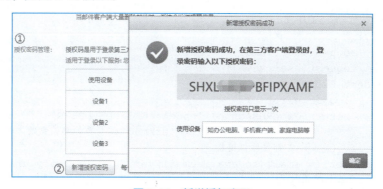

图 8-16　新增授权密码

（5）授权码设置完成后，在小鱼商城项目 dev.py 设置邮件参数，示例代码如下：

```
EMAIL_BACKEND = 'django.core.mail.backends.smtp.EmailBackend'  # 指定邮件后端
EMAIL_HOST = 'smtp.163.com'              # 邮件主机
EMAIL_PORT = 25                          # 邮件端口
EMAIL_HOST_USER = 'xxxx'                 # 授权的邮箱（填写授权的邮箱）
EMAIL_HOST_PASSWORD = 'xxxx'             # 邮箱授权时获得的授权密码，非注册登录密码
EMAIL_FROM = '小鱼商城<xiaoyu_mall@163.com>'  # 发件人抬头
```

上述配置参数 EMALI_HOST_USER 和 EMAIL_HOST_PASSWORD 是需要填写用户注册的 163 授权邮箱与密码；其余参数使用默认值。

2. 邮箱验证的实现

在 users 应用中创建 emails.py 文件，在该文件中定义发送邮件的函数，示例代码如下：

```python
from django.core.mail import send_mail
from django.conf import settings
import logging
logger = logging.getLogger('django')
def send_verify_email(to_email, verify_url):
    subject = "小鱼商城邮箱验证"
    html_message = '<p>尊敬的用户您好！</p>' \
                   '<p>感谢您使用小鱼商城。</p>' \
                   '<p>您的邮箱为：%s 。请单击此链接验证您的邮箱：</p>' \
                   '<p><a href="%s">%s<a></p>' % (to_email, verify_url,
                                                 verify_url)
    try:
        send_mail(subject, "", settings.EMAIL_FROM, [to_email],
                  html_message=html_message)
    except Exception as e:
        logger.error(e)
```

发送验证邮件函数定义完成之后，在 users 应用的视图类 EmailView 中补充发送验证邮箱功能，示例代码如下：

```python
class EmailView(LoginRequiredJSONMixin, View):
    """添加邮箱"""
    def put(self, request):
        ...
        # 赋值email字段
        try:
            request.user.email = email
            request.user.save()
        except Exception as e:
            logger.error(e)
            return JsonResponse({'code': RETCODE.DBERR,
                                 'errmsg': '添加邮箱失败'})
        verify_url = '邮件验证链接'
        send_verify_email(to_email=email, verify_url=verify_url)
        # 响应添加邮箱结果
        return JsonResponse({'code': RETCODE.OK, 'errmsg': '添加邮箱成功'})
```

此时启动小鱼商城服务器，在个人信息页面的邮箱验证中填写邮箱地址，单击"保存"按钮，SMTP 服务器会向填写的邮箱地址发送邮件。发送的验证邮件如图 8-17 所示。

图 8-17　发送的验证邮件

图 8-17 所示邮件中的"邮件验证链接"只是在 emails.py 文件中 html_message 定义的 a 标签，没有携带用户信息，服务器无法确定具体哪个用户在验证邮箱。

真正的邮箱验证链接是包含用户唯一标识信息的链接，为保证用户信息的安全性，需将用户唯一标识信息序列化后封装到邮箱验证链接中，用户单击邮箱验证链接时应会向小鱼商城发送携带用户唯一标识的验证邮箱请求。

对于用户信息序列化操作需要使用 itsdangerous 库实现，安装该库的命令如下：

```
(xiaoyu_mall) E:\xiaoyu_mall\xiaoyu_mall>pip install itsdangerous==1.1.0
```

小鱼商城的邮箱验证链接是由固定字符串和序列化的用户信息进行拼接而成，因此可以先在 dev.py 文件中定义固定字符串，示例代码如下：

```
# 邮箱验证链接固定字符串
EMAIL_VERIFY_URL = 'http://127.0.0.1:8000/emails/verification/'
```

邮箱验证链接具有有效期。为便于后期更改邮箱验证链接的有效期，可将有效期以常量的形式保存到 constants.py 文件中，示例代码如下：

```
# 邮件验证链接有效期为一天
VERIFY_EMAIL_TOKEN_EXPIRES = 60 * 60 * 24
```

在 users 应用的 utils.py 文件中初始化序列化对象，构建用于序列化的用户信息字典，之后将序列化后的用户信息与邮箱验证链接固定字符串进行拼接，示例代码如下：

```
from itsdangerous import TimedJSONWebSignatureSerializer as Serializer
from django.conf import settings
from . import constants
def generate_verify_email_url(user):
    serializer = Serializer(settings.SECRET_KEY,
expires_in=constants.VERIFY_EMAIL_TOKEN_EXPIRES)
    data = {'user_id': user.id, 'email': user.email}
```

```
token = serializer.dumps(data).decode()
verify_url = settings.EMAIL_VERIFY_URL + '?token=' + token
return verify_url
```

邮箱验证链接中的 token 包含了序列化的用户信息，小鱼商城为了确定 token 中的用户信息，需要对 token 进行反序列以获取序列化之前的用户信息。在 utils.py 中定义反序列化 token 的 check_verify_email_token() 方法，示例代码如下：

```
from itsdangerous import BadData
def check_verify_email_token(token):
    """
    反序列 token, 获取 user
    :param token: 序列化后的用户信息
    :return:user
    """
    serializer = Serializer(settings.SECRET_KEY,
                expires_in=constants.VERIFY_EMAIL_TOKEN_EXPIRES)
    try:
        data = serializer.loads(token)
    except BadData:
        return None
    else:
        # 从 data 中取出 user_id 和 email
        user_id = data.get('user_id')
        email = data.get('email')
        try:
            user = User.objects.get(id=user_id,email=email)
        except User.DoesNotExist:
            return None
        else:
            return user
```

上述代码先通过 serializer 对象中的 loads() 方法反序列化 token，获取用户信息，然后在数据库中查询序列化后的数据是否存在，如果存在则返回 user 对象，如果不存在则返回 None。

在 users 应用的 views.py 文件中导入 generate_verify_email_url() 方法，使 EmailView 视图能够发送带有序列化用户唯一标识信息的验证链接，示例代码如下：

```
from .utils import generate_verify_email_url
class EmailView(LoginRequiredJSONMixin, View):
    def put(self, request):
        ...
        verify_url = generate_verify_email_url(request.user)
        ...
```

在 views.py 文件中定义用于验证邮箱的类视图 VerifyEmailView，示例代码如下：

```
from django.http import HttpResponseBadRequest, HttpResponseServerError
from .utils import check_verify_email_token
class VerifyEmailView(View):
    """ 验证邮箱 """
    def get(self, request):
```

```python
token = request.GET.get('token')            # 接收参数
if not token:                                # 校验参数
    return HttpResponseForbidden('缺少token')
user = check_verify_email_token(token)  # 从token中提取用户信息
if not user:
    return HttpResponseBadRequest('无效的token')
try:
    user.email_active = True    # 将用户的email_active 设置为true
    user.save()
except Exception as e:
    logger.error(e)
    return HttpResponseServerError('验证邮箱失败')
# 响应结果：重定向到用户中心
return redirect(reverse('users:info'))
```

上述代码首先获取 token 数据，然后通过 check_verify_email_token() 获取反序列化后的 user 对象，如果 user 对象通过验证则将数据库中邮箱验证字段设置为 True，最后重定向到用户中心页面。

接下来，在 users 应用的 urls.py 文件中添加用于验证邮箱的 URL 模式，示例代码如下：

```
path('emails/verification/', views.VerifyEmailView.as_view()),
```

重启小鱼商城服务器，在个人信息页面单击"保存"按钮后，验证的邮箱就会收到小鱼商城发送的验证邮件。

8.4.4 省市区三级联动

小鱼商城中省市区三级联动是指在收货地址页面添加地址信息时，通过选择省份、城市和区/县三个级别的下拉菜单，实现地址信息的动态联动。用户首先选择省份，然后根据省份的选择，动态加载对应的城市列表，最后再根据城市的选择加载对应的区/县列表，以便用户快速准确地填写详细地址信息。

在收货地址页面中，除了添加收货地址之外，还可以对收货地址进行删除、修改、设置默认地址和已存在的地址设置标题等。收货地址页面如图 8-18 所示。

图 8-18 收货地址页面

用户地址信息中收货地址的"所在地区"是查询地区数据表得来的省、市、区数据,省市区数据相互关联,因此需要创建地区模型类。接下来,分为定义地区模型类和实现省市区三级联动两部分进行介绍。

1. 定义地区模型类

在 areas 应用的 models.py 中定义地区模型类 Area 并定义相关字段,示例代码如下:

```
class Area(models.Model):
    """省市区"""
    name = models.CharField(max_length=20, verbose_name='名称')
    parent = models.ForeignKey('self', on_delete=models.SET_NULL,
        related_name='subs', null=True, blank=True, verbose_name='上级行政区划')
    class Meta:
        db_table = 'tb_areas'
        verbose_name = '省市区'
        verbose_name_plural = '省市区'
    def __str__(self):
        return self.name
```

上述代码定义了地区模型类 Area,该类的 name 字段表示地区名称,parent 字段为外键字段,该字段中第一个参数值 self 表示数据表自关联。

在 dev.py 文件的配置项 INSTALLED_APPS 中添加 areas 应用,应用添加之后通过文件迁移命令生成对应的数据表。数据表创建之后,将本书提供的 areas.sql 文件导入数据库中。

Area 模型在使用自关联时会在数据表 tb_areas 中生成 parent_id 字段,该字段表示当前记录的父级数据,例如,昌平区属于北京市,说明昌平区的 parent_id 为北京市的 id,即 110000。数据表 tb_areas 部分数据如图 8-19 所示。

id	name	parent_id
110000	北京市	(Null)
110100	北京市	110000
110101	东城区	110100
110102	西城区	110100
110105	朝阳区	110100
110106	丰台区	110100
110107	石景山区	110100
110108	海淀区	110100
110109	门头沟区	110100
110111	房山区	110100
110112	通州区	110100
110113	顺义区	110100
110114	昌平区	110100

图 8-19 数据表 tb_areas 中部分数据

2. 实现省市区三级联动

为了实现省市区三级联动,需要明确接口设计、请求参数、响应结果、后端逻辑实现、配置 URL 五部分内容。接下来按照这五部分进行详细分析和实现省市区三级联动。

（1）接口设计。显示省市区的三级联动使用 GET 请求方式查询数据，请求地址为 /areas/。

（2）请求参数。在省市区三级联动功能中，需要根据地区 ID 来确定用户需要的数据是省份数据还是市区数据。三级联动请求参数见表 8-9。

表 8-9　三级联动请求参数

参 数 名	类　　型	是否必传	说　　明
area_id	str	否	地区 ID

（3）响应结果。后端查询出的省市区数据以 JSON 形式响应到前端。JSON 格式的省份数据示例如下：

```
{
  "code":"0",
  "errmsg":"OK",
  "province_list":[
      {
          "id":110000,
          "name":"北京市"
      },
      {
          "id":120000,
          "name":"天津市"
      },
      ...
  ]
}
```

JSON 格式的市或区数据示例代码如下：

```
{
  "code":"0",
  "errmsg":"OK",
  "sub_data":{
      "id":130000,
      "name":"河北省",
      "subs":[
          {
              "id":130100,
              "name":"石家庄市"
          },
          ...
      ]
  }
}
```

（4）后端逻辑实现。在 areas 应用的 views.py 文件中定义类视图 AreasView。在该视图中，需要定义 get() 方法实现省市区数据的查询功能。在 get() 方法中，根据是否接收到参数 area_id 进行判断。如果没有接收到 area_id 参数，说明前端需要呈现省份列表，那么后端可以从数据库中查询省份数据并将其响应给前端。如果 get() 方法接收到了 area_id 参数，说明前端需要呈现与 area_id 相关的市或区数据列表，那么后端可以根据 area_id 查询数据库，获取相应的市或区数据并将其响应给前端，示例代码如下：

```python
from django.views import View
from django.http.response import JsonResponse
import logging
from .models import Area
from xiaoyu_mall.utils.response_code import RETCODE
logger = logging.getLogger('django')  # 日志记录器
class AreasView(View):
    def get(self, request):
        """ 提供省市区数据 """
        area_id = request.GET.get('area_id')
        if not area_id:
            # 提供省份数据
            try:
                # 查询省份数据
                province_model_list =Area.objects.filter(parent__isnull=True)
                # 序列化省级数据
                province_list = []
                for province_model in province_model_list:
                    province_list.append({'id': province_model.id,
                                          'name': province_model.name})
                # 响应省份数据
                return JsonResponse({'code': RETCODE.OK, 'errmsg': 'OK',
                                     'province_list': province_list})
            except Exception as e:
                logger.error(e)
                return JsonResponse({'code': RETCODE.DBERR,
                                     'errmsg': '省份数据错误'})
        else:
            # 提供市或区数据
            try:
                parent_model = Area.objects.get(id=area_id)  # 查询市或区的父级
                sub_model_list = parent_model.subs.all()
                # 序列化市或区数据
                sub_list = []
                for sub_model in sub_model_list:
                    sub_list.append({'id': sub_model.id,
                                     'name': sub_model.name})
                sub_data = {
                    'id': parent_model.id,
                    'name': parent_model.name,
                    'subs': sub_list
                }
                # 响应市或区数据
```

```
            return JsonResponse({'code': RETCODE.OK,
                                 'errmsg': 'OK', 'sub_data': sub_data})
    except Exception as e:
        logger.error(e)
        return JsonResponse({'code': RETCODE.DBERR,
                             'errmsg': '城市或区数据错误'})
```

尽管以上代码实现了省市区三级联动的查询功能，但每次调用该功能时都需要向数据库查询数据，而省市区数据很少发生变化。为了提高查询效率，可以考虑将查询结果存储在缓存中。这样，在每次调用该功能时，可以先从缓存中查询数据，而不是直接查询数据库。这样可以减少网络请求次数，提高查询效率。通过这种优化，可以在保证功能完整性的同时提升性能。

小鱼商城使用 Redis 数据库缓存地址数据，可通过 Django 框架中 core.cache 模块中的 cache 实现缓存数据功能。cache 的常用操作如下：

存储缓存数据：cache.set('key', 内容, 有效期)
读取缓存数据：cache.get('key')
删除缓存数据：cache.delete('key')

了解了 cache 的使用之后，接下来优化 AreasView 视图。在 cache 中缓存省市区数据，示例代码如下：

```
from django.core.cache import cache
class AreasView(View):
    def get(self, request):
        # 获取请求参数 area_id
        area_id = request.GET.get('area_id')
        # 判断是否提供了 area_id 参数
        if not area_id:
            province_list = cache.get('province_list')
            if not province_list:
                # 提供省份数据 查询省份数据
                try:
                    province_model_list = Area.objects.filter(
                        parent__isnull=True)
                    # 构造响应数据（省份数据）
                    province_list = []
                    for province_mode in province_model_list:
                        province_list.append({'id': province_mode.id,
                                              'name': province_mode.name})
                    # 缓存省份数据
                    cache.set('province_list', province_list, 3600)
                except Exception as e:
                    logger.error(e)
                    return JsonResponse({
                        'code': RETCODE.DBERR, 'errmsg': '省份数据错误'})
            # 返回响应数据
            return JsonResponse({
                'code': RETCODE.OK, 'errmsg': 'OK', 'province_list': province_list})
```

```python
        # 提供市或区的数据
        else:
            # 获取缓存数据
            sub_data = cache.get('sub_data_' + area_id)
            if not sub_data:
                # 查询市或区数据（根据父级获取当前父级下所有的下属城市）
                try:
                    parent_model = Area.objects.get(id=area_id)
                    sub_model_list = parent_model.subs.all()
                    # 构造响应数据（市或区的数据）
                    sub_list = []
                    for sub_model in sub_model_list:
                        sub_list.append({
                            'id': sub_model.id, 'name': sub_model.name})
                    sub_data = {
                        'id': parent_model.id,
                        'name': parent_model.name,
                        'subs': sub_list
                    }
                    # 缓存市或区数据
                    cache.set('sub_data_' + area_id, sub_data, 3600)
                except Exception as e:
                    logger.error(e)
                    return JsonResponse({
                        'code': RETCODE.DBERR, 'errmsg': '城市或区数据错误'})
            # 返回响应数据
            return JsonResponse({
                'code': RETCODE.OK, 'errmsg': 'OK', 'sub_data': sub_data})
```

（5）配置 URL。在小鱼商城项目的 urls.py 文件添加访问 areas 应用的 URL 模式，示例代码如下：

```
path('', include('areas.urls')),
```

在 areas 应用中新建 urls.py 文件，并添加查询省市区数据的 URL 模式，示例代码如下：

```python
from django.urls import path
from . import views
urlpatterns = [
    path('areas/', views.AreasView.as_view()), # 省市区数据
]
```

至此，省市区三级联动功能完成，用户可通过该功能实现编辑收货地址的地区信息。

8.4.5 新增与展示收货地址

为了提高用户订单提交的便利性，我们可以通过在用户填写订单时提供一个已有收货地址列表来避免重复填写地址的烦琐步骤。为了实现这个功能，我们可以使用 MySQL 数据库来存储收货地址数据，以实现持久化存储。用户可以在已有的地址列表中选择适合的地址，而无须每次都填写新的地址信息。这样可以减少用户的操作时间和提高用户体验。

为了存储收货地址数据，我们需要定义地址模型类。地址模型类应包含创建时间、更新

时间、用户、标题、收货人、省份等字段，考虑到创建时间与更新时间字段可能在其他模型中复用，这里先将这两个字段封装到 BaseModel 模型中。在 utils 文件夹中创建 models.py 文件，并定义 BaseModel 模型，示例代码如下：

```python
from django.db import models
class BaseModel(models.Model):
    """为模型类补充字段"""
    create_time = models.DateTimeField(auto_now_add=True,
                                       verbose_name="创建时间")
    update_time = models.DateTimeField(auto_now=True,
                                       verbose_name="更新时间")
    class Meta:
        abstract = True
```

在 users 应用的 models.py 文件中定义继承自 BaseModel 模型的用户地址模型类 Adsress，示例代码如下：

```python
from xiaoyu_mall.utils.models import BaseModel
class Address(BaseModel):
    """用户收货地址"""
    user = models.ForeignKey(User, on_delete=models.CASCADE,
                    related_name='addresses', verbose_name='用户')
    title = models.CharField(max_length=20, verbose_name='地址名称')
    receiver = models.CharField(max_length=20, verbose_name='收货人')
    province = models.ForeignKey('areas.Area', on_delete=models.PROTECT,
                    related_name='province_addresses',verbose_name='省')
    city = models.ForeignKey('areas.Area', on_delete=models.PROTECT,
                    related_name='city_addresses', verbose_name='市')
    district = models.ForeignKey('areas.Area', on_delete=models.PROTECT,
                    related_name='district_addresses',verbose_name='区')
    place = models.CharField(max_length=50, verbose_name='地址')
    mobile = models.CharField(max_length=11, verbose_name='手机')
    tel = models.CharField(max_length=20, null=True, blank=True, default='',
                    verbose_name='固定电话')
    email = models.CharField(max_length=30, null=True, blank=True,
                    default='', verbose_name='电子邮箱')
    is_deleted = models.BooleanField(default=False, verbose_name='逻辑删除')
    class Meta:
        db_table = 'tb_address'
        verbose_name = '用户地址'
        verbose_name_plural = verbose_name
        ordering = ['-update_time']    # 根据更新时间倒序
```

用户可在地址列表页面设置自己的默认收件地址。默认地址与用户相关，因此需在 User 模型中补充 default_address 字段，示例代码如下：

```python
class User(AbstractUser):
    ...
    default_address = models.ForeignKey('Address',
                    related_name='users',null=True, blank=True,
                    on_delete=models.SET_NULL, verbose_name='默认地址')
```

以上操作完成后,需要生成迁移文件、执行迁移命令,方便在 MySQL 数据库中创建与更新数据表。

用户地址模型类定义完成之后,接下来,依次实现新增与展示收货地址功能。

1. 新增收货地址

用户在收货地址页面单击"新增收货地址"按钮后页面应弹出新增收货地址输入框,在该输入框中输入正确的地址信息后单击"新增"按钮,填写的地址信息应保存到数据库中。综上所述,新增地址的接口设计见表 8-10。

表 8-10 新增地址的接口设计

选　　项	方　　案	选　　项	方　　案
请求方式	POST	请求地址	/addresses/create/

新增地址需要将用户选择的地区以及填写的收货地址保存到数据库,因此在请求参数中需要包含新增收货地址的所有信息。新增地址请求参数见表 8-11。

表 8-11 新增地址请求参数

参 数 名	类　　型	是否必传	说　　明
receiver	str	是	收货人
province_id	str	是	省份 ID
city_id	str	是	城市 ID
district_id	str	是	区县 ID
place	str	是	收货地址
mobile	str	是	手机号
tel	str	否	固定电话
email	str	否	邮箱

因为小鱼商城前端已经定义了使用 JSON 格式响应数据,所以后端需要将查询的结果以 JSON 格式进行响应结果,新增地址响应结果的 JSON 数据见表 8-12。

表 8-12 新增地址响应结果的 JSON 数据

键值名称	说　　明	键值名称	说　　明
code	状态码	district	区县名称
errmsg	错误消息	place	收货地址
id	地址 ID	mobile	手机号
receiver	收货人	tel	固定电话
province	省份名称	email	邮箱
city	城市名称		

为了处理用户的地址信息并实现新增地址功能,在 users 应用的 views.py 文件中,定义类视图 AddressCreateView,在该视图的 post() 方法中实现新增地址功能。由于小

鱼商城要求用户在登录状态下才能新增地址，因此类视图 AddressCreateView 需要继承 LoginRequiredJSONMixin 类，以便能够使用该类提供的功能来判断用户是否已登录。

此外，小鱼商城对收货地址数量有数量限制，因此 AddressCreateView 视图需要先查询当前用户的收货地址数量。如果收货地址数量超出上限，那么在前端页面中需要进行提示。

考虑到新增地址功能较为复杂，下面按照校验用户收货地址数量、校验用户输入的地址信息、保存收货地址和设置默认收货地址以及返回响应进行一一实现。

（1）校验用户收货地址数量。默认情况下，小鱼商城中用户地址数量上限为 20，该数值可在 users 应用中 constants.py 文件中，定义常量 USER_ADDRESS_COUNTS_LIMIT 进行指定，示例代码如下：

```python
# 用户地址上限
USER_ADDRESS_COUNTS_LIMIT = 20
```

校验用户设置的收货地址数量是否超过上限数量，若超过上限数量进行提示，示例代码如下：

```python
from . import constants
from .models import Address
class AddressCreateView(LoginRequiredJSONMixin, View):
    """新增地址"""
    def post(self, request):
        # 校验用户收货地址数量
        count = request.user.addresses.filter(is_deleted__exact=False)
                                                                .count()
        if count >= constants.USER_ADDRESS_COUNTS_LIMIT:
            return JsonResponse({"code": RETCODE.THROTTLINGERR,
                                 'errmsg': "超出用户地址数量上限"})
```

（2）校验用户输入的地址信息。若收货地址的数量未超过限制数量，则对接收的参数一一校验，示例代码如下：

```python
class AddressCreateView(LoginRequiredJSONMixin, View):
    """新增地址"""
    def post(self, request):
        # 校验用户收货地址数量
        ...
        # 校验用户输入的地址信息
        json_dict = json.loads(request.body.decode())
        receiver = json_dict.get('receiver')
        province_id = json_dict.get('province_id')
        city_id = json_dict.get('city_id')
        district_id = json_dict.get('district_id')
        place = json_dict.get('place')
        mobile = json_dict.get('mobile')
        tel = json_dict.get('tel')
        email = json_dict.get('email')
        # 校验参数
        if not all([receiver, province_id, city_id, district_id,
                    place, mobile]):
            return HttpResponseForbidden('缺少必传参数')
        if not re.match(r'^1[3-9]\d{9}$', mobile):
```

```
            return HttpResponseForbidden('参数mobile有误')
    if tel:
        if not re.match(
            r'^(0[0-9]{2,3}-)?([2-9][0-9]{6,7})+(-[0-9]{1,4})?$', tel):
            return HttpResponseForbidden('参数tel有误')
    if email:
        if not re.match(
            r'^[a-z0-9][\w\.\-]*@[a-z0-9\-]+(\.[a-z]{2,5}){1,2}$',email):
            return HttpResponseForbidden('参数email有误')
```

（3）保存收货地址和设置默认收货地址。校验通过后，将用户新增的地址信息保存到数据库中，在保存之前判断用户是否设置了默认收货地址，如果未设置，那么将当前添加的地址设置为默认收货地址，示例代码如下：

```
class AddressCreateView(LoginRequiredJSONMixin, View):
    """新增地址"""
    def post(self, request):
        # 校验用户收货地址数量
        ...
        # 校验用户输入的地址信息
        ...
        # 保存收货地址
        try:
            address = Address.objects.create(
                user=request.user, title=receiver, receiver=receiver,
                province_id=province_id, place=place, tel=tel,
                city_id=city_id, district_id=district_id,
                mobile=mobile, email=email
            )
            # 设置默认收货地址
            if not request.user.default_address:
                request.user.default_address = address
                request.user.save()
        except Exception as e:
            logger.error(e)
            return JsonResponse({'code': RETCODE.DBERR,
                                 'errmsg': '新增地址失败'})
```

（4）返回响应。用户新增地址保存到数据库后，还需要在前端页面展示，因此需要将用户输入的新增地址信息构建为字典数据，并以JSON格式响应到前端，示例代码如下：

```
class AddressCreateView(LoginRequiredJSONMixin, View):
    """新增地址"""
    def post(self, request):
        # 校验用户收货地址数量
        ...
        # 校验用户输入的地址信息
        ...
        # 保存收货地址
        ...
            # 设置默认收货地址
            ...
        # 返回响应，新增地址成功，将新增的地址响应给前端实现局部刷新 构造新增地址字典数据
        address_dict = {
```

```python
            "id": address.id, "title": address.title,
            "receiver": address.receiver, "province": address.province.name,
            "city": address.city.name, "district": address.district.name,
            "place": address.place, "mobile": address.mobile,
            "tel": address.tel, "email": address.email
        }
        # 响应新增地址结果：需要将新增的地址返回给前端渲染
        return JsonResponse({'code': RETCODE.OK,
                             'errmsg': '新增地址成功', 'address': address_dict})
```

类视图 AddressCreateView 定义完成之后，需要在 users 应用中的 urls.py 文件中定义访问新增地址的 URL 模式，示例代码如下：

```python
# 新增用户地址
path('addresses/create/', views.AddressCreateView.as_view()),
```

至此，新增收货地址后端功能实现。

2. 展示收货地址

当用户首次访问收货地址页面或新增收货地址时，页面会显示用户已有的收货地址信息。为了展示这些信息，我们将根据当前登录用户的信息查询其收货地址列表，并将其展示在收货地址页面上，以使用户方便地查看和管理自己的收货地址信息。

接下来，分为展示收货地址后端实现和前端实现两部分进行介绍。

（1）展示收货地址后端实现。为了展示用户地址信息，需要在 users 应用的 views.py 文件中定义类视图 AddressView。在这个类视图的 get() 方法中，首先获取当前登录的用户对象，然后使用该用户对象和 is_delete=False 作为查询条件来获得用户的地址信息，接着构建一个包含地址信息的字典列表，并最终将这些数据通过上下文 context 传递到 user_center_site.html 页面中进行展示，示例代码如下：

```python
class AddressView(LoginRequiredMixin, View):
    """展示地址"""
    def get(self, request):
        """提供收货地址界面"""
        login_user = request.user   # 获取当前登录用户对象
        addresses = Address.objects.filter(user=login_user,
                    is_deleted=False)
        address_list = []  # 将用户地址模型列表转字典列表
        for address in addresses:
            address_dict = {
                "id": address.id, "title": address.title,
                "receiver": address.receiver, "city": address.city.name,
                "province": address.province.name, "place": address.place,
                "district": address.district.name, "tel": address.tel,
                "mobile": address.mobile, "email": address.email
            }
            address_list.append(address_dict)
        context = {
            'default_address_id': login_user.default_address_id or '0',
            'addresses': address_list,
            'address_num':constants.USER_ADDRESS_COUNTS_LIMIT
```

```
            }
            return render(request, 'user_center_site.html', context)
```

（2）前端实现。为了能在 user_center_site.js 中调用收货地址数据与默认地址数据，需要在 user_center_site.html 中传递数据，示例代码如下：

```
...
<script type="text/javascript">
let addresses = {{ addresses | safe }};
let default_address_id = "{{ default_address_id }}";
</script>
<script type="text/javascript" src="{{ static('js/common.js') }}"></script>
...
```

展示收货地址后端和前端实现之后，还需在 users 应用中 urls.py 文件中追加访问展示用户地址的 URL 模式，示例代码如下：

```
path('addresses/', views.AddressView.as_view(), name='address')
```

至此，展示收货地址功能完成。

8.4.6 设置默认地址与修改地址标题

若将某个地址设置为默认地址，在用户提交订单时系统会自动选择该地址作为收货地址。用户可以自行修改收货地址的标题，并为其设置标题名。接下来，介绍如何实现设置默认地址和修改地址标题功能。

1. 设置默认地址

单击收货地址信息中的"设为默认"按钮，相应地址应被设置为默认地址，在此过程中，前端应向后端发送携带修改地址 ID 的请求，后端根据地址 ID 查询地址并将结果赋给用户对象的 default_address 字段。

下面分接口设计、后端实现和配置 URL 模式三部分实现设置默认地址功能。

（1）接口设计。设置默认地址根据传入的修改地址 ID 对后端数据进行更改操作，请求方式为 PUT。设置默认地址接口设计见表 8-13。

表 8-13 设置默认地址接口设计

选项	方案	选项	方案
请求方式	PUT	请求地址	/addresses/<int:address_id>/default/

（2）后端实现。在 users 应用的 views.py 文件中，定义类视图 DefaultAddressView 用于实现用户设置默认地址功能。在该类视图的 put() 方法中，需要判断路由参数中 address_id 在数据库中是否存在，如果存在，那么将该地址设为用户的默认地址；如果不存在，那么返回错误提示信息，指明操作未成功执行，示例代码如下：

```
class DefaultAddressView(LoginRequiredJSONMixin, View):
    """设置默认地址"""
    def put(self, request, address_id):
        """设置默认地址"""
```

```
        try:
            address = Address.objects.get(id=address_id)    # 接收参数，查询地址
            request.user.default_address = address          # 设置地址为默认地址
            request.user.save()
        except Exception as e:
            logger.error(e)
            return JsonResponse({'code': RETCODE.DBERR,
                                 'errmsg': '设置默认地址失败'})
        # 响应设置默认地址结果
        return JsonResponse({'code': RETCODE.OK, 'errmsg': '设置默认地址成功'})
```

（3）配置 URL 模式。在 users 应用的 urls.py 文件中定义用于访问设置默认地址的 URL 模式，示例代码如下：

```
path('addresses/<int:address_id>/default/',
                                  views.DefaultAddressView.as_view()),
```

2．修改地址标题

收货地址页面中默认以收货人为地址标题，单击左上角的 🖉 图标时，可对地址标题进行修改。下面分接口设计、后端实现和定义 URL 模式三部分实现修改地址标题功能。

（1）接口设计。后端根据传入的地址 ID 对数据进行更改操作，请求方式为 PUT，设计请求接口见表 8-14。

表 8-14　修改地址接口设计

选　　项	方　　案	选　　项	方　　案
请求方式	PUT	请求地址	/addresses/(?P<address_id>\d+)/title/

（2）后端实现。在 users 应用的 views.py 文件中，定义类视图 UpdateTitleAddressView 用于实现更新地址标题功能。在该类视图的 put() 方法中首先获取当前要修改的地址标题，然后查询路由参数 address_id 是否存在，若存在则将当前的地址赋值为用户输入的地址标题，若不存在则将错误信息响应到前端，示例代码如下：

```
class UpdateTitleAddressView(LoginRequiredJSONMixin, View):
    """设置地址标题"""
    def put(self, request, address_id):
        """设置地址标题"""
        json_dict = json.loads(request.body.decode())    # 接收参数：地址标题
        title = json_dict.get('title')
        try:
            address = Address.objects.get(id=address_id)  # 查询地址
            address.title = title  # 设置新的地址标题
            address.save()
        except Exception as e:
            logger.error(e)
            return JsonResponse({'code': RETCODE.DBERR,
                                 'errmsg': '设置地址标题失败'})
        # 响应删除地址结果
        return JsonResponse({'code': RETCODE.OK, 'errmsg': '设置地址标题成功'})
```

（3）定义 URL 模式。在 users 应用的 urls.py 文件中定义用于访问修改标题的 URL 模式，示例代码如下：

```
path('addresses/<int:address_id>/title/',
views.UpdateTitleAddressView.as_view()),
```

至此，设置默认地址与修改地址标题完成。

8.4.7 修改与删除收货地址

单击收货地址中的"编辑"按钮后，收货地址页面弹出地址信息编辑框，以便用户修改当前地址信息；单击地址信息右上角的"×"按钮，相应收货地址应被删除。本节将分为修改收货地址与删除收货地址两部分进行介绍。

1．修改收货地址

修改收货地址是指用户更改原始的收货地址信息。这个功能可以让用户在订单提交前，修改用户的收货地址，以确保商品能够成功送达到指定的地址。接下来，分为接口设计、请求参数、响应结果和后端实现四部分进行介绍。

（1）接口设计。用户单击收货地址页面地址框中右下角的"编辑"按钮，浏览器会将当前地址的 ID 应传递到后端，当用户修改完成之后，单击"新增"按钮时，后端根据地址 ID 将修改的数据保存到数据库中。修改收货地址接口设计见表 8-15。

表 8-15　修改收货地址接口设计

选　项	选　项	选　项	选　项
请求方式	PUT	请求地址	/addresses/(?P<address_id>\d+)/

（2）请求参数。请求参数中除了包含地址 ID，还需要包含收货地址中所有的请求参数，具体见表 8-16。

表 8-16　修改收货地址请求参数

参数名	类　型	是否必传	说　明
address_id	str	是	要修改的地址 ID（路由参数）
receiver	str	是	收货人
province_id	str	是	省份 ID
city_id	str	是	城市 ID
district_id	str	是	区县 ID
place	str	是	收货地址
mobile	str	是	手机号
tel	str	否	固定电话
email	str	否	邮箱

（3）响应结果。前端已经定义接收的响应结果为 JSON 类型，因此后端响应的数据类型为 JSON，响应数据包含修改后的地址数据、状态码和错误信息。修改收货地址响应数据见

表 8-17。

表 8-17 修改收货地址响应数据

键值名称	说　　明	键值名称	说　　明
code	状态码	district	区县名称
errmsg	错误信息	place	收货地址
id	地址 ID	mobile	手机号
receiver	收货人	tel	固定电话
province	省份名称	email	邮箱
city	城市名称		

（4）后端实现。在 users 应用的 views.py 文件中，定义类视图 UpdateDestroyAddressView 用于实现修改收货地址功能。在该类视图的 put() 方法中，首先获取用户输入的地址信息数据，并对输入的数据进行校验，如果校验通过，那么校验修改的地址 ID 是否存在，如果存在则将修改的信息保存到数据库中，然后构建字典类型的地址信息数据，最后将构建的地址数据以 JSON 格式响应到前端中，示例代码如下：

```
class UpdateDestroyAddressView(LoginRequiredJSONMixin, View):
    def put(self, request, address_id):
        """修改地址"""
        json_dict = json.loads(request.body.decode())
        receiver = json_dict.get('receiver')
        province_id = json_dict.get('province_id')
        city_id = json_dict.get('city_id')
        district_id = json_dict.get('district_id')
        place = json_dict.get('place')
        mobile = json_dict.get('mobile')
        tel = json_dict.get('tel')
        email = json_dict.get('email')
        # 校验参数
        if not
all([receiver, province_id, city_id, district_id, place, mobile]):
            return HttpResponseForbidden('缺少必传参数')
        if not re.match(r'^1[3-9]\d{9}$', mobile):
            return HttpResponseForbidden('参数 mobile 有误')
        if tel:
            if not
re.match(r'^(0[0-9]{2,3}-)?([2-9][0-9]{6,7})+(-[0-9]{1,4})?$', tel):
                return HttpResponseForbidden('参数 tel 有误')
        if email:
            if not re.match(
r'^[a-z0-9][\w\.\-]*@[a-z0-9\-]+(\.[a-z]{2,5}){1,2}$', email):
                return HttpResponseForbidden('参数 email 有误')
        # 判断地址是否存在，并更新地址信息
        try:
            Address.objects.filter(id=address_id).update(
                user=request.user, title=receiver, receiver=receiver,
```

```python
                        province_id=province_id, city_id=city_id, place=place,
                        district_id=district_id, mobile=mobile, tel=tel,
                        email=email
                    )
        except Exception as e:
            logger.error(e)
            return JsonResponse({'code': RETCODE.DBERR,
                                 'errmsg': '更新地址失败'})
        # 构造响应数据
        address = Address.objects.get(id=address_id)
        address_dict = {
            "id": address.id, "title": address.title,
            "receiver": address.receiver, "province": address.province.name,
            "city": address.city.name, "district": address.district.name,
            "place": address.place, "mobile": address.mobile,
            "tel": address.tel, "email": address.email
        }
        # 响应更新地址结果
        return JsonResponse({'code': RETCODE.OK,
                             'errmsg': '更新地址成功', 'address': address_dict})
```

2. 删除收货地址

当用户单击收货地址页面地址框右上角的"×"按钮时，会触发删除相应地址信息的操作。在实施删除地址信息时，必须将地址 ID 传递至后端，以便后端根据传入的地址 ID 在数据库中删除相应的地址记录。由于这涉及数据删除操作，所以需要使用 DELETE 请求方式发送请求。

在视图类 UpdateDestroyAddressView 中定义 delete() 方法，用于删除收货地址。在执行删除操作之前，需要先检查待删除的地址是否为默认地址。如果待删除的地址是默认地址，那么需要将默认地址设置为 None，否则直接删除该地址，示例代码如下：

```python
class UpdateDestroyAddressView(LoginRequiredJSONMixin, View):
    def delete(self, request, address_id):
        # 获取默认收货地址的 id
        default_address_id = request.user.default_address
        try:
            address = Address.objects.get(id=address_id)
            # 判断用户删除的是否是默认收货地址，如果是，那么将默认收货地址字段设置为 None，
            # 如果不是，那么直接删除
            if default_address_id == address.id:
                request.user.default_address_id = None
                request.user.save()
            address.is_deleted = True
            address.save()
        except Exception as e:
            logger.error(e)
            return JsonResponse({'code': RETCODE.DBERR,
                                 'errmsg': '删除地址失败'})
        # 返回响应结果
        return JsonResponse({'code': RETCODE.OK, 'errmsg': '删除地址成功'})
```

因为删除地址信息与修改地址信息都需要在路由中传入地址 ID，所以删除地址与修改地址可共用同一路由，在 users 应用的 urls.py 文件中定义修改与删除收货地址 URL 模式，示例

代码如下：

```
path('addresses/<int:address_id>/',
                        views.UpdateDestroyAddressView.as_view()),
```

8.4.8 修改登录密码

单击用户中心页面左侧的"修改密码"，页面应跳转到修改密码页面，用户可在该页面中修改当前账号的密码，修改密码页面如图 8-20 所示。

图 8-20　修改密码页面

实现修改登录密码首先需要设计该功能的接口，然后明确请求参数和响应结果，最后实现该功能的逻辑代码。接下来，分为接口设计、请求参数、后端实现和定义 URL 模式四部分进行介绍。

（1）接口设计。用户可以通过修改密码页面上的表单来修改登录密码，这涉及向数据库提交数据。出于安全考虑，修改密码功能应该使用 POST 请求方式，并且请求地址应该定义为 /resetpasswd/。

（2）请求参数。修改登录密码需要向后端传入用户输入的当前密码、新密码和确认密码参数，请求参数的类型以及说明见表 8-18。

表 8-18　请求参数的类型以及说明

参 数 名	类　　型	是否必传	说　　明
old_password	str	是	当前密码
new_password	str	是	新密码
new_password2	str	是	确认新密码

（3）后端实现。在 users 应用的 views.py 文件中，定义类视图 ResetPasswordView 用于实现修改登录密码功能。在该类视图的 post() 方法中，首先接收修改登录密码请求参数并对这些请求参数一一进行校验，若校验失败，在前端进行错误提示，然后在数据库中查询用户输入的当前密码是否正确，若正确则将新密码保存到数据库中，否则在前端进行错误提示，之后清除当前的状态保持信息，最后当用户单击"确定"按钮后页面跳转到登录页面，此时用户需使用新密码进行登录，示例代码如下：

```
class ResetPasswordView(LoginRequiredMixin, View):
    """修改密码"""
    def get(self, request):
```

```python
        """展示修改密码界面"""
        return render(request, 'user_center_pass.html')
    def post(self, request):
        """实现修改密码逻辑"""
        # 接收参数
        old_password = request.POST.get('old_password')
        new_password = request.POST.get('new_password')
        new_password2 = request.POST.get('new_password2')
        # 校验参数
        if not all([old_password, new_password, new_password2]):
            return HttpResponseForbidden('缺少必传参数')
        try:
            if not request.user.check_password(old_password):
                return render(request, 'user_center_pass.html',
                    {'origin_password_errmsg': '原始密码错误'})
        except Exception as e:
            logger.error(e)
            return render(request, 'user_center_pass.html',
                {'origin_password_errmsg': '查询密码失败'})
        if not re.match(r'^[0-9A-Za-z]{8,20}$', new_password):
            return HttpResponseForbidden('密码最少8位，最长20位')
        if new_password != new_password2:
            return HttpResponseForbidden('两次输入的密码不一致')
        # 修改密码
        try:
            request.user.set_password(new_password)
            request.user.save()
        except Exception as e:
            logger.error(e)
            return render(request, 'user_center_pass.html',
                {'change_pwd_errmsg': '修改密码失败'})
        # 清理状态保持信息
        logout(request)
        response = redirect(reverse('users:login'))
        response.delete_cookie('username')
        # 响应密码修改结果：重定向到登录界面
        return response
```

（4）定义 URL 模式。在 users 应用中 urls.py 文件中定义用于访问修改密码的 URL 模式，示例代码如下：

```python
# 修改密码
path('resetpasswd/', views.ResetPasswordView.as_view(), name='resetpwd'),
```

至此，修改登录密码功能实现。

小　　结

本章主要介绍小鱼商城的用户注册、用户登录以及用户中心涉及的功能，旨在通过实践让读者深入理解用户模块的功能结构和内部逻辑，并能够熟练地进行相关功能的开发与实现。

习 题

简答题

1. 简述用户注册的实现逻辑。
2. 简述使用手机号登录的实现逻辑。
3. 简述状态保持的实现逻辑。
4. 简述新增与展示收货地址的实现逻辑。
5. 简述修改与删除收货地址的实现逻辑。
6. 简述修改登录密码的实现逻辑。

第 9 章

电商项目——商品数据的呈现

学习目标

◎ 熟悉商品数据表分析,能够说出每个数据表之间的关系。
◎ 掌握导入商品数据,能够在项目中定义模型类并在生成的数据表中导入数据。
◎ 掌握呈现首页商品分类,能够在首页中显示商品分类信息。
◎ 掌握呈现首页商品广告的功能逻辑,能够实现在首页中显示商品广告信息。
◎ 了解商品列表页分析,能够说出商品列表页的组成。
◎ 掌握呈现商品列表页数据的功能逻辑,能够根据选择的商品类别展示相应商品数据。
◎ 掌握获取商品分类的功能逻辑,能够在列表页实现商品分类展示。
◎ 掌握面包屑导航的功能逻辑,能够展示当前浏览的商品所属类别。
◎ 掌握热销排行的功能逻辑,能够展示当前商品类别销量前二商品。
◎ 掌握商品搜索的功能逻辑,能够通过 Whoosh 和 jieba 实现商品搜索功能。
◎ 掌握搜索结果分页的功能逻辑,能够将搜索数据分页显示。
◎ 掌握展示商品 SKU 信息的功能逻辑,能够在详情页中展示商品 SKU 信息。
◎ 掌握展示商品规格信息的功能逻辑,能够在详情页中展示商品规格信息。
◎ 掌握用户浏览记录的功能逻辑,能够在用户中心查看用户浏览过的商品数据。

商品数据的呈现是至关重要的一环。通过合理、直观地展示商品信息,可以吸引用户的注意,提升用户体验,从而提高销售转化率。小鱼商城与商品相关的页面很多,包括首页、商品列表页、商品详情页等。本章将对小鱼商城中商品数据呈现相关的功能进行介绍。

9.1 商品数据库表分析

小鱼商城的商品数据分为首页的广告数据和各个页面的商品信息数据,下面分别分析这两种数据的模型。

1. 首页广告数据分析

首页的轮播图、快讯、页头和楼层都是广告,且都需要存储到数据库中;虽然目前首页涉及的广告只有四种,但为了后期网站升级考虑,网站的广告数据也需要单独的数据表来存储。综合考虑,广告数据使用广告类别表和广告内容表保存,并且广告类别表和广告内容表之间为一对多关系,广告类别表和广告内容表 E-R 图如图 9-1 所示。

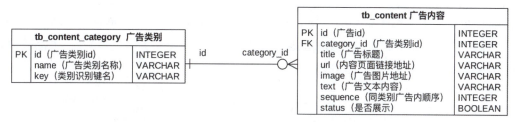

图 9-1 广告类别表和广告内容表 E-R 图

从图 9-1 中可以得知,广告类别表包含 id、name 和 key 字段,其中字段 key 用于管理广告位置。一个广告类别对应多条广告内容,广告内容表以 id 作为主键,以广告类别 category_id 作为外键,并包含广告标题 title、同类别广告内顺序 sequence、状态 status 等字段。

2. 商品信息数据分析

小鱼商城中的商品种类繁多,为了便于组织数据,考虑将商品分类信息和商品信息分开存储。下面分别介绍商品分类信息和商品信息的数据表分析。

(1)商品分类信息的数据表分析。小鱼商城的首页包含一个商品导航栏,为了有层次地呈现商品分类,该导航栏中的分类信息被分成了三个级别:商品频道组、商品频道和商品类别。

小鱼商城涉及多种商品类别,用户很难迅速从这些分类中快速找到自己所需的分类,为方便用户快速定位,考虑对商品类别进行划分:从多种商品类别中抽出小部分类别,将其作为二级分类——商品频道,再将商品频道划分为多个组,最后仅在页面呈现商品频道组,并实现逐级导航的效果。

根据以上分析,这里使用商品频道组表、商品频道表和商品类别表存储与商品分类相关的信息,商品分类信息 E-R 图如图 9-2 所示。

图 9-2 商品分类信息 E-R 图

图 9-2 中所示商品频道组与商品频道存在一对多关系,商品频道与商品类别存在一对一关系。

(2)商品信息的数据表分析。电子商务中在定义商品时通常会用到两个重要概念:SPU 和 SKU。

SPU 表示标准化产品单元(standard product unit),它是产品信息聚合的最小单位,是一组可复用、易检索的标准化信息的集合,该集合描述了一款产品的特性。SPU 可以帮助商家更好地管理库存、跟踪销售和进行市场营销。在电商平台上,每个 SPU 都有唯一的标识符,用于区分不同的商品。例如,iPhone 11 就是一个 SPU。

SKU 表示库存量单位（Stock Keeping Unit），它是库存进出计量的单位，可以是以件、盒等为单位、物理上不可分割的最小存储单元。例如，白色、64 GB 的 iPhone 8 就是一个 SKU。

小鱼商城销售多种品牌的商品，包括 Apple 和华为（HUAWEI）。每个品牌可以拥有多个商品 SPU，每个商品 SPU 只能属于一个品牌，而每个商品 SPU 可以有多个商品 SKU。但一个 SKU 只能属于一个商品 SPU。为了更有效地管理商品数据，小鱼商城将商品品牌、商品 SPU 和商品 SKU 数据分别存储在不同的数据表中，它们之间建立了一对多关系。商品数据 E-R 图如图 9-3 所示。

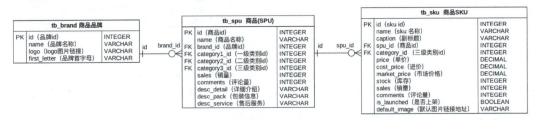

图 9-3　商品数据 E-R 图

从图 9-3 可以得知，小鱼商城商品的 SPU、SKU 与规格和其他信息间的对应关系如下：
- 一个 SPU 对应多种 SPU 规格。
- 一个 SKU 对应多种 SKU 规格。
- 一个 SKU 对应多张商品图片。
- 一个 SPU 规格对应多种 SKU 规格。
- 一个 SPU 规格对应多种规格选项，每个规格选项对应多个 SKU 规格。

小鱼商城商品详情页中会展示查看的商品图片以及该商品的所有规格信息，供用户选择购买，为了能展示不同的规格信息，需要通过商品 SPU 获取 SPU 规格数据以及通过商品 SKU 获取商品 SKU 规格和图片数据。为了便于后期对商品的 SPU 和 SKU 规格数据进行拓展和维护，这里需要将 SPU 规格、规格选项、SKU 规格和 SKU 图片数据分别保存到不同数据表中。商品数据和商品规格 E-R 图如图 9-4 所示。

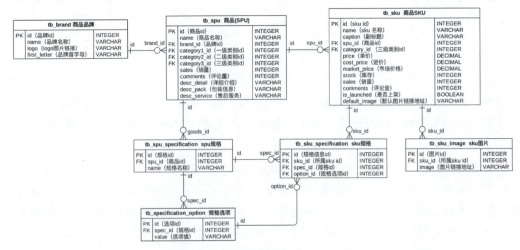

图 9-4　商品数据和商品规格 E-R 图

小鱼商城中商品类别"手机 - 手机通讯 - 手机"对应数据有 Apple iPhone 8 Plus 和华为 HUAWEI P10 Plus；商品类别"电脑 - 电脑整机 - 笔记本"对应数据有 Apple MacBook Pro 笔记本，根据此示例可以得出，每个商品类别都对应着多个商品 SPU 和商品 SKU，即存在一对多关系。商品类别、商品 SPU 和商品 SKU 的 E-R 图如图 9-5 所示。

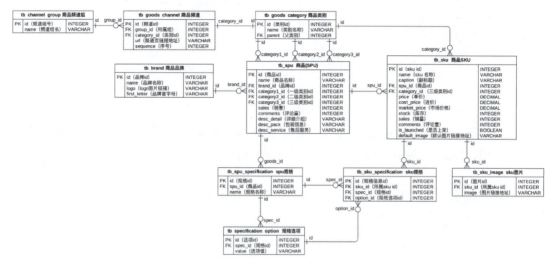

图 9-5　商品类别、商品 SPU 和商品 SKU 的 E-R 图

9.2　导入商品数据

在导入商品数据之前，需要先根据前面设计的数据表定义相关的模型类，然后生成相应的数据表，最后导入准备好的数据。商品数据分为广告数据和商品信息数据，下面分为定义模型类与导入商品数据两部分进行介绍。

1. 定义模型类

（1）在 contents 应用的 models.py 文件中定义广告内容类别模型类和广告内容模型类，示例代码如下：

```
from django.db import models
from xiaoyu_mall.utils.models import BaseModel
class ContentCategory(BaseModel):
    """ 广告内容类别 """
    name = models.CharField(max_length=50, verbose_name=' 名称 ')
    key = models.CharField(max_length=50, verbose_name=' 类别键名 ')
    class Meta:
        db_table = 'tb_content_category'
        verbose_name = ' 广告内容类别 '
        verbose_name_plural = verbose_name
    def __str__(self):
        return self.name
class Content(BaseModel):
    """ 广告内容 """
```

```
    category = models.ForeignKey(ContentCategory,
             on_delete=models.PROTECT, verbose_name='类别')
    title = models.CharField(max_length=100, verbose_name='标题')
    url = models.CharField(max_length=300, verbose_name='内容链接')
    image = models.ImageField(null=True, blank=True, verbose_name='图片')
    text = models.TextField(null=True, blank=True, verbose_name='内容')
    sequence = models.IntegerField(verbose_name='排序')
    status = models.BooleanField(default=True, verbose_name='是否展示')
    class Meta:
        db_table = 'tb_content'
        verbose_name = '广告内容'
        verbose_name_plural = verbose_name
    def __str__(self):
        return self.category.name + ': ' + self.title
```

（2）在 goods 应用的 models.py 文件中定义商品类别相关模型，包括商品类别模型类、商品频道模型类和商品频道组模型类，示例代码如下：

```
from django.db import models
from xiaoyu_mall.utils.models import BaseModel
class GoodsCategory(BaseModel):
    """ 商品类别 """
    name = models.CharField(max_length=10, verbose_name='名称')
    parent = models.ForeignKey('self', related_name='subs', null=True,
 blank=True, on_delete=models.CASCADE, verbose_name='父类别')
    class Meta:
        db_table = 'tb_goods_category'
        verbose_name = '商品类别'
        verbose_name_plural = verbose_name
    def __str__(self):
        return self.name
class GoodsChannelGroup(models.Model):
    """ 商品频道组 """
    name = models.CharField(max_length=20, verbose_name='频道组名')
    class Meta:
        db_table = 'tb_channel_group'
        verbose_name = '商品频道组'
        verbose_name_plural = verbose_name
    def __str__(self):
        return self.name
class GoodsChannel(BaseModel):
    """ 商品频道 """
    group = models.ForeignKey(GoodsChannelGroup,
        verbose_name='频道组名',on_delete=models.CASCADE)
    category = models.ForeignKey(GoodsCategory,
        on_delete=models.CASCADE, verbose_name='顶级商品类别')
    url = models.CharField(max_length=50, verbose_name='频道页面链接')
    sequence = models.IntegerField(verbose_name='组内顺序')
    class Meta:
        db_table = 'tb_goods_channel'
        verbose_name = '商品频道'
        verbose_name_plural = verbose_name
    def __str__(self):
        return self.category.name
```

（3）在 goods 应用的 models.py 文件中定义商品相关模型，包括商品品牌模型类、SPU 模型类、SKU 模型类、SPU 规格模型类、SKU 规格模型类、SKU 图片模型类和规格选项模型类，示例代码如下：

```python
class Brand(BaseModel):
    """ 品牌 """
    name = models.CharField(max_length=20, verbose_name='名称')
    logo = models.ImageField(verbose_name='Logo图片')
    first_letter = models.CharField(max_length=1, verbose_name='品牌首字母')
    class Meta:
        db_table = 'tb_brand'
        verbose_name = '品牌'
        verbose_name_plural = verbose_name
    def __str__(self):
        return self.name
class SPU(BaseModel):
    """ 商品SPU"""
    name = models.CharField(max_length=50, verbose_name='名称')
    brand = models.ForeignKey(Brand, on_delete=models.PROTECT,
                              verbose_name='品牌')
    category1 = models.ForeignKey(GoodsCategory, on_delete=models.PROTECT,
                 related_name='cat1_spu', verbose_name='一级类别')
    category2 = models.ForeignKey(GoodsCategory, on_delete=models.PROTECT,
                 related_name='cat2_spu', verbose_name='二级类别')
    category3 = models.ForeignKey(GoodsCategory, on_delete=models.PROTECT,
                 related_name='cat3_spu', verbose_name='三级类别')
    sales = models.IntegerField(default=0, verbose_name='销量')
    comments = models.IntegerField(default=0, verbose_name='评价数')
    desc_detail = models.TextField(default='', verbose_name='详细介绍')
    desc_pack = models.TextField(default='', verbose_name='包装信息')
    desc_service = models.TextField(default='', verbose_name='售后服务')
    class Meta:
        db_table = 'tb_spu'
        verbose_name = '商品SPU'
        verbose_name_plural = verbose_name
    def __str__(self):
        return self.name
class SKU(BaseModel):
    """ 商品SKU"""
    name = models.CharField(max_length=50, verbose_name='名称')
    caption = models.CharField(max_length=100, verbose_name='副标题')
    spu = models.ForeignKey(SPU, on_delete=models.CASCADE,
                            verbose_name='商品')
    category = models.ForeignKey(GoodsCategory, on_delete=models.PROTECT,
                                 verbose_name='从属类别')
    price = models.DecimalField(max_digits=10, decimal_places=2,
                                verbose_name='单价')
    cost_price = models.DecimalField(max_digits=10, decimal_places=2,
                                     verbose_name='进价')
    market_price = models.DecimalField(max_digits=10, decimal_places=2,
                                       verbose_name='市场价')
    stock = models.IntegerField(default=0, verbose_name='库存')
    sales = models.IntegerField(default=0, verbose_name='销量')
    comments = models.IntegerField(default=0, verbose_name='评价数')
```

```python
            is_launched = models.BooleanField(default=True,
                                              verbose_name='是否上架销售')
            default_image = models.ImageField(max_length=200, default='',
                            null=True, blank=True, verbose_name='默认图片')
            class Meta:
                db_table = 'tb_sku'
                verbose_name = '商品SKU'
                verbose_name_plural = verbose_name
            def __str__(self):
                return '%s: %s' % (self.id, self.name)
        class SKUImage(BaseModel):
            """SKU图片"""
            sku = models.ForeignKey(SKU, on_delete=models.CASCADE,
                                    verbose_name='sku')
            image = models.ImageField(verbose_name='图片')
            class Meta:
                db_table = 'tb_sku_image'
                verbose_name = 'SKU图片'
                verbose_name_plural = verbose_name
            def __str__(self):
                return '%s %s' % (self.sku.name, self.id)
        class SPUSpecification(BaseModel):
            """商品SPU规格"""
            spu = models.ForeignKey(SPU, on_delete=models.CASCADE,
                        related_name='specs', verbose_name='商品SPU')
            name = models.CharField(max_length=20, verbose_name='规格名称')
            class Meta:
                db_table = 'tb_spu_specification'
                verbose_name = '商品SPU规格'
                verbose_name_plural = verbose_name
            def __str__(self):
                return '%s: %s' % (self.spu.name, self.name)
        class SpecificationOption(BaseModel):
            """规格选项"""
            spec = models.ForeignKey(SPUSpecification, related_name='options',
                        on_delete=models.CASCADE, verbose_name='规格')
            value = models.CharField(max_length=20, verbose_name='选项值')
            class Meta:
                db_table = 'tb_specification_option'
                verbose_name = '规格选项'
                verbose_name_plural = verbose_name
            def __str__(self):
                return '%s - %s' % (self.spec, self.value)
        class SKUSpecification(BaseModel):
            """SKU具体规格"""
            sku = models.ForeignKey(SKU, related_name='specs',
                    on_delete=models.CASCADE, verbose_name='sku')
            spec = models.ForeignKey(SPUSpecification, on_delete=models.PROTECT,
                    verbose_name='规格名称')
            option = models.ForeignKey(SpecificationOption,
                    on_delete=models.PROTECT, verbose_name='规格值')
            class Meta:
                db_table = 'tb_sku_specification'
                verbose_name = 'SKU规格'
                verbose_name_plural = verbose_name
```

```
    def __str__(self):
        return '%s: %s - %s' % (self.sku, self.spec.name, self.option.value)
```

模型类定义完成之后需要执行生成迁移文件以及执行迁移文件的命令生成对应的数据表。

2. 导入商品数据

打开数据库 xiaoyu_mall,在该数据库中执行教材提供的 SQL 文件 goods_data.sql,执行完成后可查看到商品类别表和商品表中的数据。

小鱼商城项目是将图片数据存储在本地磁盘中,将图片名称存储在数据库,如果要在前端页面中显示图片,那么在模板文件中拼接文件存储路径与文件名及后缀来读取文件,示例代码如下:

```
<img src="/static/images/goods/{{ sku.default_image }}.jpg">
```

至此,商品数据导入完毕。

9.3 呈现首页数据

小鱼商城的首页数据分为两部分:商品分类和广告。商品分类可以帮助用户快速找到所需商品,提供便利的购物体验,用户可以按需浏览不同类别的商品;而商品广告则用于吸引用户注意力,推广特定产品或活动。本节将介绍如何呈现首页的商品分类和商品广告。

9.3.1 呈现首页商品分类

小鱼商城首页的商品分类如图 9-6 所示。

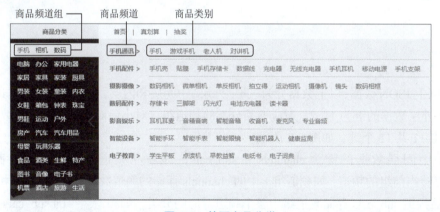

图 9-6 首页商品分类

通过观察图 9-6 可知,商品分类分为三个层级分别为商品频道组、商品频道和商品类别。接下来,分为分析首页商品分类的数据结构、查询首页商品分类和渲染首页商品分类进行介绍。

1. 分析首页商品分类的数据结构

呈现页面数据之前,需要根据呈现的效果,分析后端代码中所提供数据的结构,以便前端确定 HTML 文件中渲染数据的代码样式。

首页呈现的商品分类的展示效果结构特点如下：

（1）首页的商品分类部分呈现 11 个商品频道组，每个频道组中包含 3~4 个分类。

（2）每个频道组中对应多个商品频道，当将鼠标放置在频道组时，呈现频道组中所有频道对应的商品频道。

（3）每个频道对应多个商品类别。

商品分类中的商品频道组、商品频道和商品类别之间存在着互相关联的关系，通过这种方式实现了三级联动。

根据上述分析的结构特点，可以将商品分类数据保存为 JSON 格式。示例数据如下：

```
{
    "1":{
        "channels":[
            {"id":1,    "name":"手机",    "url":"http://www.itcast.cn/"},
            {"id":2,    "name":"相机",    "url":"http://www.itcast.cn/"}
        ],
        "sub_cats":[
            {
                "id":38,
                "name":"手机通讯",
                "sub_cats":[
                    {"id":115,  "name":"手机"},
                    {"id":116,  "name":"游戏手机"}
                ]
            },
            ...
        ]
    },
    "2":{
        "channels":[],
        "sub_cats":[]
    }
    ...
}
```

分析以上 JSON 数据，以上数据分为三层：外层、中间层和内层，下面对各层数据进行说明。

（1）外层数据的键为 1、2，对应商品分类的频道组。对小鱼商城的商品分类数据而言，外层包含 1~11 共 11 个键，如图 9-7 所示。

（2）中间层数据的键为 channels 和 sub_cats，即商品频道和商品类别。商品频道 channels 存储当前组的频道，如频道组 1 中的 channels 存储的频道数据为"手机""相机""数码"。商品频道 sub_cats 存储频道组中各个频道对应的分类，如频道组 1 的 sub_cats 存储"手机通讯""手机配件"等频道，如图 9-8 所示。

（3）内层数据是中间层数据 sub_cats 中元素的第三个键值对，其键为 sub_cats，值为频道分类的商品类别，以频道分类"手机通讯"为例，它对应的商品类别为"手机""游戏手机""老人机""对讲机"，如图 9-9 所示。

图 9-7 商品频道组

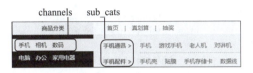

图 9-8 channels 和 sub_cats

图 9-9 内层的 sub_cats

2. 查询首页商品分类

Django 通过模型类访问数据库,在 9.2 节中我们将与商品分类相关的模型类——商品频道组 GoodsChannelGroup、商品频道 GoodsChannel、商品类别 GoodsCategory——定义在了 goods 应用的 models.py 中。考虑到通过商品频道可以相对方便地查询商品频道组和商品类别,这里将在 contents 应用中根据商品频道组查询首页商品分类,为此需要在 contents 应用的 views.py 文件中先导入模型类 GoodsChannel。此外需要注意,由于呈现在页面中的商品分类信息是有序的,但字典本身无序,因此在后端代码中定义存储分类数据的字典时,需要导入 collections 模块中的有序字典 OrderedDict,示例代码如下:

```
from goods.models import GoodsChannel
from collections import OrderedDict
```

在 contents 应用的 views.py 文件中实现商品分类查询,示例代码如下:

```
class IndexView(View):
    """首页广告"""
    def get(self, request):
        """提供首页广告页面"""
        # 准备商品分类对应的字典
        categories = OrderedDict()
        # 查询所有的商品频道——37 个一级类别
        channels = GoodsChannel.objects.all().order_by('group_id',
                                                       'sequence')
        # 遍历所有频道
        for channel in channels:
            # 获取当前频道所在的组——组只有 11 个
            group_id = channel.group_id
            # 构造基本的数据框架
            if group_id not in categories:
```

```python
            categories[group_id] = {
                'channels': [],
                'sub_cats': [],
            }
        # 查询当前频道对应的一级类别
        cat1 = channel.category
        # 将 cat1 添加到 channels——将类别添加到频道
        categories[group_id]['channels'].append({
            'id': cat1.id,
            'name': cat1.name,
            'url': channel.url
        })
        # 查询二级和三级类别
        for cat2 in cat1.subs.all():        # 从一级类别找二级类别
            cat2.sub_cats = []              # 给二级类别添加一个保存三级类别的列表
            for cat3 in cat2.subs.all():    # 从二级类别找三级类别
                cat2.sub_cats.append(cat3)  # 将三级类别添加到二级
            # 将二级类别添加到一级类别的 sub_cats
            categories[group_id]['sub_cats'].append(cat2)
    # 构造上下文
    context = {
        'categories': categories,  # 商品分类数据
    }
    return render(request, 'index.html', context)
```

3. 渲染首页商品分类

后端代码将商品分类信息放在上下文字典中传递给模板文件，模板文件可以通过 categories 读取商品分类数据。修改模板文件 index.html 中的代码，在前端渲染首页的商品分类，需要修改的部分如下：

```html
<ul class="sub_menu">
    {% for group in categories.values() %}
    <li>
        <div class="level1">
            {% for channel in group.channels %}
            <a href="{{ channel.url }}">{{ channel.name }}</a>
            {% endfor %}
        </div>
        <div class="level2">
            {% for cat2 in group.sub_cats %}
            <div class="list_group">
                <div class="group_name fl">{{ cat2.name }} &gt;</div>
                <div class="group_detail fl">
                    {% for cat3 in cat2.sub_cats %}
                    <a href="/list/{{ cat3.id }}/1/">{{ cat3.name }}</a>
                    {% endfor %}
                </div>
            </div>
            {% endfor %}
        </div>
    </li>
    {% endfor %}
</ul>
```

以上代码在三层循环中遍历 categories 中的三级数据,并将其渲染到了页面之中。

至此,呈现首页商品分类功能完成。

9.3.2 呈现首页商品广告

当前小鱼商城首页的广告数据都是在模板文件中以硬代码形式编写的数据,实际应用中,页面上呈现的数据存储在数据库中,开发人员需要编写代码从数据库中读取数据,在页面中渲染从数据库中读取的数据。接下来,先分析广告数据,再分步骤实现呈现首页商品广告信息的功能。

1. 分析广告数据

小鱼商城首页中包含四种广告,分别为轮播图、快讯、页头广告和楼层广告,并且每种广告包含多条内容,对于这些广告数据可以保存为 JSON 格式。

以轮播图和快讯广告数据为例,示例代码如下:

```
{
    "index_lbt":[      # 轮播图广告
        {
            "id":1,
            "category":1,
            "title":"美图 M8s",
            "url":"http://www.itcast.cn",
            "image":"CtM3BVrLmc-AJdVSAAEI5Wm7zaw8639396",
            "text":"",
            "sequence":1,
            "status":1
        },
    ],
    "index_kx":[       # 快讯广告
        {
            "id":4,
            "category":2,
            "title":"i7 顽石低至 4199 元",
            "url":"http://www.itcast.cn",
            "image":"",
            "text":"",
            "sequence":1,
            "status":1
        },
    ]
}
```

结合以上示例数据,对广告数据进行分析,广告数据有两个层级。

(1)第一层数据的键值为广告类型,如上述示例中为 index_lbt 和 index_kx,分别为轮播图广告和快讯广告,开发人员可通过广告类别的键来确定不同的广告在页面上展示的位置。

(2)第二层数据为当前类型下所包含的广告数据,如 index_lbt 类的广告下包含了 id 为 1 和 2 的两条数据,这两条数据的 category 都为 1(category 为数据库中广告类型的编号),每条广告还包含 title、url、sequence 等信息。其中 sequence 为排序字段,该字段决定了此条广告在本类广告中的展示顺序。

2. 查询首页商品广告

在 contents 应用的 views.py 文件中实现查询首页商品广告，示例代码如下：

```python
from contents.models import ContentCategory      # 导入广告类别模型类
class IndexView(View):
    """首页广告"""
    def get(self, request):
        """提供首页广告页面"""
        # 准备商品分类对应的字典
        ...
        # 查询二级和三级类别
            for cat2 in cat1.subs.all():    # 从一级类别找二级类别
                ...
        # 查询所有的广告类别
        contents = OrderedDict()
        content_categories = ContentCategory.objects.all()
        # 查询出未下架的广告并排序
        for content_category in content_categories:
            contents[content_category.key] =content_category.\
                content_set.filter(status=True).order_by('sequence')
        # 构造上下文
        context = {
            'categories': categories,           # 商品分类数据
            'contents': contents,               # 广告数据
        }
        return render(request, 'index.html', context)
```

3. 渲染首页广告数据

后端代码将商品分类信息放在上下文字典中传递给模板文件，模板文件可以通过 contents 读取广告数据。修改模板文件 index.html 中的代码，在前端渲染首页的商品分类，需要修改的部分如下：

（1）轮播图广告。

```html
<div class="pos_center_con clearfix">
    <ul class="slide">
    {% for content in contents.index_lbt %}
        <li><a href="{{ content.url }}"><img src="/static/images/goods/
        {{ content.image }}.jpg" alt=" 幻灯片 01"></a></li>
    {% endfor %}
    </ul>
```

以上代码在循环中遍历 contents 的轮播图广告，取出数据库中存储的图片文件名，将其和文件资源路径 /static/images/goods/ 及后缀 .jpg 拼接成为图片资源，传递给前端页面。

（2）快讯和页头广告。

```html
<div class="news">
    <div class="news_title">
        <h3>快讯</h3>
        <a href="#">更多 &gt;</a>
    </div>
    <ul class="news_list">
```

```
        {% for content in contents.index_kx %}
            <li><a href="{{ content.url }}">{{ content.title }}</a></li>
        {% endfor %}
        </ul>
         {% for content in contents.index_ytgg %}
            <a href="{{ content.url }}" class="advs"><img src="/static/images
            /goods/{{ content.image }}.jpg"></a>
        {% endfor %}
</div>
```

（3）楼层广告。

```
<div class="floor_adv" v-cloak>
    <div class="list_model">
        <div class="list_title clearfix">
            <h3 class="fl" id="model01">1F 手机通讯</h3>
                ...
            </div>
        </div>
    </div>
</div>
```

完成以上操作后，重启项目，刷新小鱼商城首页，即可看到最新的广告数据。

9.4 商 品 列 表

当用户在首页中选择不同的商品类别时，系统将根据用户选择的类别跳转到相应的商品列表页。用户可以通过浏览不同的商品类别，在相应的列表页上查看相关商品的详细信息和进行购买操作。本节将实现商品列表页面相关的功能。

9.4.1 商品列表页分析

在小鱼商城的列表页中展示了同一类别的多个商品，用户可以方便地浏览并了解可选商品。通过提供不同的排序选项，用户可以根据价格、人气等因素对商品进行筛选和排序，从而快速找到符合自己需求的商品。此外，列表页还提供导航栏和面包屑导航，方便用户在不同的商品分类之间进行切换和定位。

以商品类别"手机"为例，手机列表页如图9-10所示。

接下来，分为商品列表页功能分析和商品列表页数据展示进行介绍。

1．商品列表页功能分析

当用户在首页选择不同的类别时，商品列表页需要实现以下功能：

（1）获取商品分类信息，确保页面展示的商品与用户选择的类别相符。

（2）呈现面包屑导航信息，以便用户了解当前商品的上级类别和频道。如图9-10中为"手机 > 手机通讯 > 手机"。

（3）展示商品列表并实现分页功能，确保商品根据价格和人气进行排序。无论排序和分页方式如何变化，商品的分类不变；同时需要显示当前排序方式和分页页码，每页展示一定数量的商品。

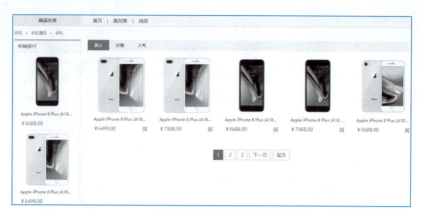

图 9-10　手机列表页

（4）在页面左侧呈现指定分类的热销商品排行信息，确保热销排行的商品分类、排序和分页与页面其他部分一致。

2. 商品列表页数据展示

单击首页的商品分类后浏览器应跳转到相应的商品列表页，为了实现页面跳转，并保证跳转到正确页面，需要明确页面的请求信息、响应结果与接口。下面分接口设计、请求参数、响应页面和后端实现四部分实现商品列表页数据展示功能。

（1）接口设计。从首页跳转到商品列表页面属于数据获取操作，不涉及数据提交，因此请求方式可定义为 GET，列表页在展示商品数据时，需要知道用户查看的是哪类商品以及展示的页码数，由此设计接口以及请求地址，见表 9-1。

表 9-1　商品列表页数据展示接口设计

选　　项	方　　案
请求方式	GET
请求地址	/list/\<int:category_id>/\<int:page_num>/

（2）请求参数。在商品列表页面显示商品数据时，除了要确定要显示的商品类别和页码数外，还需要指定商品的排序方式。商品列表页数据展示请求参数见表 9-2。

表 9-2　商品列表页数据展示请求参数

参　数　名	类　　型	是否必传	说　　明
category_id	str	是	商品分类 id，第三级分类
page_num	str	是	当前页面
sort	str	否	排序方式

上述参数中，sort 参数可以接收以下四种取值之一：

- default：默认排序，表示按照商品添加时间由早到晚进行排序。
- price：价格排序，表示按照价格排序，即价格由低到高排序。

- hot：销量排序，表示按人气排序，即按照销量由高到低排序。
- 任意字符串：非法排序，如果取值为任意字符串，那么按照默认排序方式排序。

（3）响应页面。商品列表页通过新的模板文件 list.html 呈现，程序需将该文件作为响应页面。

（4）后端实现。在 goods 应用的 views.py 文件中，定义类视图 ListView 用于实现商品列表页数据展示功能。在该类视图的 get() 方法中，需要将商品类别 id 和查看的页码数据作为参数，示例代码如下：

```python
from django.http import HttpResponseNotFound
from django.views import View
from goods.models import GoodsCategory
class ListView(View):
    """ 商品列表页 """
    def get(self, request, category_id, page_num):
        """ 提供商品列表页 """
        # 校验参数 category_id
        try:
            # 根据商品类别 id 获取该类的所有商品
            category = GoodsCategory.objects.get(id=category_id)
        except GoodsCategory.DoesNotExist:
            return HttpResponseNotFound(" 参数 category_id 不存在 ")
        return render(request, 'list.html')
```

因为上述代码只是通过 category_id 获取要展示的商品类别，并没有设置要显示哪页数据，所以还无法展示商品列表页中的数据。

9.4.2　呈现商品列表页数据

商品列表页数据的呈现相对复杂，因为在呈现商品的同时还需要实现分页和排序。下面先分析这些功能的业务逻辑，再实现商品列表页数据的呈现。

1. 业务逻辑分析

商品列表页的呈现包含获取商品列表、排序和分页三个功能，下面分别分析这三个功能。

（1）获取商品列表。商品列表中的每一个商品数据均是一个 SKU，商品类别与 SKU 之间存在一对多关系，因此可以通过商品类别与 SKU 之间的关系，从数据库中查询出当前类别下所有上架的 SKU，示例代码如下：

```python
skus = category.sku_set.filter(is_launched=True)
```

以上代码利用 filter() 方法而非 all() 方法进行查询，这是因为商品有个记录状态的字段 is_launched，该字段为 True 时表示商品在售，为 False 时表示商品已下架。商品列表中应只展示在售的商品，所以这里需要使用 filter() 获取过滤后的结果。

（2）排序。商品列表页的排序方式分为默认（按商品的创建日期）、按价格（由高到低）排序和按人气（销量由高到低）排序。代码中可通过 request 对象 GET 字段中的数据获取排序方式，示例代码如下：

```python
sort = request.GET.get('sort', 'default')
```

之后根据排序方式设置 SKU 表的排序字段，再根据排序字段对查询到的商品列表进行排序，示例代码如下：

```
# 接收 sort 参数：若未接收到，使用默认的排序规则
sort = request.GET.get('sort', 'default')
# 按照排序规则查询该分类商品 SKU 信息
if sort=='price':sort_field='price'elifsort=='hot':t_field= '-sales'
else:sort='default'sort_field='create_time'skus=SKU.objects.filter(category= category,
                                       is_launched=True).order_by(sort_field)
```

（3）分页。实现分页功能需要使用 django.core.paginator 模块的 Paginator 类，该类的构造方法可接收商品对象列表和每页的对象数量，返回分页后的数据，示例代码如下：

```
paginator = Paginator(skus, 5)
page_skus = paginator.page(page_num)
```

前端展示的对象仅为用户当前要查看的那一页所包含的记录，因此分页完成后需要根据用户要查看的页码，获取相应记录，这里将使用 paginator 对象的 page() 方法实现此功能；另外，若用户指定的页面为空，需要抛出异常，示例代码如下：

```
try:
    page_skus = paginator.page(page_num)
except EmptyPage:
    return HttpResponseForbidden('Empty Page')
```

以上代码使用的异常 EmptyPage 定义在 django.core.paginator 模块中。

2. 商品列表页数据的呈现

为了方便后续修改每页展示商品的数量，可以在 goods 应用中创建 constants.py 文件，并在该文件中定义每页显示商品数量的变量，示例代码如下：

```
# 每页显示商品数量
PER_PRODUCTS_LIMIT = 5
```

在类视图中实现获取商品列表、排序和分页三个功能，示例代码如下：

```
from django.http import HttpResponseForbidden
from django.core.paginator import Paginator, EmptyPage
from .constants import PER_PRODUCTS_LIMIT as per_goods_num
class ListView(View):
    """ 商品列表页 """
    def get(self, request, category_id, page_num):
        """ 提供商品列表页 """
        # 校验参数 category_id
        try:
            # 根据商品类别 id 获取该类的所有商品
            category = GoodsCategory.objects.get(id=category_id)
        except GoodsCategory.DoesNotExist:
            return HttpResponseNotFound('参数 category_id 不存在 ')
        # 商品排序，获取 sort 参数，如果没有传递这个参数，那么使用默认的排序方式
        sort = request.GET.get('sort', 'default')
        # 默认排序  按价格排序  按人气排序
        if sort == 'price':
```

```python
            sort_field = 'price'
        elif sort == 'hot':
            sort_field = '-sales'
        else:
            sort = 'default'
            sort_field = 'create_time'
    # 获取商品列表
    skus = category.sku_set.filter(is_launched=True).order_by(
                                                            sort_field)
    # 分页功能,创建分页器
    # 对skus进行分页,每页显示5条数据
    paginator = Paginator(skus, per_goods_num)
    try:
        page_skus = paginator.page(page_num)
    except EmptyPage:
        return HttpResponseForbidden('Empty Page')
    # 获取总的页码数,前端分页插件中需要使用
    total_page = paginator.num_pages
    context = {
        'category_id': category_id,
        'sort': sort,
        'page_skus': page_skus,
        'page_num': page_num,
        'total_page': total_page
    }
    return render(request, 'list.html', context)
```

为了能够在 list.html 页面中根据查询结果动态显示商品数据,需要对模板文件 list.html 进行修改,以确保页面能够根据实际查询结果动态展示相应的商品数据。修改后的示例代码如下:

```html
<div class="r_wrap fr clearfix">
    <div class="sort_bar">
        <a href="{{ url('goods:list',args=(category_id,1)) }}
        ?sort=default" {% if sort=='default'%}class="active" {% endif %}>
        默认</a>
        <a href="{{ url('goods:list',args=(category_id,1)) }}
        ?sort=price" {% if sort=='price' %}class="active"{% endif %}>价格
        </a>
        <a href="{{ url('goods:list',args=(category_id,1)) }
        }?sort=hot" {% if sort=='hot' %}class="active" {%endif %}>人气</a>
    </div>
    <ul class="goods_type_list clearfix">
        {% for sku in page_skus %}
        <li>
            <a href="#"><img src="/static/images/goods/{{
                sku.default_image }}.jpg"></a>
            <h4><a href="#">{{ sku.name }}</a></h4>
            <div class="operate">
                <span class="price">¥{{ sku.price }}</span>
                            <span class="unit">10+ 条评价</span>
                <a href="#" class="add_goods" title="加入购物车"></a>
            </div>
        </li>
```

```
        {% endfor %}
    </ul>
</div>
```

此时前端页面已经能呈现商品列表,并能根据人气和价格呈现不同的数据,但所有数据都在一页中显示。我们还需要在模板文件中准备分页器标签,编写实现分页器交互的脚本代码。具体操作如下:

在 list.html 中添加分页器标签代码,修改后的示例代码如下:

```
<head>
    {# 前端分页器插件内容,注意导入样式时放在最前面导入 #}
    <link rel="stylesheet" type="text/css" href="{{
                                static('css/jquery.pagination.css') }}">
    ...
</head>
<div class="r_wrap fr clearfix">
    ...
    </ul>
    {# 前端分页器插件内容 #}
    <div class="pagenation">
        <div id="pagination" class="page"></div>
    </div>
</div>
```

在 list.html 中添加分页器交互代码,示例代码如下:

```
<body>
    ...
     <script type="text/javascript" src="{{ static('js/jquery.pagination.min.js') }}"></script>
    <script>
        $(function () {
            $('#pagination').pagination({
                currentPage: {{ page_num }},      // 当期所在页码
                totalPage: {{ total_page }},      // 总页数
                callback:function (current) {
                    location.href = '/list/{{ category_id }}/' + current+'/?sort={{ sort }}';
                }
            })
        });
    </script>
</body>
```

类视图和前端模板文件实现完成之后,还需在项目的 urls.py 文件中添加访问 goods 应用的路由,示例代码如下:

```
path('',include('goods.urls'))
```

在 goods 应用中还需创建 urls.py 文件,并在该文件中定义访问商品列表页 URL,示例代码如下:

```
from django.urls import path
```

```
app_name = 'goods'
from . import views
urlpatterns = [
    path('list/<int:category_id>/<int:page_num>/',
         views.ListView.as_view(), name='list'),
]
```

至此，商品列表页数据的呈现实现完毕。

重新启动小鱼商城，访问商品列表页并选择默认排序，如图 9-11 所示。

图 9-11 默认排序

在商品列表页中除了按默认排序之外，还可以选择按价格排序或按人气排序，按人气排序如图 9-12 所示。

图 9-12 人气排序

9.4.3 获取商品分类

在商品列表页左侧也需要实现首页的商品分类展示功能，该功能在 contents 应用中已经实现，因此可将该功能的实现代码进行封装，然后在 contents 应用的 IndexView 视图和 goods 应用的 ListView 视图进行调用即可。

首先在 contents 应用下创建 utils.py 文件,将获取商品分类的代码封装到此文件中,示例代码如下:

```python
from collections import OrderedDict
from goods.models import GoodsChannel
def get_categories():
    """ 获取商品分类 """
    # 准备商品分类对应的字典
    categories = OrderedDict()
    # 查询并展示商品分类, 37 个一级类别
    channels = GoodsChannel.objects.order_by('group_id', 'sequence')
    # 遍历所有频道
    for channel in channels:
        group_id = channel.group_id      # 当前组
        # 获取当前频道所在的组, 只有 11 个组
        if group_id not in categories:
            categories[group_id] = {'channels': [], 'sub_cats': []}
        cat1 = channel.category    # 当前频道的类别
        # 追加当前频道
        categories[group_id]['channels'].append({
            'id': cat1.id,
            'name': cat1.name,
            'url': channel.url
        })
        # 查询二级和三级类别
        for cat2 in cat1.subs.all():        # 从一级类别查找二级类别
            cat2.sub_cats = []              # 给二级类别添加一个保存三级类别的列表
            for cat3 in cat2.subs.all():    # 从二级类别查找三级类别
                cat2.sub_cats.append(cat3)  # 将三级类别添加到二级 sub_cats
            # 将二级类别添加到一级类别的 sub_cats
            categories[group_id]['sub_cats'].append(cat2)
    return categories
```

然后分别在 contents 应用的 IndexView 视图和 goods 应用的 ListView 视图调用 get_categories() 方法。

IndexView 视图调用 get_categories() 方法,示例代码如下:

```python
from contents.utils import get_categories
class IndexView(View):
    """ 首页广告 """
    def get(self, request):
        """ 提供首页广告页面 """
        categories = get_categories()
        # 查询所有的广告类别
        contents = OrderedDict()
        content_categories = ContentCategory.objects.all()
        # 查询出未下架的广告并排序
        for content_category in content_categories:
            contents[content_category.key] =content_category.\
                content_set.filter(status=True).order_by('sequence')
        # 构造上下文
        context = {
```

```
            'categories': categories,    # 分类数据
            'contents': contents,        # 广告数据
        }
        return render(request, 'index.html', context)
```

ListView 视图调用 get_categories() 方法，示例代码如下：

```
from contents.utils import get_categories
class ListView(View):
    """商品列表页"""
    def get(self, request, category_id, page_num):
        """查询并渲染商品列表页"""
        ...
        total_page = paginator.num_pages
        categories = get_categories()
        # 构造上下文
        context = {
            'categories': categories,
        }
        return render(request, 'list.html', context)
```

在模板文件 list.html 修改渲染商品分类数据，示例代码如下：

```
<div class="sub_menu_con fl">
    <h1 class="fl"> 商品分类 </h1>
    <ul class="sub_menu">
        {% for group in categories.values() %}
        <li>
            <div class="level1">
            {% for channel in group.channels %}
                <a href="{{ channel.url }}">{{ channel.name }}</a>
            {% endfor %}
            </div>
            <div class="level2">
                {% for cat2 in group.sub_cats %}
                <div class="list_group">
                    <div class="group_name fl">{{ cat2.name }} &gt;</div>
                    <div class="group_detail fl">
                        {% for cat3 in cat2.sub_cats %}
                          <a href="/list/{{ cat3.id }}/1/">{{ cat3.name }}</a>
                        {% endfor %}
                    </div>
                </div>
                {% endfor %}
            </div>
        </li>
        {% endfor %}
    </ul>
</div>
```

以上代码与 index.html 页面渲染商品分类的代码相同，此处不再赘述。

配置完成后，重启项目，刷新商品列表页面，将鼠标放置在商品列表页的"商品分类"上，如图 9-13 所示。

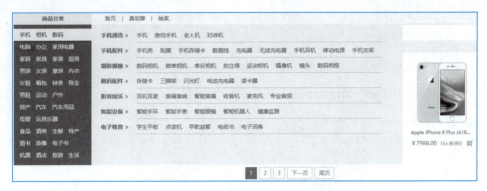

图 9-13 商品列表页 - 商品分类

若商品列表页能够呈现从数据库中读取的数据，说明获取商品分类的功能成功实现。

9.4.4 列表页面包屑导航

面包屑导航是一种在网页或应用程序中用于显示当前页面的路径结构的导航元素，通过面包屑导航可以清晰地显示用户当前页面在整个网站结构中的位置，帮助用户了解如何到达当前页面。小鱼商城商品列表页面包屑导航如图 9-14 所示。

图 9-14 面包屑导航

图 9-14 所示的面包屑导航依次为一级、二级、三级商品类别。商品列表页当前接收了参数 category_id，即三级商品类别。根据之前对商品分类数据的分析可知，商品类别表是一个自关联表，其中有一个字段 parent，因此通过三级类别的 parent 字段可以找到二级类别，通过二级类别的 parent 字段可以找到一级类别。

面包屑导航功能在小鱼商城中会多次使用，这里在 goods 应用中创建 utils.py 文件，定义 get_breadcrumb() 函数，实现根据三级分类查询面包屑导航的功能，示例代码如下：

```python
def get_breadcrumb(category):
    """
    获取面包屑导航
    :param category: 类别对象：一级  二级   三级
    :return: 一级：返回一级    二级：返回一级＋二级   三级：一级＋二级＋三级
    """
    breadcrumb = {
        'cat1': '',
        'cat2': '',
        'cat3': '',
    }
    if category.parent == None:                    # 一级类别
        breadcrumb['cat1'] = category
    elif category.subs.count() == 0:               # 三级类别
        cat2 = category.parent
        breadcrumb['cat1'] = cat2.parent
        breadcrumb['cat2'] = cat2
        breadcrumb['cat3'] = category
    else:                                          # 二级类别
        breadcrumb['cat1'] = category.parent
        breadcrumb['cat2'] = category
```

```
    return breadcrumb
```

面包屑导航功能实现后,在 ListView 视图中调用 get_breadcrumb() 函数,并将该函数返回的结果保存在上下文中传递给 list.html 文件,示例代码如下:

```
from .utils import get_breadcrumb
class ListView(View):
    """商品列表页"""
    def get(self, request, category_id, page_num):
        """查询并渲染商品列表页"""
        ...
        # 查询面包屑导航:一级 ==> 二级 ==> 一级
        breadcrumb = get_breadcrumb(category)
        # 构造上下文
        context = {
            'categories': categories,
            'breadcrumb': breadcrumb,
        }
        return render(request, 'list.html', context)
```

修改 list.html 文件,在其中渲染面包屑导航数据,修改后的示例代码如下:

```
<div class="breadcrumb">
    <a href="javascript:;">{{ breadcrumb.cat1.name }}</a>
    <span>></span>
    <a href="javascript:;">{{ breadcrumb.cat2.name }}</a>
    <span>></span>
    <a href="javascript:;">{{ breadcrumb.cat3.name }}</a>
</div>
```

9.4.5 列表页热销排行

列表页的热销排行是根据某类商品的总销量进行排序,并展示销售量排前两名的商品。小鱼商城的商品列表页和商品详情页中都包含展示热销商品的功能。本节将分析热销排行的业务逻辑,并以列表页为例,分接口定义与实现、渲染列表页热销排行数据、渲染商品页热销排行页面和配置 URL 这五个步骤实现热销排行功能。

1. 业务逻辑分析

热销排行显示当前类别销量最高、未下架的两种商品,因此应先从 SKU 表中根据 category_id 查询商品类别,然后获取该商品类别所有商品,接着按照商品按销量由高到低排序,最后再使用切片取出排名第一、第二的两个商品。

在商品销售火爆的情况下,热销商品频繁变动,热销排行应实时刷新,但商品列表一般情况下不会变化,因此热销排行需要局部刷新。实现局部刷新需要前端发送 AJAX 请求,后端返回查询出的 JSON 数据。

热销商品的类别应与当前列表页的类别相同,前端页面以 GET 方式发送 AJAX 请求,并利用 category_id 查询商品类别。ListView 类的 get() 方法应将 category_id 放在上下文中传递给模板。

热销排行返回 JSON 数据见表 9-3。

表 9-3 热销排行返回 JSON 数据

键值名称	说明	键值名称	说明
code	状态码	default_image_url	商品默认图片
errmsg	错误信息	name	商品名称
hot_skus	热销 SKU 列表	price	价格
id	SKU 编号		

热销排行返回 JSON 数据的结构示例如下:

```
{
    "code":"0",
    "errmsg":"OK",
    "hot_skus":[
        {
            "id":6,
            "default_image_url":"http://127.0.0.1:8000/static/images/goods/
CtM3BVrRbI2ARekNAAFZsBqChgk3141998",
            "name":"Apple iPhone 8 Plus(A1864) 256GB 深空灰色移动联通电信 4G 手机",
            "price":"7988.00"
        },
        ...
    ]
}
```

2. 接口定义与实现

在 goods 应用中的 views.py 文件中定义类视图 HostGoodsView，在该视图的 get() 方法实现展示热销商品排行功能，示例代码如下:

```
from django.http import JsonResponse
from django.conf import settings
from xiaoyu_mall.utils.response_code import RETCODE
from .models import SKU
class HostGoodsView(View):
    """ 热销排行 """
    def get(self, request, category_id):
        # 查询热销数据（结果为 SKU 模型类的对象列表）
        skus = SKU.objects.filter(
         category_id=category_id, is_launched=True).order_by('-sales')[:2]
        # 将模型列表转字典构造 JSON 数据
        hot_skus = []
        for sku in skus:
            sku_dict = {
                'id': sku.id,
                'name': sku.name,
                'price': sku.price,
                'default_image_url':settings.STATIC_URL +
                        'images/goods/' + sku.default_image.url + '.jpg'
            }
            hot_skus.append(sku_dict)
        return JsonResponse({'code': RETCODE.OK, 'errmsg': 'OK',
                        'hot_skus': hot_skus})
```

3. 渲染列表页热销排行数据

list.js 文件中需要根据 category_id 访问查看哪类商品热销数据，因此需要先在模板文件 list.html 中将 category_id 传递到 list.js 文件，示例代码如下：

```
<script type="text/javascript">
    let category_id = "{{ category_id }}";
</script>
```

在 list.js 中接收 category_id，并定义函数发送 AJAX 请求，示例代码如下：

```
let vm = new Vue({
    el: '#app',
    delimiters: ['[[', ']]'],
    data: {
        category_id: category_id,
        ...
    },
    mounted(){
        // 获取热销商品数据
        this.get_hot_skus();
    },
    methods: {
        // 获取热销商品数据
        get_hot_skus(){
            if (this.category_id) {
                let url = '/hot/'+ this.category_id +'/';
                axios.get(url, {
                    responseType: 'json'
                })
                    .then(response => {
                        this.hot_skus = response.data.hot_skus;
                        for(let i=0; i<this.hot_skus.length; i++){
                            this.hot_skus[i].url = '/detail/' + this.hot_skus[i].id + '/';
                        }
                    })
                    .catch(error => {
                        console.log(error.response);
                    })
            }
        },
    }
});
```

4. 渲染商品热销排行界面

在模板文件 list.html 中需要将返回的 JSON 数据渲染并展示，示例代码如下：

```
<h3>热销排行</h3>
<ul>
    <li v-for="sku in hot_skus">
        <a :href="sku.url"><img :src="sku.default_image_url"></a>
        <h4><a :href="sku.url">[[ sku.name ]]</a></h4>
        <div class="price">￥[[ sku.price ]]</div>
```

```
        </li>
    </ul>
```

5．配置URL

在 goods 应用的 urls.py 文件中添加访问列表页热销排行的 URL，示例代码如下：

```
# 热销排行
path('hot/<int:category_id>/', views.HostGoodsView.as_view()),
```

至此，热销排行实现完毕，重启项目，刷新页面，商品列表页的热销排行如图 9-15 所示。

图 9-15　热销排行

9.5　商品搜索

小鱼商城的首页、商品列表和商品详情页面都提供了搜索框，用户可以在搜索框中输入关键词，然后单击搜索按钮，以获取符合条件的商品列表。接下来，以商品列表页的搜索功能为例，分为搭建搜索引擎、渲染商品搜索结果以及设置搜索结果分页三部分介绍商品搜索功能。

9.5.1　准备搜索引擎

本节借助全文搜索引擎实现商品搜索功能。与模糊查询相比，全文搜索引擎的效率更高，且能够处理分词。Django 支持的全文搜索引擎有 Whoosh、Elasticsearch、solr 等，其中 Whoosh 由 Python 实现。与其他两个搜索引擎相比，whoosh 易读易用、稳定、功能强大、速度快，因此本节选择 Whoosh 作为小鱼商城的全文搜索引擎。

Whoosh 搜索引擎默认支持对英文进行分词，但对中文分词效果不佳。为了提升中文文本的分词效果，可以考虑替换 Whoosh 的默认分词组件为中文分词库 jieba 替换 Whoosh 的分词组件。

另外，为了在 Django 中对接搜索引擎的框架，需要在项目中搭建使用搜索引擎的桥梁。Django 的第三方搜索引擎客户端工具是 Haystack，它提供了对多种搜索引擎的支持，可以在不修改代码的情况下使用不同的搜索引擎。在虚拟环境中安装搜索引擎 Whoosh、jieba 分词和 Haystack 的软件包，安装命令如下：

```
pip install whoosh==2.7.4 -i https://pypi.tuna.tsinghua.edu.cn/simple/
pip install jieba==0.42.1 -i https://pypi.tuna.tsinghua.edu.cn/simple/
pip install django-haystack==3.2.1 -i https://pypi.tuna.tsinghua.edu.cn/simple/
```

所需的第三方库和工具安装完成之后，接下来，在项目中配置使用 Whoosh 搜索引擎，具体步骤如下：

（1）在项目的 dev.py 文件中的配置项 INSTALLED_APPS 中添加 haystack 应用，示例代码如下：

```
INSTALLED_APPS = [
    'django.contrib.admin',
    'django.contrib.auth',
    'django.contrib.contenttypes',
    'django.contrib.sessions',
    'django.contrib.messages',
    'django.contrib.staticfiles',
    ...,
    'haystack'
]
```

（2）在项目的 dev.py 文件中配置搜索引擎 Whoosh，示例代码如下：

```
HAYSTACK_CONNECTIONS = {
    'default': {
        # 使用 whoosh 引擎
        'ENGINE': 'haystack.backends.whoosh_cn_backend.WhooshEngine',
        # 索引文件路径
        'PATH': os.path.join(BASE_DIR, 'whoosh_index'),
    }
}
# 当添加、修改、删除数据时，自动生成索引
HAYSTACK_SIGNAL_PROCESSOR = 'haystack.signals.RealtimeSignalProcessor'
```

（3）替换 whoosh 自带的分词组件，具体步骤如下：

① 找到虚拟环境下的 haystack 目录（xiaoyu_mall\Lib\site-packages\haystack\backends），在该目录中创建 ChineseAnalyzer.py 文件，在文件中复制以下内容并保存。

```
import jieba
from whoosh.analysis import Tokenizer, Token
class ChineseTokenizer(Tokenizer):
    def __call__(self, value, positions=False, chars=False,
                 keeporiginal=False, removestops=True,
                 start_pos=0, start_char=0, mode='', **kwargs):
        t = Token(positions, chars, removestops=removestops, mode=mode,
                  **kwargs)
```

```
            seglist = jieba.cut(value, cut_all=True)
            for w in seglist:
                t.original = t.text = w
                t.boost = 1.0
                if positions:
                    t.pos = start_pos + value.find(w)
                if chars:
                    t.startchar = start_char + value.find(w)
                    t.endchar = start_char + value.find(w) + len(w)
                yield t
def ChineseAnalyzer():
    return ChineseTokenizer()
```

② 复制 whoosh_backend.py 文件，将副本文件更名为 whoosh_cn_backend.py。

③ 打开 whoosh_cn_backend.py，引入中文分析器文件 ChineseAnalyzer，示例代码如下：

```
from .ChineseAnalyzer import ChineseAnalyzer
```

④ 在 whoosh_cn_backend.py 中使用中文分析器，修改部分如下：

- 将 analyzer=field_class.analyzer or StemmingAnalyzer()，修改为 analyzer=ChineseAnalyzer()。
- 将 from django.utils.datetime_safe import date, datetime 替换为 from datetime import date, datetime。

除了修改 whoosh_cn_backend.py 文件内容，还需将 haystack 目录下 fields.py 文件中 from django.utils import datetime_safe 修改为 from datetime import date, datetime。

⑤ 在 goods 应用中创建索引类，指明让搜索引擎对哪些字段建立索引，也就是可以通过哪些字段的关键字来检索数据。本项目中对 SKU 信息进行全文检索，因为 SKU 模型类定义在 goods 应用中，所以将存放索引类的文件也放在 goods 应用中。具体操作为：在 goods 应用中新建 search_indexes.py 文件，在其中写入如下代码并保存：

```
from haystack import indexes
from .models import SKU
class SKUIndex(indexes.SearchIndex, indexes.Indexable):
    """SKU 索引数据模型类"""
    # 接收索引字段：使用文档定义索引字段，并且使用模板语法渲染
    text = indexes.CharField(document=True, use_template=True)
    def get_model(self):
        """返回建立索引的模型类"""
        return SKU
    def index_queryset(self, using=None):
        """返回要建立索引的数据查询集"""
        return self.get_model().objects.filter(is_launched=True)
```

对索引类 SKUIndex 的说明如下：SKUIndex 中建立的字段都可以借助 Haystack 由 whoosh 搜索引擎查询；text 字段声明为 document=True，表明该字段是主要进行关键字查询的字段；text 字段的索引值可以由多个数据库模型类字段组成，这里将 use_template 设置为 True，表明后续将通过一个数据模板来指明需要检索的字段。

⑥ 在 templates/search/indexes/ 目录下创建 goods 目录，在其中创建 sku_text.txt 文件，在其中指定索引的属性。

```
{{object.id}}
{{object.name}}
{{object.caption}}
```

模板文件说明：当将关键词通过 text 参数名传递时，此模板指明 SKU 的 id、name、caption 将作为 text 字段的索引值来进行关键字索引查询。

⑦ 使用下面的命令手动生成初始索引，示例代码如下：

```
python manage.py rebuild_index
```

当执行此条命令时，程序会加载 Haystack 的配置信息，Haystack 会根据配置找到 whoosh。命令执行后会询问是按照配置创建索引，选择 y 继续执行命令。

⑧ 打开项目的 urls.py 文件，在路由列表中添加 Hatstack 的路由配置信息，示例代码如下：

```
path('search/', include('haystack.urls')),
```

⑨ 模板文件 list.html 定义了搜索表单，示例代码如下：

```
<form method="get" action="/search/" class="search_con">
    <input type="text" class="input_text fl" name="q" placeholder="搜索商品">
    <input type="submit" class="input_btn fr" name="" value="搜索">
</form>
```

上述代码中，在搜索表单中定义了搜索请求的方式为 GET，请求地址定义为 /search/。至此，搜索引擎准备完成。

9.5.2 渲染商品搜索结果

当用户在搜索框中输入商品名称并单击"搜索"按钮后，小鱼商城会根据用户的输入查询相关的商品数据，并将查询结果呈现在搜索结果页面。在小鱼商城中将模板文件 search.html 作为搜索结果页面，需要将提供的该模板文件复制到 templates/search/ 目录中。

模板文件 search.html 展示的商品信息包括商品图片、商品名称、商品价格和商品评价数等信息，这些商品信息可通过 haystack 应用返回的数据进行获取。

haystack 应用返回的数据具体如下：

- query：搜索关键字。
- paginator：分页 paginator 对象。
- page：当前页的 page 对象，遍历 page 中的对象，可以得到 result 对象。
- result.object：当前遍历出来的 SKU 对象。

在 search.html 文件中渲染商品搜索结果，示例代码如下：

```
<div class = "main_wrap clearfix">
    <div class = "clearfix">
        <ul class = "goods_type_list clearfix">
        {% for result in page %}
        <li>
            <a href = "detail.html"><img src = "/static/ images/goods/
                    {{ result.object.default_image }}.jpg"></a>
            <h4><a href = "detail.html">{{ result.object.name }}</a></h4>
            <div class = "operate">
```

```html
                    <span class = "price">¥{{ result.object.price }}</span>
                    <span>1 评价</span>
                    <a href = "#" class = "add_goods" title = "加入购物车"></a>
                </div>
            </li>
            {% else %}
                <p>没有找到您要查询的商品。</p>
            {% endfor %}
        </ul>
        <div class = "pagenation">
            <div id = "pagination" class = "page"></div>
        </div>
    </div>
</div>
```

至此，商品搜索结果渲染完毕。重启项目，在商品列表页搜索"华为"，搜索结果如图 9-16 所示。

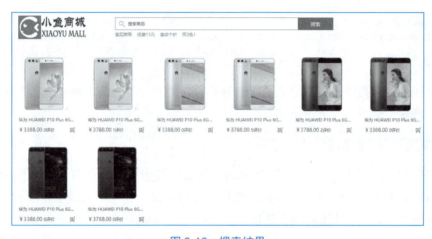

图 9-16　搜索结果

9.5.3　搜索结果分页

如果搜索结果页面中包含数个商品信息，那么可将查询结果分页显示。使用 Haystack 的配置项 HAYSTACK_SEARCH_RESULTS_PER_PAGE 可以控制搜索结果页面显示的记录数量。

例如，在 dev.py 中设置搜索结果页面中每页显示 5 条记录，示例代码如下：

```
HAYSTACK_SEARCH_RESULTS_PER_PAGE = 5
```

在模板文件 search.html 中添加搜索页分页器，示例代码如下：

```html
    <div class="main_wrap clearfix">
        <div class=" clearfix">
            ...
            <div class="pagenation">
                <div id="pagination" class="page"></div>
            </div>
        </div>
        ...
```

```
<script>
    $(function () {
        $('#pagination').pagination({
            currentPage: {{ page.number }},
            totalPage: {{ paginator.num_pages }},
            callback:function (current) {
                location.href = '/search/?q={{ query }}&page=' + current;
            }
        })
    });
</script>
```

重新启动项目，刷新搜索结果页，分页后的搜索结果页面如图 9-17 所示。

图 9-17　分页后的搜索结果页面

9.6　商　品　详　情

商品详情页用于展示商品的详细信息，小鱼商城商品详情页包括商品分类、面包屑导航、热销排行、商品 SKU 信息、SKU 规格信息和商品评价，其中商品 SKU 信息包括详情信息、详情介绍、规格与包装和售后服务，商品分类、面包屑导航、热销排行已经实现，而商品评价需要用户购买之后才可实现，本节将对展示商品 SKU 信息、SKU 规格信息的实现进行介绍。

9.6.1　展示商品SKU信息

商品详情页呈现一类商品的详情信息和本类商品中某个 SKU 的图片、名字、副标题、规格等信息。例如，单击商品列表页中金色、64 GB 的 iPhone 8 Plus，商品详情页呈现 iPhone 8 Plus 的信息，和金色 iPhone 8 Plus 的图片、标题等，默认选中的规格为金色、64 GB。为此，商品详情页必须知道当前需要渲染的是哪个 SKU，这就要求在用户单击商品发送请求的同时，将当前商品的 sku_id 传递到商品详情页。

根据上述分析得知，展示商品 SKU 信息只涉及数据查询操作，所以请求方式可使用 GET 请求，请求地址定义为 /detail/<int:sku_id>/。

因为商品分类、面包屑导航、热销排行已经实现，所以在实现这些功能时，只需调用之前代码即可，而展示商品 SKU 信息，需要根据前端传递的 sku_id 获取要展示的商品信息，示例代码如下：

```python
class DetailView(View):
    """商品详情页"""
    def get(self, request, sku_id):
        """提供商品详情页"""
        # 获取当前sku的信息
        try:
            sku = SKU.objects.get(id=sku_id)
        except SKU.DoesNotExist:
            return render(request, '404.html')
        # 查询商品频道分类
        categories = get_categories()
        # 查询面包屑导航
        breadcrumb = get_breadcrumb(sku.category)
        # 渲染页面
        context = {
            'categories': categories,
            'breadcrumb': breadcrumb,
            'sku': sku,
            'stock': sku.stock
        }
        return render(request, 'detail.html', context)
```

将本书提供的商品详情页模板文件 detail.html、404.html 复制到 templates 目录，JavaScript 文件 detail.js 复制到 static/js 目录。为了让前端能够根据商品分类渲染商品热销排行数据，需要将商品分类 id 传入 detail.js。detail.html 中的相关代码如下：

```
<script type="text/javascript">
    let category_id = "{{ sku.category.id }}";
</script>
```

detail.js 中的相关代码如下：

```
data: {
    ...
    category_id: category_id,
    ...
}
```

至此，商品详情页的商品分类、面包屑导航和热搜排行功能业已实现，商品详情页准备完毕。

为了能够确保用户单击商品列表页商品时，页面能跳转到商品详情页，还需要在模板文件 list.html 配置进入商品详情页的 URL，修改代码如下：

```
<ul class="goods_type_list clearfix">
    {% for sku in page_skus %}
    <li>
        <a href="{{ url('goods:detail',args=(sku.id,)) }}">
            <img src="/static/images/goods/{{ sku.default_image }}.jpg"></a>
        <h4><a href="{{ url('goods:detail',args=(sku.id,)) }}">
            {{ sku.name }}</a></h4>
        <div class="operate">
            <span class="price">¥{{ sku.price }}</span>
            <span class="unit">10+ 条评价 </span>
            <a href="#" class="add_goods" title=" 加入购物车 "></a>
        </div>
```

```
        </li>
    {% endfor %}
</ul>
```

为了能够在商品详情页显示商品图片、商品名称和价格等信息，还需要 detail.html 文件中进行渲染，修改代码如下：

```
<div class="goods_detail_con clearfix">
    <div class="goods_detail_pic fl"><img src="/static/images/goods/
        {{ sku.default_image }}.jpg"></div>
    <div class="goods_detail_list fr">
        <h3>{{ sku.name }}</h3>
        <p>{{ sku.caption }}</p>
        <div class="price_bar">
            <span class="show_pirce">¥<em>{{ sku.price }}</em></span>
                <a href="javascript:;" class="goods_judge">1 人评价 </a>
        </div>
        <div class="goods_num clearfix">
            <div class="num_name fl">数 量: </div>
            <div class="num_add fl">
                <input v-model="sku_count" @blur="check_sku_count"
                    type="text" class="num_show fl">
                    <a @click="on_addition" class="add fr">+</a>
                    <a @click="on_minus" class="minus fr">-</a>
            </div>
        </div>
            {# 规格信息 #}
        <div class="total" v-cloak>总价: <em>[[ sku_amount ]]元 </em></div>
        <div class="operate_btn">
            <a @click="add_carts" class="add_cart" id="add_cart">
                加入购物车 </a>
        </div>
    </div>
</div>
```

商品详情页需要呈现用户选择商品数量时价格的局部刷新效果，因此需要将商品单价从模板传入到 JavaScript 文件中，以便实现总价的计算和呈现。在 detail.html 文件中添加如下代码以实现传递商品单价的功能：

```
<script type="text/javascript">
    let sku_price = "{{ sku.price }}";
    let category_id = "{{ sku.category.id }}";
    let sku_id = "{{ sku.id }}";
    let stock = "{{ stock }}";
</script>
```

在 detail.js 文件中添加如下代码：

```
data: {
    ...
    category_id: category_id,
    sku_price: sku_price,
    sku_id: sku_id,
    stock:stock,
    ...
}
```

类视图和模板文件定义完成之后,还需在 goods 应用的 urls.py 文件中添加访问商品详情页的 URL,示例代码如下:

```
path('detail/<int:sku_id>/', views.DetailView.as_view(), name='detail')
```

至此,展示商品 SKU 信息完成。

9.6.2 展示商品SKU规格

商品规格是指商品的具体属性或特征,用于描述商品的特征、尺寸、颜色、材质等相关信息。例如,小鱼商城中手机类商品规格信息包括数量、颜色和内存,手机类商品规格如图 9-18 所示。

图 9-18 手机类商品规格

从图 9-18 中可以看出,商品"Apple iPhone 8 Plus (A1864) 64GB 金色 移动联通电信 4G 手机"的规格信息中数量选项默认为 1,可单击"+"增加数量,单击"-"减少数量;颜色选项包含金色、深灰色和银色,默认为金色;内存规格选项中包含 64 GB 和 256 GB,默认为 64 GB。

用户在商品详情页选择商品的数量、颜色或内存时,当数量改变时,总价同步改变;当选择不同的颜色或内存时,地址栏的 sku_id、商品的图片、名称、副标题、价格和总价都需要改变。但一个 SPU 对应一组商品详情、规格与包装、售后服务信息,规格改变不影响这些信息。

根据以上分析,接下来,分为渲染详情、包装和售后信息以及查询和渲染 SKU 规格信息两部分进行介绍。

1. 渲染详情、包装和售后信息

商品详情、包装和售后信息存储在 SPU 表中,利用关联查询,可通过 SKU 查询 SPU 信息。detail.html 中用于渲染详情、包装和售后信息的示例代码如下:

```
<div class="r_wrap fr clearfix">
    <ul class="detail_tab clearfix">
        <li @click="on_tab_content('detail')" :class="tab_content.detail?
                  'active':''">商品详情</li>
        <li @click="on_tab_content('pack')" :class="tab_content.pack?
                  'active':''">规格与包装</li>
        <li @click="on_tab_content('service')" :class="tab_content.service?
                  'active':''">售后服务</li>
    </ul>
    <div @click="on_tab_content('detail')"
         class="tab_content" :class="tab_content.detail?'current':''">
        <dl>
            <dt>商品详情:</dt>
            <dd>{{ sku.spu.desc_detail|safe }}</dd>
```

```html
            </dl>
        </div>
        <div @click="on_tab_content('pack')"
             class="tab_content" :class="tab_content.pack?'current':''">
            <dl>
                <dt>规格与包装：</dt>
                <dd>{{ sku.spu.desc_pack|safe }}</dd>
            </dl>
        </div>
        <div @click="on_tab_content('service')"
             class="tab_content" :class="tab_content.service?'current':''">
            <dl>
                <dt>售后服务：</dt>
                <dd>{{ sku.spu.desc_service|safe }}</dd>
            </dl>
        </div>
</div>
```

2. 查询和渲染SKU规格信息

商品详情页面呈现当前商品的所有规格以及每种规格的所有选项，当用户在页面中切换规格选项时，页面应跟随选择呈现不同的SKU。例如，在iPhone 8 Plus页面，用户选择金色、64 GB时，页面呈现3号SKU（sku_id为3），选择金色、256 GB时，页面呈现4号SKU。因此规格信息部分应渲染的内容包括当前商品的所有规格信息和当前选中的SKU规格信息。

完善goods应用中视图类DetailView的get()方法，令其返回规格相关的信息，完善后的示例代码如下：

```python
class DetailView(View):
    """商品详情页"""
    def get(self, request, sku_id):
        """提供商品详情页"""
        ... # sku、频道分类、面包屑导航
        # 构建当前商品的规格键
        sku_specs = sku.specs.order_by('spec_id')
        sku_key = []
        for spec in sku_specs:
            sku_key.append(spec.option.id)
        # 获取当前商品的所有SKU
        skus = sku.spu.sku_set.all()
        # 构建不同规格参数（选项）的sku字典
        spec_sku_map = {}
        for s in skus:
            # 获取sku的规格参数
            s_specs = s.specs.order_by('spec_id')
            # 用于形成规格参数-sku字典的键
            key = []
            for spec in s_specs:
                key.append(spec.option.id)
            # 向规格参数-sku字典添加记录
            spec_sku_map[tuple(key)] = s.id
        # 获取当前商品的规格信息
        goods_specs = sku.spu.specs.order_by('id')
        # 若当前sku的规格信息不完整，则不再继续
        if len(sku_key) < len(goods_specs):
```

```
            return
    for index, spec in enumerate(goods_specs):
        key = sku_key[:]
        # 该规格的选项
        spec_options = spec.options.all()
        for option in spec_options:
            # 在规格参数 sku 字典中查找符合当前规格的 sku
            key[index] = option.id  # 设置当前商品的规格参数
            option.sku_id = spec_sku_map.get(tuple(key))
        spec.spec_options = spec_options
    # 渲染页面
    context = {
        ...
        'specs': goods_specs,
    }
    return render(request, 'detail.html', context)
```

以上代码根据 sku 从数据库中查询了当前 sku 的规格 id，并利用 sku 查询 SPU 表，获取当前商品的规格选项，以及每个规格选项的取值。

在 detail.html 页面利用上下文字典中传递的规格信息 specs 在模板中渲染商品规格，示例代码如下：

```
{% for spec in specs %}
<div class="type_select">
    <label>{{ spec.name }}:</label>
    {% for option in spec.spec_options %}
        {% if option.sku_id == sku.id %}
        <a href="javascript:;" class="select">{{ option.value }}</a>
        {% elif option.sku_id %}
        <a href="{{ url('goods:detail',
            args=(option.sku_id, )) }}">{{ option.value }}</a>
        {% else %}
        <a href="javascript:;">{{ option.value }}</a>
        {% endif %}
    {% endfor %}
</div>
{% endfor %}
```

至此，展示商品 SKU 规格功能完成。

9.7 用户浏览记录

小鱼商城的用户浏览记录是指用户浏览过的商品，这些记录通常包含商品图片、商品名称、商品价格和商品评价数，通过分析用户的浏览记录，网站不仅可以根据用户的兴趣和偏好推荐相关的商品，提高用户体验和购买转化率，还可以快速找回之前加入购物车的商品，避免重新选择的麻烦。本节将对用户浏览记录的实现进行介绍。

9.7.1 浏览记录存储方案

当用户登录后，在用户中心的个人信息页面中可查看当前用户的浏览记录，具体如图 9-19 所示。

图 9-19 商品最近浏览记录

从图 9-19 中可以看出，浏览记录共五个商品数据，最左侧的商品为最近浏览的商品，最右侧的商品为最早浏览的商品。

在实现用户浏览记录功能之前，需要分析并确定用户在浏览商品时需要保存哪些信息、如何存储浏览记录数据以及浏览记录数据的存储顺序。接下来，我们将对这三个问题进行详细分析。

（1）浏览商品时需要保存哪些信息。页面上的浏览记录包含商品图片、商品名称和商品价格，其中商品图片、商品名称、商品价格可通过商品的 sku_id 进行获取。同时，为了确认是哪个用户的浏览记录，我们需要存储用户的 user_id。评价数量暂时不予实现，因为它需要在完成交易之后进行统计获得。

（2）如何存储浏览记录数据。为了长久保存浏览记录，我们需要将数据存入数据库。在小鱼商城中，我们使用 MySQL 作为数据库，但由于 MySQL 是磁盘型数据库，存取效率较低。考虑到浏览记录数据量较小且变动频繁，不适合使用 MySQL 进行存储，因此我们选择使用 Redis 数据库来存储浏览记录。Redis 具有高效的内存存储和读取特性，非常适合用来存储此类数据。

Redis 数据库是一个 Key-Value 数据库，考虑到需要存储的数据是一组 sku_id，每个用户对应多个 sku_id，这里拼接 history 和 user_id 作为键，将 sku_id 组作为值，示例代码如下：

```
"history_user_id": [sku_id_1,sku_id_2,...]
```

浏览记录存储在 Redis 数据库，在用户部分已经使用了 Redis 的 0~2 号库，这里使用 Redis 的 3 号库存储浏览记录。在 dev.py 文件中为浏览记录配置 Redis 数据库，示例代码如下：

```
"history": {    # 用户浏览记录
    "BACKEND": "django_redis.cache.RedisCache",
    "LOCATION": "redis://127.0.0.1:6379/3",
    "OPTIONS": {
        "CLIENT_CLASS": "django_redis.client.DefaultClient",
    }
}
```

（3）浏览记录数据的存储顺序。分析浏览记录，小鱼商城的浏览记录中只存储五条记录；浏览记录中的商品唯一；记录有序，较新的记录在左侧，较早的记录在右侧。浏览记录保存顺序如图 9-20 所示。

为了实现有序且可修改的浏览记录，我们选择使用 Redis 数据库的列表来存储数据。考虑到左侧数据较新，我们使用 lpush() 方法将数据从左侧加入列表。在添加数据之前，我们可以使用 lrem() 方法去重，以确保记录中的商品唯一并保存较新的数据。由于只需要呈现五条记录，添加数据后我们可以使用 ltrim() 方法对列表进行截取，仅保留索引为 0~4 的五条数据。

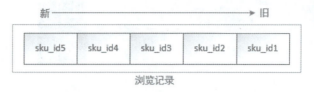

图 9-20　浏览记录保存顺序

9.7.2　保存和查询浏览记录

下面分为保存用户浏览记录和查询用户浏览记录两部分实现用户浏览记录功能。

1. 保存用户浏览记录

当用户单击商品进入商品详情页时，小鱼商城会将当前页面展示的商品的 sku_id 暂时存储在缓存中，以便后续对浏览记录进行存储。为了实现这一过程，我们使用 POST 方式向地址 /browse_histories/ 发起请求，请求参数为 sku_id。请求响应结果是 JSON 数据，其中包括状态码、错误信息和商品信息。

在 users 应用中的 views.py 文件中定义用于实现用户浏览记录的类视图 UserBrowseHistory，在该类视图的 post() 方法中实现保存用户浏览记录，示例代码如下：

```python
import json
from goods.models import SKU
from django_redis import get_redis_connection
class UserBrowseHistory(LoginRequiredJSONMixin, View):
    """用户浏览记录"""
    def post(self, request):
        """保存用户商品浏览记录"""
        # 接收参数
        json_dict = json.loads(request.body.decode())
        sku_id = json_dict.get('sku_id')
        # 校验参数
        try:
            SKU.objects.get(id=sku_id)
        except SKU.DoesNotExist:
            return HttpResponseForbidden('sku 不存在 ')
        # 保存 sku_id 到 redis
        redis_conn = get_redis_connection('history')
        pl = redis_conn.pipeline()
        user_id = request.user.id
        pl.lrem('history_%s' % user_id, 0, sku_id)         # 先去重
        pl.lpush('history_%s' % user_id, sku_id)           # 再存储
        pl.ltrim('history_%s' % user_id, 0, 4)             # 最后截取
        pl.execute()
        # 响应结果
        return JsonResponse({'code': RETCODE.OK, 'errmsg':'OK'})
```

类视图定义完成之后，还需在 users 应用的 urls.py 文件中添加保存浏览记录的 URL，示例代码如下：

```python
path('browse_histories/', views.UserBrowseHistory.as_view())
```

2. 查询用户浏览记录

用户在用户中心页面的"个人信息"标签页底部可以查看最近浏览记录。当用户请求该页面时，浏览器会向小鱼商城发送 GET 请求至 /browse_histories/，以获取 Redis 中存储的最近浏览记录。小鱼商城会将要显示的浏览记录数据以 JSON 格式进行响应。用户浏览记录返回的 JSON 数据见表 9-4。

表 9-4 响应结果

键值名称	说　　明	键值名称	说　　明
code	状态码	name	商品 SKU 名称
errmsg	错误信息	default_image_url	商品 SKU 默认图片
skus	商品 SKU 列表数据	price	商品 SKU 单价
id	商品 SKU 编号		

用户浏览记录返回的 JSON 示例数据如下：

```
{
    "code":"0",
    "errmsg":"OK",
    "skus":[
        {
          "id":6,
          "name":"Apple iPhone 8 Plus (A1864) 256GB 深空灰 移动联通电信 4G 手机",
          "price":"7988.00",
           "default_image_url":"http://127.0.0.1:8000/CtM3BVrRbI2ARekNAAFZsBqChgk3141998"
        },
    ]
    ...
}
```

在 users 应用的类视图 UserBrowseHistory 中，定义 get() 方法来实现查询浏览记录数据的功能，示例代码如下：

```
from django.conf import settings
class UserBrowseHistory(LoginRequiredJSONMixin, View):
    """ 用户浏览记录 """
    def get(self, request):
        """ 获取用户浏览记录 """
        # 获取 Redis 存储的 sku_id 列表信息
        redis_conn = get_redis_connection('history')
        sku_ids = redis_conn.lrange('history_%s' % request.user.id, 0, -1)
        # 根据 sku_ids 列表数据，查询出商品 sku 信息
        skus = []
        for sku_id in sku_ids:
            sku = SKU.objects.get(id=sku_id)
            skus.append({
                'id': sku.id,
                'name': sku.name,
                'default_image_url': settings.STATIC_URL +
                                     'images/goods/'+sku.default_image.url+'.jpg',
                'price': sku.price
```

```
                })
            return JsonResponse({'code': RETCODE.OK, 'errmsg': 'OK', 'skus': skus})
```

在模板文件 user_center_info.html 中渲染用户浏览记录,示例代码如下:

```html
<div class="has_view_list" v-cloak>
    <ul class="goods_type_list clearfix">
        <li v-for="sku in histories">
            <a :href="sku.url"><img :src="sku.default_image_url"></a>
            <h4><a :href="sku.url">[[ sku.name ]]</a></h4>
            <div class="operate">
                <span class="price">¥[[ sku.price ]]</span>
                <span class="unit">10+ 条评价</span>
                <a href="javascript:;" class="add_goods" title=" 加入购物车 "></a>
            </div>
        </li>
    </ul>
</div>
```

至此,用户浏览记录完成,重新启动项目并进入用户中心页面,即可在个人信息页面中观察到最近的浏览记录。

通过记录用户浏览记录,我们可以为用户提供个性化的推荐服务,增强用户体验并提升网站活跃度。通过分析用户的浏览记录,我们可以更好地了解用户的兴趣和需求,为用户推荐更符合其喜好的内容,促进用户与网站的互动和黏性。

但在保存用户浏览记录时,我们要重视信息安全与隐私保护意识的培养,了解个人信息保护的重要性,积极维护自己的隐私权。同时,也要尊重他人的隐私权,避免窥探和侵犯他人的个人信息,共同营造一个安全、和谐的网络环境。

小 结

本章主要实现了小鱼商城的商品模块和广告模块涉及的功能,包括商品、广告的数据库表设计、商品数据的导入、首页数据的呈现、商品列表、商品搜索、商品详情和用户的浏览记录。通过本章的学习,读者能够掌握商品数据呈现的操作。

习 题

简答题

1. 简述什么是SKU和SPU。
2. 简述呈现商品列表页数据的实现逻辑。
3. 简述面包屑导航功能的实现逻辑。
4. 简述热销排行功能的实现逻辑。
5. 简述查询用户浏览记录的实现逻辑。

第10章

电商项目——购物车

学习目标

◎ 熟悉购物车数据存储方案,能够说明如何存储登录用户与未登录用户购物车数据。
◎ 掌握购物车添加商品的实现逻辑,能够将选中商品添加到购物车。
◎ 掌握展示购物车商品的实现逻辑,能够在前端页面显示购物车商品。
◎ 掌握修改购物车商品的实现逻辑,能够修改购物车中商品勾选状态和数量。
◎ 掌握删除购物车商品的实现逻辑,能够删除购物车中指定商品。
◎ 掌握全选购物车的实现逻辑,能够全部选中或全部不选中购物车数据。
◎ 掌握合并购物车的实现逻辑,能够合并 Cookie 和 Redis 中购物车数据。
◎ 掌握展示购物车缩略信息的实现逻辑,能够在前端页面中展示购物车中缩略信息。

购物车是小鱼商城提供给用户的便捷购物功能,用户可以将多个商品添加到购物车中,并在一次性完成付款。购物车在电商项目中扮演着重要的角色,包括添加商品、展示商品、修改商品、删除商品等功能。本章将详细介绍小鱼商城购物车数据的存储方案,并实现购物车管理和购物车缩略信息的展示。

10.1 购物车数据存储方案

购物车用于存放用户选购的商品,如果小鱼商城商品的库存不为 0,那么用户单击商品详情页的"加入购物车"按钮,相应商品会被加入购物车中,否则在提交订单时会提示"库存不足"。在本项目中,无论用户是否登录,都可以将选购的商品保存到购物车。本节将分别介绍登录用户与未登录用户购物车的存储方案。

10.1.1 登录用户购物车数据存储方案

在用户登录的情况下,我们可以这样描述一条完整的购物车记录:用户 zhangsan 的购物车中有一个金色 64 GB 的 iPhone 8,且该商品为勾选状态。由此可知,一条完整的购物车记录包括用户、商品、数量、勾选的商品。相应的,数据库中需要存储的数据为用户 ID、商品

ID、商品购买数量、勾选的商品。

考虑到购物车数据量小、结构简单、更新频繁，我们选择内存型数据库 Redis 存储这些数据。在 dev.py 文件中为购物车数据配置 Redis，示例代码如下：

```
"carts": {
    "BACKEND": "django_redis.cache.RedisCache",
    "LOCATION": "redis://127.0.0.1:6379/4",
    "OPTIONS": {
        "CLIENT_CLASS": "django_redis.client.DefaultClient",
    }
},
```

Redis 支持 string（字符串）、hash（哈希）、list（列表）、set（集合）与 zset（有序集合）五种数据类型，如果只使用某一种数据类型存储购物车数据，会遇到以下问题：

（1）string 无法将购物车记录存储在一条记录中。

（2）hash 可以保存用户、商品、数量，但无法保存已勾选的商品。

（3）list 无法对重复的数据去重。

（4）set 与 zset 无法标识出商品和数量的对应关系。

综上所述，我们发现无法使用某一种数据类型存储一条完整购物车记录，因此考虑以用户 ID 作为键，将购物车的商品 ID、数量和购物车商品的已勾选的商品分开存储。

若将用户 ID、商品 ID 和商品数量存放在一条记录中，使用 carts_user_id 表示用户 ID，使用 sku_id 表示商品 ID，使用 count 表示数量，那么数据存储在 hash 列表中的语法格式如下：

```
carts_user_id: {sku_id1: count1, sku_id3: count2, sku_id5: count3, ...}
```

若将用户 ID 与已勾选的商品存放在一条记录中，为与上述记录进行区分，使用 selected_user_id 表示用户 ID；在该记录中包含商品的 sku_id 表示该商品为勾选商品，那么存储数据在 set 集合中的语法格式如下：

```
selected_user_id: [sku_id1, sku_id3, ...]
```

结合以上数据类型分析：当要向购物车中添加商品时，若要添加的商品已存在，应对 hash 列表数据中的商品数量进行增量计算；当要添加到购物车的商品不存在时，应在 hash 列表数据中新增标识商品与数量对应关系的元素 sku_id:count。

10.1.2 未登录用户购物车数据存储方案

用户未登录的情况下，服务端无法获取到用户的 user_id，也就无法提供 Redis 资源来保存购物车数据。因此，可以将购物车数据缓存到用户浏览器的 Cookie 中，这样每个浏览器就对应着一组购物车数据。这种方式可以有效地实现购物车数据的存储和管理，同时确保用户在不登录的情况下也可以方便地访问购物车内容。

为了能够清晰地描述一条购物车记录，可以选择使用 JSON 格式来表示购物车数据的类型。在 Cookie 中只能保存字符串类型数据，而 JSON 可以描述结构复杂的字符串数据，非常适合用来表示购物车中的商品信息。例如，购物车中有 1 号商品 1 件，3 号商品 3 件，商品状态为勾选，其形式如下：

```
{
    "sku_id1":{                      # sku_id1 表示商品 sku_id
        "count":1,                   # count 表示商品数量
        "selected":"True"            # selected 表示商品勾选状态，True 表示勾选
    },
    "sku_id2":{
        "count":3,
        "selected":"True"
    },
    ...
}
```

当要添加到购物车的商品已存在时，对商品数量进行累加计算；当要添加到购物车的商品不存在时，向 Cookie 中新增商品数据。

如果直接在 Cookie 中存储购物车记录，这些记录将以明文方式显示，但购物车数据是隐私数据，为了保证数据的安全，在将购物车数据存储到 Cookie 之前需要对购物车记录进行加密。

上述购物车记录存储为字典类型，为了将其存储在 Cookie 中首先需要对购物车数据进行序列化操作，然后对序列化后的数据进行加密，最后将加密后的数据转换为 Cookie 能够存储的字符串类型。

将购物车记录存储到 Cookie 中的具体操作步骤如下：

（1）使用 pickle 模块的 dumps() 方法对购物车数据进行序列化。

（2）通过 base64 模块的 b64encode() 函数对序列化后的数据进行 base64 编码。

（3）使用 decode() 将编码后的购物车数据转换为字符串类型，将加密后的数据存入 Cookie。

pickle 模块是 Python 的标准模块，该模块中的 dumps() 方法可以将 Python 数据序列化为字节类型的数据，loads() 方法可以将字节类型数据反序列化为 Python 数据。

例如，使用 pickle 模块序列化与反序列一条购物车记录，示例代码如下：

```
>>> import pickle
>>> dict = {'1': {'count': 10, 'selected': True}}
>>> serialize = pickle.dumps(dict) # 执行序列化
>>> serialize
b'\x80\x03}q\x00X\x01\x00\x00\x001q\x01}q\x02(X\x05\x00\x00\x00countq\
x03K\nX\x08\x00\x00\x00selectedq\x04\x88us.'
>>> deserialize = pickle.loads(serialize) # 执行反序列
>>> deserialize
{'1': {'count': 10, 'selected': True}}
```

通过 base64 模块的 base64 编码将序列化后的数据进行加密，再通过 decode() 方法将其转换为字符串类型。

base64 模块同样是 Python 的标准模块，该模块的 b64encode() 方法可以对字节类型数据进行 base64 编码，返回编码后的字节类型数据；b64deocde() 方法可以将 base64 编码后的字节类型数据进行解码，返回解码后的字节类型数据。

例如，使用 base64 模块进行数据转换，示例代码如下：

```
>>> import base64
```

```
>>> b = base64.b64encode(serialize)    # 进行base64编码
>>> b
b'gAN9cQBYAQAAADFxAX1xAihYBQAAAGNvdW50cQNLClgIAAAAc2VsZWN0ZWRxBIh1cy4='
>>> base64.b64decode(b)                # 将base64编码后的bytes类型数据进行解码
b'\x80\x03}q\x00X\x01\x00\x00\x001q\x01}q\x02(X\x05\x00\x00\x00countq\
x03K\nX\x08\x00\x00\x00selectedq\x04\x88us.'
```

使用decode()方法将其转换为字符串类型，示例代码如下：

```
>>> b.decode()
gAN9cQBYAQAAADFxAX1xAihYBQAAAGNvdW50cQNLClgIAAAAc2VsZWN0ZWRxBIh1cy4=
```

10.2 购物车管理

小鱼商城的购物车管理涵盖了添加商品、展示商品、修改商品、删除商品等功能。本节针对购物车管理的相关操作进行介绍。

10.2.1 购物车添加商品

用户在商品详情页中单击"加入购物车"按钮时，前端页面会向后端发送一个AJAX请求，商品添加成功后，详情页中弹出"添加购物车成功"提示。

在10.1节中已经明确了购物车数据存储的方案。接下来，我们分接口设计、后端实现、配置URL、查看购物车数据四部分来实现购物车添加商品功能。

1. 接口设计

由于购物车数据涉及个人隐私，因此在添加购物车时应当使用POST请求方式，请求地址设计为/carts/。

在10.1节中，已经明确了一条购物车记录由sku_id、count、selected和user_id构成，其中user_id可以在后端通过request对象获取，而其余三个数据应在前端发送AJAX请求的请求体中应包含。请求参数以及参数说明见表10-1。

表10-1 请求参数以及参数说明

参 数 名	类 型	是否必传	说 明
sku_id	int	是	商品SKU编号
count	int	是	商品数量
selected	bool	否	是否勾选

2. 后端实现

添加购物车的后端逻辑为：首先接收前端传递的参数并对这些参数进行一一校验，然后判断用户是否登录，若用户已登录则获取Redis中购物车数据，将新增的购物车数据以增量形式保存到Redis中，将响应结果返回前端；若用户未登录则将购物车数据保存到Cookie中，并将响应结果返回前端。

首先在carts应用的views.py文件中，定义类视图CartsView用于实现购物车添加商品功能。

在该类视图的 post() 方法中接收与校验前端发送的参数，示例代码如下：

```python
import json, logging, base64, pickle
from django.http import HttpResponseForbidden, JsonResponse
from django_redis import get_redis_connection
from xiaoyu_mall.utils.response_code import RETCODE
from goods.models import SKU
from django.views import View
logger = logging.getLogger('django')
from django.views import View
class CartsView(View):
    """ 购物车管理 """
    def post(self, request):
        # 接收参数
        json_dict = json.loads(request.body.decode())
        sku_id = json_dict.get('sku_id')
        count = json_dict.get('count')
        selected = json_dict.get('selected', True)
        # 校验参数
        if not all([sku_id, count]):
            return HttpResponseForbidden('缺少必传参数')
        # 校验 sku_id 是否合法
        try:
            SKU.objects.get(id=sku_id)
        except SKU.DoesNotExist:
            return HttpResponseForbidden('参数 sku_id 错误')
        # 校验 count 是否是数字
        try:
            count = int(count)
        except Exception as e:
            return HttpResponseForbidden('参数 count 错误')
        # 校验 selected 参数类型是否为 bool 类型
        if selected:
            if not isinstance(selected, bool):
                return HttpResponseForbidden('参数 selected 错误')
```

然后判断用户是否登录，若用户已登录，操作 Redis 购物车数据，以增量计算形式保存商品数据，并保存商品勾选状态。在对 Redis 中的数据进行增量计算时需要用到 hincrby() 方法，该方法接收用户 id、商品 id 和增量数值，表示将用户购物车中的商品加上指定的增量值。实现登录状态下的购物车商品数据添加，示例代码如下：

```python
class CartsView(View):
    def post(self, request):
        # 接收参数
        ...
        # 校验参数
        ...
        # 判断用户是否登录
        user = request.user
        if user.is_authenticated:
            # 如果用户已登录，操作 Redis 购物车
            redis_conn = get_redis_connection('carts')
            pl = redis_conn.pipeline()
            # 需要以增量计算的形式保存商品数据
```

```
        pl.hincrby('carts_%s' % user.id, sku_id, count)
        # 保存商品勾选状态
        if selected:
            pl.sadd('selected_%s' % user.id, sku_id)
        # 执行
        pl.execute()
        # 响应结果
        return JsonResponse({'code': RETCODE.OK, 'errmsg': 'OK'})
```

若用户未登录，操作 Cookie 中的购物车数据。若 Cookie 中存在购物车数据，那么将其转换为字节类型，并进行解码与反序列化以获取 Python 能够识别的数据（这里转换为字典类型数据）；若 Cookie 中不存在购物车数据，则构建一个空字典来保存购物车数据。

最后判断 Cookie 中是否已存在要保存的商品，若存在，则对该商品数量执行累加操作、构建包含商品数量和勾选状态的购物车记录、将构建好的购物车记录进行序列化保存到 Cookie 中，并返回响应数据，示例代码如下：

```
class CartsView(View):
    def post(self, request):
        ...
        if user.is_authenticated:
            ...
        else:
            # 如果用户未登录，操作cookie购物车
            cart_str = request.COOKIES.get('carts')
            # 若 Cookie 中有数据，将其转换为 Python 能识别的字典类型的数据
            if cart_str:
                # 对字符串类型的 cart_str 进行编码，获取字节类型数据
                cart_str_bytes = cart_str.encode()
                # 对密文形式的 cart_str_bytes 进行解码，获取明文数据
                cart_dict_bytes = base64.b64decode(cart_str_bytes)
                # 对 cart_dict_bytes 反序列化，获取 Python 能识别的字典类型的数据
                cart_dict = pickle.loads(cart_dict_bytes)
            # 若 Cookie 中没有数据，创建一个空字典
            else:
                cart_dict = {}
            # 判断当前要添加的商品在 cart_dict 中是否存在
            if sku_id in cart_dict:
                # 购物车已存在，增量计算
                origin_count = cart_dict[sku_id]['count']
                count += origin_count
            cart_dict[sku_id] = {
                'count': count,
                'selected': selected
            }
            # 将 cart_dict 序列化，获取字节类型的数据
            cart_dict_bytes = pickle.dumps(cart_dict)
            # 对 cart_dict_bytes 进行编码，获取加密后的数据
            cart_str_bytes = base64.b64encode(cart_dict_bytes)
            # 对 cart_str_bytes 进行解码，获取字符串类型数据
            cookie_cart_str = cart_str_bytes.decode()
            # 将新的购物车数据写入 cookie
            response = JsonResponse({'code': RETCODE.OK, 'errmsg': 'OK'})
            response.set_cookie('carts', cookie_cart_str)
```

```
                    # 响应结果
                    return response
```

3. 配置URL

首先在 xiaoyu_mall 的 urls.py 文件中添加用于访问 carts 应用的路由，示例代码如下：

```
path('', include('carts.urls', namespace='carts')),
```

然后在 carts 应用创建 urls.py 文件，并在该文件中定义用于访问购物车添加商品的路由，示例代码如下：

```
from django.urls import path
from . import views
app_name = 'carts'
urlpatterns = [
    # 购物车管理
    path('carts/', views.CartsView.as_view(), name='info'),
]
```

最后在包含"我的购物车"链接的模板文件中使用模板标签 url 生成相应的 URL，以 detail.html 文件为例，修改示例代码如下：

```
<a href="{{ url('carts:info') }}" class="cart_name fl">我的购物车</a>
```

4. 查看购物车数据

路由设置完成后启动服务器并登录账号，向购物车中添加商品后，在 Redis 数据库中通过"keys *"命令查看 4 号库中所有的 Key 值，使用"hgetall key"命令查看用户选购的商品数量；使用"smembers key"命令查看勾选的商品。如图 10-1 所示。

图 10-1 Redis 存储购物车数据

由图 10-1 所示的 Redis 数据库数据可知，购物车中存储了 sku_id 为 3 的商品 1 件、sku_id 为 1 的商品 1 件，并且这两件商品均为已勾选。

若用户未登录，可在浏览器的 Cookie 中查看购物车数据，如图 10-2 所示。

由图 10-2 所示的 Cookie 数据可知，商品数据添加到了购物车，且以密文形式存储在 Cookie 中。

图 10-2 Cookie 存储购物车数据

在添加商品至购物车的过程中，确保展示给消费者的商品信息（如价格、规格、库存状态等）真实无误，不夸大宣传，不误导消费者。这是诚信经营的基础，也是对《中华人民共和国消费者权益保护法》的遵守，体现了企业或开发者对消费者权益的尊重和保护。

10.2.2 展示购物车商品

用户单击详情页右上角"我的购物车"按钮，浏览器应跳转到购物车页面，购物车页面展示商品状态（是否被勾选）、商品名称、商品价格、数量、小计等信息，如图 10-3 所示。

图 10-3 展示购物车商品

展示购物车商品数据的实质是：通过指定的地址向小鱼商城后端发送请求，以获取购物车中的商品数据。下面分接口设计和后端实现两部分实现展示购物车商品的功能。

1．接口设计

展示购物车只是在 Redis 或 Cookie 中查询购物车记录，不需要请求参数，请求方式使用 GET 请求，请求地址使用 /carts/。

响应的结果应显示在教材提供的 cart.html 页面中，所需响应的数据见表 10-2。

表 10-2 响应结果

键值名称	说　　明	键值名称	说　　明
id	商品 SKU 编号	default_image_url	商品 SKU 图片
name	商品 SKU 名称	price	商品价格
count	购物车 SKU 数量	amount	购物车商品总数量
selected	商品勾选状态	stock	商品 SKU 库存量

2. 后端实现

无论用户是否登录，购物车数据都应在 cart.html 页面中展示，由于用户登录和未登录购物车数据存储的位置不同，所以需要根据用户登录状态进行不同的处理。接下来，分为用户已登录查询购物车数据和用户未登录查询购物车数据进行介绍。

（1）用户已登录查询购物车数据。若用户已登录，连接 Redis 数据库并查询购物车记录，并将查询到的数据构建成 Python 可识别的字典类型的数据，示例代码如下：

```
from django.conf import settings
from django.shortcuts import render
class CartsView(View):
    def get(self, request):
        # 判断用户是否登录
        user = request.user
        if user.is_authenticated:
            # 创建连接到 redis 的对象
            redis_conn = get_redis_connection('carts')
            # 查询 user_id、count 与 sku_id 构成的购物车记录
            redis_cart = redis_conn.hgetall('carts_%s' % user.id)
            # 查询勾选的商品 smembers 命令返回集合中的所有的成员
            redis_selected = redis_conn.smembers('selected_%s' % user.id)
            cart_dict = {}
            for sku_id, count in redis_cart.items():
                cart_dict[int(sku_id)] = {
                    "count": int(count),
                    "selected": sku_id in redis_selected
                }
```

（2）用户未登录查询购物车数据。若用户未登录，首先查询 Cookie 中是否存在购物车记录：若存在则解密购物车记录，将解密后的数据反序列化，并转化为 Python 可识别的字典类型的数据；若不存在则构建一个空字典，示例代码如下：

```
class CartsView(View):
    def get(self, request):
        if user.is_authenticated:
            ...
        else:
            # 用户未登录，查询 cookies 购物车
            cart_str = request.COOKIES.get('carts')
            if cart_str:
                # 对 cart_str 进行编码，获取字节类型的数据
                cart_str_bytes = cart_str.encode()
                # 对 cart_str_bytes 进行解码，获取明文数据
                cart_dict_bytes = base64.b64decode(cart_str_bytes)
                # 对 cart_dict_bytes 反序列化，转换成 Python 能识别的字典类型的数据
                cart_dict = pickle.loads(cart_dict_bytes)
            else:
                cart_dict = {}
```

cart.html 页面需要渲染的购物车记录不仅包括 Redis 或 Cookie 中的数据，还包括根据 Redis 或 Cookie 中的商品数据查询的商品 SKU 数据，如商品名称、商品价格、商品图片、商品库存、商品小计等。获取商品 SKU 数据后，构造上下文字典，利用上下文字典与 cart.html

页面渲染响应数据，示例代码如下：

```python
class CartsView(View):
    def get(self, request):
        if user.is_authenticated:
            ...
        else:
            ...
        # 构造响应数据
        sku_ids = cart_dict.keys()
        # 一次性查询出所有的skus
        skus = SKU.objects.filter(id__in=sku_ids)
        cart_skus = []
        for sku in skus:
            cart_skus.append({
                'id': sku.id,
                'count': cart_dict.get(sku.id).get('count'),
                # 将True,转'True',方便json解析
                'selected': str(cart_dict.get(sku.id).get('selected')),
                'name': sku.name,
                'default_image_url': settings.STATIC_URL +
                                     'images/goods/'+sku.default_image.url+'.jpg',
                'price': str(sku.price),
                'amount':str(sku.price *cart_dict.get(sku.id).get('count')),
                'stock':sku.stock
            })
        context = {
            'cart_skus': cart_skus
        }
        # 渲染购物车页面
        return render(request, 'cart.html', context)
```

至此，展示购物车功能完成。重启服务器，在详情页中单击"我的购物车"可查看购物车中商品信息。

10.2.3 修改购物车商品

在购物车中可以对商品的数量以及勾选状态进行修改，商品的勾选状态或数量发生变化后，商品总数量与商品总金额应跟随变化，如图 10-4 所示。

图 10-4 修改购物车商品

接下来分接口设计、后端实现两部分实现修改购物车商品功能。

1. 接口设计

修改购物车中的商品只是对购物车中商品数据进行修改，请求方式为 PUT，设计请求地址为 /carts/。

需要修改的数据是商品的数量和勾选状态，请求参数中应包含 sku_id、count、selected。请求参数以及说明见表 10-3。

表 10-3 请求参数以及说明

参数名	类型	是否必传	说明
sku_id	int	是	商品 SKU 编号
count	int	是	商品数量
selected	bool	否	是否勾选

前端页面中使用 JSON 格式对购物车中的数据进行展示，后端需响应 JSON 格式的商品数据。

2. 后端实现

若用户已登录，读取 Redis 中存储的购物车数据，根据用户操作对数据进行修改，使用修改后的购物车数据覆盖 Redis 数据库中的购物车数据；若用户未登录，读取 Cookie 中的购物车记录，当 Cookie 中包含购物车记录，需将其转换为 dict 类型，否则创建一个空字典保存购物车记录，将用户修改的购物车记录覆盖写入这个字典数据中，然后将这个数据加密，保存到 Cookie 中，最后返回响应。

接下来，分为接收和校验购物车记录、修改 Redis 中的购物车数据和修改 Cookie 中购物车数据三部分实现修改购物车商品。

（1）接收和校验购物车记录。在 CartsView 视图中定义 put() 方法，接收与校验用户修改后购物车中的记录，示例代码如下：

```
class CartsView(View):
    def put(self, request):
        # 接收参数
        json_dict = json.loads(request.body.decode())
        sku_id = json_dict.get('sku_id')
        count = json_dict.get('count')
        selected = json_dict.get('selected', True)
        # 判断参数是否齐全
        if not all([sku_id, count]):
            return HttpResponseForbidden('缺少必传参数')
        # 判断 sku_id 是否存在
        try:
            sku = SKU.objects.get(id=sku_id)
        except SKU.DoesNotExist:
            return HttpResponseForbidden('商品 sku_id 不存在')
        # 判断 count 是否为数字
        try:
            count = int(count)
        except Exception:
            return HttpResponseForbidden('参数 count 有误')
```

```python
# 判断selected是否为bool值
if selected:
    if not isinstance(selected, bool):
        return HttpResponseForbidden('参数selected有误')
```

（2）修改Redis中的购物车数据。若用户已登录，则可对Redis中购物车数据进行修改，具体操作为：首先连接Redis数据库，在Redis中使用hash列表和set集合存储购物车数据，若执行修改商品数据操作，使用hset()方法将修改后的商品和数量以覆盖的方式写入Redis，然后判断商品的勾选状态，若商品勾选使用sadd()方法将勾选的商品保存到set集合中，商品未勾选使用srem()方法将商品移除set集合，最后将修改的数据以JSON形式响应，示例代码如下：

```python
class CartsView(View):
    """ 购物车管理 """
    def put(self, request):
        # 接收和校验参数
        ...
        # 获取当前登录的用户对象
        user = request.user
        if user.is_authenticated:
            # 用户已登录，修改redis购物车
            redis_conn = get_redis_connection('carts')
            pl = redis_conn.pipeline()
            pl.hset('carts_%s' % user.id, sku_id, count)
            if selected:
                pl.sadd('selected_%s' % user.id, sku_id)
            else:
                pl.srem('selected_%s' % user.id, sku_id)
            pl.execute()
            # 创建响应对象
            cart_sku = {
                'id':sku_id, 'count':count, 'selected':selected,
                'name': sku.name, 'price': sku.price,
                'amount': sku.price * count, 'stock':sku.stock,
                'default_image_url': settings.STATIC_URL +
                            'images/goods/'+sku.default_image.url+'.jpg'
            }
            return JsonResponse({'code':RETCODE.OK,
                    'errmsg':'修改购物车成功', 'cart_sku':cart_sku})
```

（3）修改Cookie中购物车数据。若用户未登录，则对Cookie中购物车数据进行修改，具体操作为：首先获取Cookie中的购物车商品数据，如果数据不为空，对获取的购物车数据进行解码与反序列化；如果为空则构造一个空的购物车数据；然后根据用户操作修改获取的购物车数据，并构造购物车响应数据，最后对修改后的数据序列化加密后，以覆盖的形式写入Cookie购物车。

因为重新写入的Cookie数据需要设置保存时间，为了便于后期对保存时间的修改，这里将Cookie的保存时间使用单独文件进行保存。在carts应用中创建constants.py文件，并在该文件中指定Cookie的保存时间，示例代码如下：

```python
CARTS_COOKIE_EXPIRES = 3600*24*14    # 两周时间
```

修改 Cookie 中购物车数据示例代码如下：

```python
from . import constants
class CartsView(View):
    def put(self, request):
        """修改购物车"""
        # 接收和校验参数
        ...
        # 判断用户是否登录
        user = request.user
        if user.is_authenticated:
            # 用户已登录，修改redis购物车
            ...
        else:
            # 用户未登录，修改cookie购物车
            cart_str = request.COOKIES.get('carts')
            if cart_str:
                # 解码与反序列化Cookie数据，获取Python数据
                cart_dict = pickle.loads(base64.b64decode(cart_str.encode()))
            else:
                cart_dict = {}
            cart_dict[sku_id] = {
                'count': count,
                'selected': selected
            }
            # 将字典转成bytes，再将bytes转成base64的bytes，最后将bytes转字符串
            cookie_cart_str = \
                    base64.b64encode(pickle.dumps(cart_dict)).decode()
            # 创建响应对象
            cart_sku = {
                'id': sku_id, 'count': count, 'selected': selected,
                'name': sku.name, 'price': sku.price,
                'amount': sku.price * count, 'stock':sku.stock,
                'default_image_url': settings.STATIC_URL + 'images/goods/'+
                                    sku.default_image.url+'.jpg',
            }
            response = JsonResponse({'code':RETCODE.OK,
                        'errmsg':'修改购物车成功', 'cart_sku':cart_sku})
            # 响应结果并将购物车数据写入到cookie
            response.set_cookie('carts', cookie_cart_str,
                                max_age=constants.CARTS_COOKIE_EXPIRES)
            return response
```

至此，修改购物车商品的功能完成。

10.2.4 删除购物车商品

用户单击购物车中"删除"链接后，购物车应以局部刷新的方式删除指定的商品。接下来，分接口设计和后端实现两部分实现删除购物车商品的功能。

1. 接口设计

为了在购物车中执行删除操作，使用 DELETE 请求方式。后端需要明确待删除的商品 ID，因此需要接收可标识待删除商品的请求参数 sku_id。设计请求地址为 /carts/。响应结果为

JSON 类型，包括错误码和错误信息。

2. 后端实现

因为后端根据前端请求中的参数 sku_id 确定要删除的商品，所以首先需要接收前端请求中的参数并进行校验，然后根据用户是否登录删除 Redis 中的商品数据或删除 Cookie 中的商品数据。

接下来，分为接收和校验参数、删除 Redis 购物车数据和删除 Cookie 购物车数据三部分实现删除购物车商品。

（1）接收和校验参数。在 CartView 视图中定义 delete() 方法，接收参数并进行校验，示例代码如下：

```python
class CartsView(View):
    def delete(self, request):
        """删除购物车"""
        # 接收参数
        json_dict = json.loads(request.body.decode())
        sku_id = json_dict.get('sku_id')
        # 判断 sku_id 是否存在
        try:
            SKU.objects.get(id=sku_id)
        except SKU.DoesNotExist:
            return HttpResponseForbidden('商品不存在')
```

（2）删除 Redis 中购物车数据。若用户已登录，则应删除 Redis 中的商品数据，具体操作为：连接 Redis，删除指定的商品记录与勾选状态，将结果响应到前端，示例代码如下：

```python
class CartsView(View):
    def delete(self, request):
        """删除购物车"""
        # 接收和校验参数
        ...
        # 获取当前登录用户对象
        user = request.user
        if user.is_authenticated:
            # 用户已登录，删除 redis 购物车
            redis_conn = get_redis_connection('carts')
            pl = redis_conn.pipeline()
            # 删除键，就等价于删除了整条记录
            pl.hdel('carts_%s' % user.id, sku_id)
            pl.srem('selected_%s' % user.id, sku_id)
            pl.execute()
            # 删除结束后，没有响应的数据，只需要响应状态码即可
            return JsonResponse({'code':RETCODE.OK,'errmsg':'删除购物车成功'})
```

（3）删除 Cookie 中购物车数据。若用户未登录，应删除 Cookie 中的商品数据，具体操作为：首先获取 Cookie 中的购物车记录，若购物车记录存在，将其反序列化，获取 Python dict 类型的数据，否则创建空字典用于保存购物车记录；然后判断要删除的商品 sku_id 是否存在购物车记录中，如果存在则删除指定的商品 sku_id 数据；之后将删除后的商品数据进行序列化重新写入 Cookie 中，最后返回响应，示例代码如下：

```python
class CartsView(View):
    def delete(self, request):
        """删除购物车"""
        # 接收和校验参数
        ...
        # 判断用户是否登录
        user = request.user
        if user.is_authenticated:
            # 用户已登录,删除redis购物车
            ...
        else:
            # 用户未登录,删除cookie购物车
            cart_str = request.COOKIES.get('carts')
            if cart_str:
                cart_dict = pickle.loads(base64.b64decode(cart_str.encode()))
            else:
                cart_dict = {}
            # 创建响应对象
            response = JsonResponse({'code': RETCODE.OK,
                                     'errmsg': '删除购物车成功'})
            if sku_id in cart_dict:
                del cart_dict[sku_id]
                cookie_cart_str = \
                    base64.b64encode(pickle.dumps(cart_dict)).decode()
                # 响应结果并将购物车数据写入到cookie
                response.set_cookie('carts', cookie_cart_str,
                                    max_age=constants.CARTS_COOKIE_EXPIRES)
            return response
```

此时,再次单击购物车中的"删除"链接,可删除指定商品。

10.2.5 全选购物车

购物车中提供"全选"功能,若没有商品被勾选或部分商品被勾选时,单击"全选",购物车中所有商品应被勾选;若所有商品已被勾选,单击"全选",所有商品应取消勾选。下面分接口设计和后端实现两部分分析和实现全选购物车功能。

1. 接口设计

为了修改购物车中商品的勾选状态,使用 PUT 请求方式,"全选"是否被勾选需要由前端传递给后端,所以接口需要请求参数 selected,请求地址定义为 /carts/selection/。响应结果为 JSON 类型,包括错误码和错误信息。

2. 后端实现

在全选功能后端逻辑中,首先需要接收参数 selected,并验证该参数是否存在,如果存在,根据用户是否登录分别对 Redis 或 Cookie 中的购物车数据进行处理。

接下来,分为接收和校验参数、全选 Redis 购物车数据和全选 Cookie 购物车数据三部分实现全选购物车。

(1)接收和校验参数。在 carts 应用中的 views.py 文件中定义用于实现全选购物车的类视图 CartsSelectAllView,在该类视图的 put() 方法中实现全选购物车功能,示例代码如下:

```python
class CartsSelectAllView(View):
    """全选购物车"""
    def put(self, request):
        # 接收参数
        json_dict = json.loads(request.body.decode())
        selected = json_dict.get('selected', True)
        # 校验参数
        if selected:
            if not isinstance(selected, bool):
                return HttpResponseForbidden('参数selected有误')
```

（2）全选Redis购物车数据。若用户登录，则处理Redis中购物车的商品。全选Redis中的商品其逻辑为：获取Redis中所有商品的sku_id，将所有商品的sku_id存放在表示勾选状态的set集合中，再将结果响应到前端，示例代码如下：

```python
class CartsSelectAllView(View):
    """全选购物车"""
    def put(self, request):
        # 接收和校验参数
        ...
        # 获取当前登录的用户对象
        user = request.user
        if user.is_authenticated:
            # 用户已登录，操作redis购物车
            redis_conn = get_redis_connection('carts')
            redis_cart = redis_conn.hgetall('carts_%s' % user.id)
            cart_sku_ids = redis_cart.keys()
            if selected:
                # 全选，sadd()方法用于将一个或多个成员元素加入到集合中
                redis_conn.sadd('selected_%s' % user.id, *cart_sku_ids)
            else:
                # 取消全选，Srem()方法用于移除集合中的一个或多个成员元素
                redis_conn.srem('selected_%s' % user.id, *cart_sku_ids)
            return JsonResponse({'code':RETCODE.OK, 'errmsg':'全选购物车成功'})
```

（3）全选Cookie购物车数据。若用户未登录，则处理Cookie中的购物车商品。全选Cookie中的购物车商品其逻辑为：先获取Cookie中的购物车数据，将其反序列化，获取字典类型的数据，然后对Cookie中购物车商品的勾选状态重新赋值，最后将结果响应到前端，示例代码如下：

```python
class CartsSelectAllView(View):
    """全选购物车"""
    def put(self, request):
        # 接收和校验参数
        ...
        # 判断用户是否登录
        user = request.user
        if user.is_authenticated:
            # 用户已登录，操作redis购物车
            ...
        else:
            # 用户未登录，操作cookie购物车
            cart_str = request.COOKIES.get('carts')
            response =JsonResponse({'code': RETCODE.OK,
                                    'errmsg': '全选购物车成功'})
```

```
            if cart_str:
                cart_dict = pickle.loads(base64.b64decode(cart_str.encode()))
                for sku_id in cart_dict:
                    cart_dict[sku_id]['selected'] = selected
                cookie_cart_str = 
                        base64.b64encode(pickle.dumps(cart_dict)).decode()
                response.set_cookie('carts', cookie_cart_str,
                                    max_age=constants.CARTS_COOKIE_EXPIRES)
            return response
```

全选购物车功能完成后,还需要在 carts 应用的 urls.py 文件中添加用于访问处理全选商品的路由地址,示例代码如下:

```
path('carts/selection/', views.CartsSelectAllView.as_view()),
```

至此,全选购物车功能完成。

10.2.6 合并购物车

用户未登录时购物车数据存储在 Cookie 中,用户登录后,需要将 Cookie 中的购物车数据合并到 Redis 数据库中,此时如果 Cookie 中的购物车数据在 Redis 数据库中已存在,使用 Cookie 购物车数据覆盖 Redis 购物车数据。

合并购物车功能主要是处理用户登录时购物车的合并,虽与登录相关,但登录视图中应尽量避免包含过多与登录无关的逻辑,因此考虑将合并购物车功能进行封装,以便登录视图调用。

在 carts 应用中新建 utils.py 文件,在 utils.py 中定义用于处理合并购物车的函数,示例代码如下:

```
import base64
import pickle
from django_redis import get_redis_connection
def merge_carts_cookies_redis(request, user, response):
    # 获取Cookie中的购物车数据
    cookie_cart_str = request.COOKIES.get('carts')
    # Cookie中没有数据就响应结果
    if not cookie_cart_str:
        return response
    cookie_cart_dict = 
            pickle.loads(base64.b64decode(cookie_cart_str.encode()))
    new_cart_dict = {}
    new_cart_selected_add = []
    new_cart_selected_remove = []
    # 同步Cookie中购物车数据
    for sku_id, cookie_dict in cookie_cart_dict.items():
        new_cart_dict[sku_id] = cookie_dict['count']
        if cookie_dict['selected']:
            new_cart_selected_add.append(sku_id)
        else:
            new_cart_selected_remove.append(sku_id)
    # 将new_cart_dict写入到Redis数据库
    redis_conn = get_redis_connection('carts')
    pl = redis_conn.pipeline()
    if new_cart_dict:
```

```
            pl.hmset('carts_%s' % user.id, new_cart_dict)
    # 将勾选状态同步到 Redis 数据库
    if new_cart_selected_add:
        pl.sadd('selected_%s' % user.id, *new_cart_selected_add)
    if new_cart_selected_remove:
        pl.srem('selected_%s' % user.id, *new_cart_selected_remove)
    pl.execute()
    # 清除 Cookie
    response.delete_cookie('carts')
    return response
```

以上代码首先读取 Cookie 中的数据，然后判断 Cookie 中的购物车数据是否为空，如果为空返回响应结果；如果不为空则将 Cookie 中的购物车数据反序列化，获取 Python 能识别的字典类型的数据，将反序列化后的数据合并到 Redis 数据库中，并在合并完成后清除 Cookie 中的数据。

在用户登录时合并购物车数据，因为登录功能定义在 users 应用的 LoginView 类的 post() 方法中，所以应在 post() 方法调用 merge_carts_cookies_redis() 函数去完成合并购物车数据功能。在登录功能中补充合并购物车功能，示例代码如下：

```
from carts.utils import merge_carts_cookies_redis
class LoginView(View):
    def post(self, request):
        ...
        response.set_cookie('username', user.username, max_age=3600 * 24 * 14)
        # 用户登录成功，合并 cookie 购物车到 redis 购物车
        response = merge_carts_cookies_redis(request=request, user=user,
                                             response=response)
        return response
```

至此，合并购物车功能完成。

10.3　展示购物车缩略信息

在小鱼商城的首页、商品列表页、商品详情页右上角"我的购物车"中包含购物车商品的缩略信息，当用户将鼠标悬停在"我的购物车"上时，页面中以下拉框形式展示购物车缩略信息，如图 10-5 所示。

图 10-5　购物车缩略展示

下面分接口设计和后端实现两部分实现展示购物车缩略信息的功能。

1. 接口设计

展示购物车缩略信息实质上是向后端发送 GET 请求，获取 Redis 或 Cookie 中的购物车数据，因此不需要请求参数。设计请求地址为 /carts/simple/。响应信息为 JSON 类型，包含字段见表 10-4。

表 10-4　JSON 类型的响应信息包含的字段

键值名称	说明	键值名称	说明
code	状态码	name	商品 SKU 名称
errmsg	错误信息	count	购物车 SKU 数量
cart_skus	商品 SKU 列表	default_image_url	商品 SKU 图片
id	商品 SKU 编号		

表 10-4 的数据应以 JSON 格式响应到前端数据中，其形式如下：

```
{
    "code":"0",
    "errmsg":"OK",
    "cart_skus":[
        {
            "id":1,
            "name":"Apple MacBook Pro 13.3 英寸笔记本 银色 ",
            "count":1,
            "default_image_url":"http://127.0.0.1:8000/static/images/
                                goods/CtM3BVrPB4GAWkTlAAGuN6wB9fU4220429.jpg"
        },
        ...
    ]
}
```

2. 后端实现

展示购物车商品的缩略信息也需要分为登录用户与未登录用户两种情况处理，当用户已登录时读取与展示 Redis 中的购物车数据；当用户未登录时读取与展示 Cookie 中的购物车数据。

在 carts 应用中的 views.py 文件中定义用于实现展示购物车缩略信息的类视图 CartsSimpleView，在该类视图的 post() 方法中实现展示购物车缩略信息功能。接下来，分为获取 Redis 中的购物车数据、获取 Cookie 中的购物车数据、构造购物车缩略信息 JSON 数据、配置 URL 和配置模板文件五部分实现展示购物车缩略信息。

（1）获取 Redis 中的购物车数据。首先获取当前登录用户，然后连接 Redis 数据库，获取存储在 Redis 数据库中的购物车数据信息，示例代码如下：

```
class CartsSimpleView(View):
    """展示购物车缩略信息"""
    def get(self, request):
        user = request.user
        if user.is_authenticated:
```

```python
        # 用户已登录，查询Redis购物车
        redis_conn = get_redis_connection('carts')
        redis_cart = redis_conn.hgetall('carts_%s' % user.id)
        cart_selected = redis_conn.smembers('selected_%s' % user.id)
        # 将Redis中的两个数据统一格式，跟Cookie中的格式一致，方便统一查询
        cart_dict = {}
        for sku_id, count in redis_cart.items():
            cart_dict[int(sku_id)] = {
                'count': int(count),
                'selected': sku_id in cart_selected
            }
```

（2）获取Cookie中的购物车数据。当用户未登录时，获取Cookie中的购物车数据，示例代码如下：

```python
class CartsSimpleView(View):
    """ 商品页面右上角购物车 """
    def get(self, request):
        # 判断用户是否登录
        user = request.user
        if user.is_authenticated:
            # 用户已登录，获取Redis购物车
            ...
        else:
            # 用户未登录，获取cookie购物车
            cart_str = request.COOKIES.get('carts')
            if cart_str:
                cart_dict = pickle.loads(base64.b64decode(cart_str.encode()))
            else:
                cart_dict = {}
```

（3）构造购物车缩略信息JSON数据。缩略信息包含商品图片、商品名称，后端可以根据在Redis或Cookie中查询的购物车数据，构造包含商品名称、商品图片等的JSON格式的购物车缩略信息并响应到前端，示例代码如下：

```python
class CartsSimpleView(View):
    """ 商品页面右上角购物车 """
    def get(self, request):
        # 判断用户是否登录
        user = request.user
        if user.is_authenticated:
            # 用户已登录，查询Redis购物车
            ...
        else:
            # 用户未登录，查询cookie购物车
            ...
        # 构造购物车JSON数据
        cart_skus = []
        sku_ids = cart_dict.keys()
        skus = SKU.objects.filter(id__in=sku_ids)
        for sku in skus:
            cart_skus.append({
```

```
                'id':sku.id,
                'name':sku.name,
                'count':cart_dict.get(sku.id).get('count'),
                'default_image_url': settings.STATIC_URL +
                        'images/goods/' + sku.default_image.url + '.jpg',
            })
        # 响应JSON列表数据
        return JsonResponse({'code':RETCODE.OK, 'errmsg':'OK',
'cart_skus':cart_skus})
```

（4）配置URL。展示购物车缩略信息的后端逻辑完成后，需要在carts应用的urls.py文件中添加用于展示购物车数据缩略图的路由，示例代码如下：

```
path('carts/simple/', views.CartsSimpleView.as_view()),
```

（5）配置模板文件。因为在商城首页、商品列表页、商品详情页都包含展示购物车缩略信息，所以需要修改index.html、list.html与detail.html文件，在其中渲染从后端获取的购物车缩略信息。以index.html为例，示例代码如下：

```
<div class="search_bar clearfix">
    <div class="search_wrap fl">
     ...
    </div>
    <div @mouseenter="get_carts" class="guest_cart fr" v-cloak>
        <a href="{{ url('carts:info') }}" class="cart_name fl">我的购物车</a>
        <div class="goods_count fl"id="show_count">[[ cart_total_count ]]
        </div>
        <ul class="cart_goods_show">
            <li v-for="sku in carts">
                <img :src="sku.default_image_url" alt="商品图片">
                <h4>[[ sku.name ]]</h4>
                <div>[[ sku.count ]]</div>
            </li>
        </ul>
    </div>
    ...
</div>
```

至此，购物车缩略信息的展示功能完成。

小　　结

本章首先介绍了购物车的两种存储方案，然后分别介绍了购物车常用的功能，包括添加商品、展示购物车、修改购物车商品、删除商品、全选与合并购物车功能，最后介绍了如何展示购物车的缩略信息。通过本章的学习，读者能够理解购物车中常用功能的实现逻辑。

习 题

简答题

1. 简述购物车数据存储方案。
2. 简述购物车添加商品功能的实现逻辑。
3. 简述展示购物车商品功能的实现逻辑。
4. 简述全选购物车功能的实现逻辑。
5. 简述合并购物车功能的实现逻辑。

第11章

电商项目——订单

学习目标

◎ 掌握结算订单接口定义，能够根据需求分析定义结算订单接口。
◎ 握结算订单后端逻辑实现，能够根据功能分析实现结算订单功能。
◎ 掌握结算订单前端页面渲染，能够将后端传递的数据在前端页面进行展示。
◎ 掌握订单表模型类定义，能够根据数据表ER图定义订单表模型类。
◎ 掌握保存订单信息的功能逻辑，能够根据需求分析实现保存订单信息功能。
◎ 掌握呈现订单提交成功的功能逻辑，能够将后端传递的数据在前端页面进行展示。
◎ 了解Django中事务的使用方式，能够说出事务的两种使用方式。
◎ 掌握使用事务保存订单数据，能够使用事务保存订单数据。
◎ 掌握基于乐观锁的并发下单，能够使用乐观锁实现并发下单。
◎ 掌握查看订单的功能逻辑，能够在用户中心页展示登录用户的订单信息。

订单模块是小鱼商城中一个重要部分，负责管理用户结算订单和提交订单。通过订单模块可以实现用户下单购买商品、商家处理订单、用户查询订单状态等操作。订单模块在小鱼商城中扮演着连接用户、商家和商品之间的桥梁角色，是整个系统的核心组成部分之一，同时为了提升效率和安全性，我们将通过事务和乐观锁对订单模块进行优化，并在用户模块中增加查看订单功能。本章将对结算订单、提交订单、基于事务的订单数据保存、基于乐观锁的并发下单和查看订单进行介绍。

11.1 结算订单

小鱼商城在订单结算页面展示确认订单信息，包括收货地址、支付方式、商品列表和总金额。对于这一功能的实现，本节分为接口定义、后端逻辑实现和前端页面渲染三部分进行介绍。

11.1.1 接口定义

在购物车页面单击"去结算"按钮，即可跳转至订单结算页面。在页面跳转的过程中，小鱼商城会自动从 Redis 数据库中检索已勾选的购物车数据，并将这些数据展示在结算页面上。这一过程使用 GET 请求方式，响应页面为订单结算页面。

在 orders 应用的 views.py 文件中，定义类视图 OrderSettlementView 用于实现结算订单功能。因为只有登录用户才能使用结算功能，所以 OrderSettlementView 类除了继承视图类 View 外，还需继承用于验证当前用户登录状态的类 LoginRequiredMixin，示例代码如下：

```
from django.views import View
from xiaoyu_mall.utils.views import LoginRequiredMixin
from django.shortcuts import render
class OrderSettlementView(LoginRequiredMixin, View):
    """ 结算订单 """
    def get(self, request):
        # 获取登录用户
        user = request.user
        return render(request, 'place_order.html')
```

get() 方法返回的结算页面由教材提供的模板文件 place_order.html 呈现，该文件需被存储到 templates 目录中。

类视图定义完成之后，为了保证用户能够使用结算订单功能，还需为定义的类视图配置 URL。

首先在项目的 urls.py 文件中添加访问 orders 应用的 URL，示例代码如下：

```
path('', include('orders.urls', namespace='orders')),
```

然后在 orders 应用中创建 urls.py 文件，在该文件中定义访问类视图 OrderSettlementView 的 URL，示例代码如下：

```
from django.urls import path
from . import views
app_name = 'orders'
urlpatterns = [
    # 结算订单
    path('orders/settlement/', views.OrderSettlementView.as_view(),
                                                name='settlement'),
]
```

最后在模板文件 cart.html 使用模板标签 url 为"去结算"按钮生成相应的 URL，修改示例代码如下：

```
<li class="col04">
    <a href="{{ url('orders:settlement') }}">去结算</a>
</li>
```

至此，结算订单功能的接口定义完毕。

11.1.2　后端逻辑实现

结算订单页面是一个用于确认信息的页面，在实现逻辑之前，首先应明确该页面需要呈现哪些数据。结算订单页面如图 11-1 所示。

第 11 章 电商项目——订单

图 11-1 结算订单页面

通过观察图 11-1 所示的结算订单页面，可知该页面中呈现的与订单相关的数据有如下四项：

（1）确认收货地址：自动选择默认收货地址。
（2）支付方式：包括货到付款和支付宝两种。
（3）商品列表：包括商品名称、商品单位、价格、数量和小计。
（4）总金额结算：包括商品总数量、总金额、运费和实付款。

上述数据中，支付方式由平台规定，与用户操作无关，因此支付方式是定义在数据模型中，并由前端直接从数据库中查询并呈现。而与用户相关的其余数据需要在后端进行查询和处理，然后通过上下文字典传递给模板文件。

上下文字典需要传输的数据见表 11-1。

表 11-1 上下文字典需要传输的数据

键值名称	说　　明	键值名称	说　　明
address	收货地址	skus	要展示的商品信息
total_count	商品总数量	total_amount	商品总金额
freight	运费	payment_amount	实付款

在表 11-1 中，实付款的计算方式为：实付款 = 商品总金额 + 运费。

接下来，分为确认收货地址栏数据、商品列表数据和总金额结算数据三部分获取上下文字典传输需要的数据。

1. 确认收货地址栏数据

后端在查询收货地址时可能会出现两种情况：用户首次使用小鱼商城，即收货地址列表为空；或用户收货地址列表不为空。针对这两种情况，页面跳转会有所不同。如果收货地址列表为空，那么当在购物车页面单击"去结算"按钮时，页面会跳转到收货地址页面；如果收货地址列表不为空，那么当在购物车页面单击"去结算"按钮时，页面会跳转到订单提交页面，并在确认收货地址一栏中自动选中默认收货地址，如果未设置收货地址，那么不选中任何地址，示例代码如下：

```
import logging
logger = logging.getLogger('django')
from users.models import Address
class OrderSettlementView(LoginRequiredMixin, View):
    """结算订单"""
    def get(self, request):
        # 获取当前登录用户对象
        user = request.user
        # 查询当前登录用户是否有收货地址
        try:
            addresses=Address.objects.filter(user=user,is_deleted=False)
            # 如果没有收货地址，那么就跳转到编辑收货地址页面
            if len(addresses) == 0:
                address_list = []
                context = {
                    'addresses': address_list
                }
                return render(request, 'user_center_site.html', context)
        except Exception as e:
            logger.error(e)
        context = {
            'addresses':addresses
        }
        return render(request, 'place_order.html',context=context)
```

2. 商品列表数据

在结算订单页面只展示购物车中已勾选的商品，由于在 Redis 数据库中只存储了购物车中商品的 sku_id，而结算订单页面还需要展示商品的图片、名称和价格等信息，所以查询到已勾选商品的 sku_id 后，还需要进一步查询数据库，获得商品对象，示例代码如下：

```
from users.models import Address
from goods.models import SKU
from django_redis import get_redis_connection
class OrderSettlementView(LoginRequiredMixin, View):
    """结算订单"""
    def get(self, request):
        # 获取当前登录用户对象
        user = request.user
        # 查询当前登录用户是否有收货地址
        try:
            addresses=Address.objects.filter(user=user,is_deleted=False)
            # 如果没有收货地址，那么就跳转到编辑收货地址页面
            if len(addresses) == 0:
                address_list = []
                context = {
                    'addresses': address_list
                }
                return render(request, 'user_center_site.html', context)
        except Exception as e:
            logger.error(e)
        # 从 Redis 数据库中获取购物车数据
```

```python
redis_conn = get_redis_connection('carts')
redis_cart = redis_conn.hgetall('carts_%s' % user.id)
# 从 Redis 数据库中获取被勾选的商品
redis_selected = redis_conn.smembers('selected_%s' % user.id)
# 将被勾选的商品 sku_id 和数量组成一个新的数据
new_cart_dict = {}
for sku_id in redis_selected:
    new_cart_dict[int(sku_id)] = int(redis_cart[sku_id])
# 通过 sku 模型类查询出在结算订单页面需要展示的商品 sku
sku_ids = new_cart_dict.keys()
skus = SKU.objects.filter(id__in=sku_ids)
for sku in skus:
    # 遍历 skus 为每个 sku 补充 count（数量）和 amount（小计）
    sku.count = new_cart_dict[sku.id]
    sku.amount = sku.price * sku.count
context = {
    'addresses': addresses,
    'skus':skus
}
return render(request, 'place_order.html', context=context)
```

3. 总金额结算数据

总金额结算数据包括商品总数量、商品总金额、运费和实付款。其中，商品总数量表示购物车中已勾选商品的总数；商品总金额表示购物车中已勾选商品的价格总和；运费为固定值 10 元；实付款为商品总金额加上运费的总和。由于金钱计数需要非常准确，所以将商品金额和运费定义为 Decimal 类型，示例代码如下：

```python
class OrderSettlementView(LoginRequiredMixin, View):
    """结算订单"""
    def get(self, request):
        ...
        skus = SKU.objects.filter(id__in=sku_ids)
        total_count = 0
        total_amount = Decimal(0.00)
        for sku in skus:
            # 遍历 skus 为每个 sku 补充 count（数量）和 amount（小计）
            sku.count = new_cart_dict[sku.id]
            sku.amount = sku.price * sku.count
            # 累加数量和金额
            total_count += sku.count
            total_amount += sku.amount
        # 定义运费 10 元
        freight = Decimal(10.00)
        context = {
            'addresses': addresses,
            'skus':skus,
            'total_count': total_count,
            'total_amount': total_amount,
            'freight': freight,
            'payment_amount': total_amount + freight
        }
        return render(request, 'place_order.html', context=context)
```

至此，结算订单页面所需的数据全部获取，后端逻辑实现完毕。

11.1.3 前端页面渲染

结算订单页面需要渲染确认收货地址、支付方式、商品列表、总金额结算数据和提交按钮五部分数据。接下来，在模板文件 place_order.html 中渲染这五部分数据。

1. 确认收货地址

在模板文件 place_order.html 中需要判断后端传递的 addresses 对象是否为空，如果不为空，那么遍历 address 对象，并依次渲染收货地址信息，示例代码如下：

```html
<h3 class="common_title">确认收货地址</h3>
<div class="common_list_con clearfix" id="get_site">
    <dl>
        {% if addresses %}
        <dt>寄送到：</dt>
        {% for address in addresses %}
        <dd @click="nowsite={{ address.id }}">
            <input type="radio" v-model="nowsite"
             value="{{ address.id }}">
            {{address.province }} {{ address.city }} {{ address.district }}
            ({{ address.title }}-{{ address.receiver }} 收) {{
            address.mobile }}
        </dd>
        {% endfor %}
        {% endif %}
    </dl>
    <a href="{{ url('users:address') }}" class="edit_site">编辑收货地址
    </a>
</div>
```

为实现前端渲染收货地址列表时将默认地址设为选中状态，需要使用 Vue 来实现此功能。为了在 place_order.html 中传递默认地址的 id 给 place_order.js，需要明确定义默认地址的 id 并将其作为参数传递，示例代码如下：

```html
<script type="text/javascript">
    let default_address_id = "{{ user.default_address.id }}";
</script>
```

2. 支付方式

小鱼商城提供的支付方式有货到付款和支付宝两种，直接在页面中渲染这两种支付方式，示例代码如下：

```html
<h3 class="common_title">支付方式</h3>
<div class="common_list_con clearfix">
    <div class="pay_style_con clearfix">
        <input type="radio" name="pay_method" value="1"
                                            v-model="pay_method">
        <label class="cash">货到付款</label>
        <input type="radio" name="pay_method" value="2"
                                            v-model="pay_method">
```

```
            <label class="zhifubao"></label>
        </div>
</div>
```

3. 商品列表

订单中的商品 skus 是一个列表，在循环中遍历并渲染每个商品，示例代码如下：

```
<h3 class="common_title"> 商品列表 </h3>
<div class="common_list_con clearfix">
    <ul class="goods_list_th clearfix">
        <li class="col01"> 商品名称 </li>
        <li class="col02"> 商品单位 </li>
        <li class="col03"> 商品价格 </li>
        <li class="col04"> 数量 </li>
        <li class="col05"> 小计 </li>
    </ul>
    {% for sku in skus %}
    <ul class="goods_list_td clearfix">
        <li class="col01">{{loop.index}}</li>
        <li class="col02"><img
            src="/static/images/goods/{{ sku.default_image }}.jpg"></li>
        <li class="col03">{{ sku.name }}</li>
        <li class="col04"> 台 </li>
        <li class="col05">{{ sku.price }} 元 </li>
        <li class="col06">{{ sku.count }}</li>
        <li class="col07">{{ sku.amount }} 元 </li>
    </ul>
    {% endfor %}
</div>
```

4. 总金额结算

结算部分需要渲染商品总件数、总金额、运费和实付款，直接在 place_order.html 中渲染这些数据，示例代码如下：

```
<h3 class="common_title"> 总金额结算 </h3>
<div class="common_list_con clearfix">
    <div class="settle_con">
        <div class="total_goods_count"> 共 <em>{{ total_count }}
                    </em>件商品，总金额<b>{{ total_amount }}元</b></div>
        <div class="transit"> 运费：<b>{{ freight }} 元 </b></div>
        <div class="total_pay"> 实付款：<b>{{ payment_amount }} 元 </b></div>
    </div>
</div>
```

5. 提交按钮

渲染提交订单的按钮，示例代码如下：

```
<div class="order_submit clearfix">
    <a @click="on_order_submit" id="order_btn">提交订单 </a>
</div>
```

至此，结算页面渲染完毕，重启项目，打开商城，单击购物车中的"去结算"按钮，页面将会跳转到结算订单页面。

11.2 提交订单

小鱼商城中提交订单是指用户在选择完商品后确认购买意愿并填写收货信息、付款方式等相关信息后，单击"提交订单"按钮生成最终的订单。提交订单除了需要将结算订单页面数据存储到数据库中，还需要将订单创建时间、订单更新时间、支付方式、支付状态和用户对象存储到数据库中。本节将对定义订单表模型、保存订单信息和呈现订单提交成功页面进行介绍。

11.2.1 定义订单表模型

在定义订单表模型类之前，我们先查看示例网站中的订单，确认订单表模型应包含的信息。小鱼商城中全部订单页面如图 11-2 所示。

图 11-2　全部订单页面

观察图 11-2 任一订单可知，在一个订单中包含订单创建时间、订单号、商品信息、支付方式和支付状态等信息。同时，一个订单中可包含一件或多件商品，由此可得出商品订单与订单中的商品具有一对多关系。为了方便组织数据，这里将订单数据分为订单基本信息模型类和订单商品信息模型类两部分：

（1）订单基本信息模型类。包括创建时间、订单更新时间、订单号、下单用户、收货地址、订单总金额、商品总数、订单总金额、运费、支付方式、订单状态。其中订单号由后端生成（这里使用"时间＋用户 id"作为订单号，保证订单号不重复），不再采用数据库自增主键。

（2）订单商品信息模型类。包括创建时间、更新时间、订单号、商品 SKU 信息、商品数量、下单时单价、商品评论、商品评分、是否匿名评价、是否评价完成。

根据以上归纳和分类，订单基本信息和订单商品信息的 E-R 图，如图 11-3 所示。

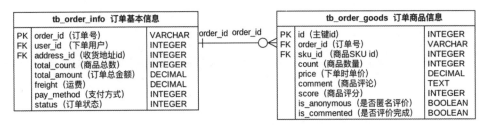

图 11-3 订单基本信息和订单商品信息的 E-R 图

根据订单数据模型，在 orders 应用的 models.py 文件中分别定义订单基本信息模型类和订单商品模型类，因为订单基本信息模型类与订单商品信息模型类都具有创建时间和更新时间字段，所以定义的模型类需要继承自定义的模型类 BaseModel，分别如下：

定义订单基本信息模型类的示例代码如下：

```python
from xiaoyu_mall.utils.models import BaseModel
from users.models import User, Address
class OrderInfo(BaseModel):
    """ 订单信息 """
    PAY_METHODS_ENUM = {
        "CASH": 1,
        "ALIPAY": 2
    }
    PAY_METHOD_CHOICES = (
        (1, "货到付款"),
        (2, "支付宝"),
    )
    ORDER_STATUS_ENUM = {
        "UNPAID": 1,
        "UNSEND": 2,
        "UNRECEIVED": 3,
        "UNCOMMENT": 4,
        "FINISHED": 5
    }
    ORDER_STATUS_CHOICES = (
        (1, "待支付"),
        (2, "待发货"),
        (3, "待收货"),
        (4, "待评价"),
        (5, "已完成"),
        (6, "已取消"),
    )

    order_id = models.CharField(max_length=64, primary_key=True,
                                verbose_name="订单号")
    user = models.ForeignKey(User, on_delete=models.PROTECT,
                             verbose_name="下单用户")
    address = models.ForeignKey(Address, on_delete=models.PROTECT,
                                verbose_name="收货地址")
    total_count = models.IntegerField(default=1, verbose_name="商品总数")
    total_amount = models.DecimalField(max_digits=10, decimal_places=2,
                                       verbose_name="商品总金额")
    freight = models.DecimalField(max_digits=10, decimal_places=2,
```

```
                                              verbose_name="运费")
    pay_method = models.SmallIntegerField(choices=PAY_METHOD_CHOICES,
                              default=1, verbose_name="支付方式")
    status = models.SmallIntegerField(choices=ORDER_STATUS_CHOICES,
                              default=1, verbose_name="订单状态")
    class Meta:
        db_table = "tb_order_info"
        verbose_name = '订单基本信息'
        verbose_name_plural = verbose_name
    def __str__(self):
        return self.order_id
```

定义订单商品模型类的示例代码如下:

```
from goods.models import SKU
class OrderGoods(BaseModel):
    """订单商品"""
    SCORE_CHOICES = (
        (0, '0分'),
        (1, '20分'),
        (2, '40分'),
        (3, '60分'),
        (4, '80分'),
        (5, '100分'),
    )
    order = models.ForeignKey(OrderInfo, related_name='skus',
                      on_delete=models.CASCADE, verbose_name="订单")
    sku = models.ForeignKey(SKU, on_delete=models.PROTECT,
                                   verbose_name="订单商品")
    count = models.IntegerField(default=1, verbose_name="数量")

    price = models.DecimalField(max_digits=10, decimal_places=2,
                                   verbose_name="单价")
    comment = models.TextField(default="", verbose_name="评价信息")
    score = models.SmallIntegerField(choices=SCORE_CHOICES, default=5,
                                   verbose_name='满意度评分')
    is_anonymous = models.BooleanField(default=False,
                                   verbose_name='是否匿名评价')
    is_commented = models.BooleanField(default=False,
                                   verbose_name='是否评价了')
    class Meta:
        db_table = "tb_order_goods"
        verbose_name = '订单商品'
        verbose_name_plural = verbose_name
    def __str__(self):
        return self.sku.name
```

订单表模型定义完成后,创建并执行迁移文件,以生成数据库表。

11.2.2 保存订单信息

用户单击结算订单页面的"提交订单"按钮发起请求时,页面中的订单数据应被提交并存储到数据库中。订单数据分为订单基本信息和订单商品信息,下面将介绍如何保存订单基本信息和订单商品信息。

1. 保存订单基本信息

订单基本信息包括订单号、收货地址、支付方式、用户信息、总金额和订单状态等。其中订单号由"时间+用户 id"在后端动态生成；收货地址、支付方式和用户信息可通过参数 request 进行获取；订单状态由支付方式决定，当支付方式为支付宝时，存储为待支付状态，支付方式为货到付款时，存储为待发货状态。

在 orders 应用的 views.py 文件中，定义类视图 OrderCommitView 用于实现结算订单功能。因为只有登录用户才能使用结算功能，所以 OrderCommitView 类除了继承视图类 View 外，还需继承自定义用于验证当前用户登录状态的类 LoginRequiredJSONMixin，示例代码如下：

```python
import json
from xiaoyu_mall.utils.views import LoginRequiredJSONMixin
from django.http import HttpResponseForbidden
from .models import OrderInfo
from django.utils import timezone
class OrderCommitView(LoginRequiredJSONMixin, View):
    """ 提交订单 """
    def post(self, request):
        """ 保存订单基本信息和订单商品信息 """
        # 接收参数
        json_dict = json.loads(request.body.decode())
        address_id = json_dict.get('address_id')
        pay_method = json_dict.get('pay_method')
        # 校验参数
        if not all([address_id, pay_method]):
            return HttpResponseForbidden(' 缺少必传参数 ')
            # 判断 address_id 是否合法
        try:
            address = Address.objects.get(id=address_id)
        except Address.DoesNotExist:
            return HttpResponseForbidden(' 参数 address_id 错误 ')
        # 判断 pay_method 是否合法
        if pay_method not in [OrderInfo.PAY_METHODS_ENUM['CASH'],
                              OrderInfo.PAY_METHODS_ENUM['ALIPAY']]:
            return HttpResponseForbidden(' 参数 pay_method 错误 ')
        # 获取登录用户
        user = request.user
        # 获取订单编号：时间+user_id
        order_id = timezone.localtime().strftime('%Y%m%d%H%M%S') + \
                                                 ('%09d' % user.id)
        # 保存订单基本信息
        order = OrderInfo.objects.create(
            order_id=order_id,
            user=user,
            address=address,
            total_count=0,
            total_amount=Decimal(0.00),
            freight=Decimal(10.00),
            pay_method=pay_method,
            status=OrderInfo.ORDER_STATUS_ENUM['UNPAID'] if
            pay_method == OrderInfo.PAY_METHODS_ENUM['ALIPAY'] else
                             OrderInfo.ORDER_STATUS_ENUM['UNSEND']
        )
```

2. 保存订单商品信息

用户购买商品除涉及订单数据的增加外，除了涉及订单数据的增加外，用户购买商品还需要同步更新商品库存和销量。因此，在保存订单商品信息时，需要同时减少商品 SKU 的库存，并增加商品 SKU 和 SPU 的销量。结算页面中的商品数据是由后端从数据库查询到的，提交订单时后端可以再次查询商品数据，查询操作与订单结算中的商品信息查询相同，不再详述。保存商品信息后，需要修改 SKU 表中的库存信息，并更新 SPU 表中的销量信息。示例代码如下：

```python
from .models import OrderGoods
from django.utils import timezone
from django.http import JsonResponse
from xiaoyu_mall.utils.response_code import RETCODE
class OrderCommitView(LoginRequiredJSONMixin, View):
    """提交订单"""
    def post(self, request) :
        """保存订单基本信息和订单商品信息"""
        # 获取当前保存订单时需要的信息
        ...
        # 保存订单基本信息 OrderInfo
        ...
        # 从 redis 读取购物车中被勾选的商品信息
        redis_conn = get_redis_connection('carts')
        redis_cart = redis_conn.hgetall('carts_%s' % user.id)
        selected = redis_conn.smembers('selected_%s' % user.id)
        carts = {}
        for sku_id in selected:
            carts[int(sku_id)] = int(redis_cart[sku_id])
        sku_ids = carts.keys()
        # 遍历购物车中被勾选的商品信息
        for sku_id in sku_ids:
            # 查询 SKU 信息
            sku = SKU.objects.get(id=sku_id)
            # 判断 SKU 库存
            sku_count = carts[sku.id]
            if sku_count > sku.stock:
                return JsonResponse({'code': RETCODE.STOCKERR,
                                     'errmsg': '库存不足'})
            # SKU 减少库存，增加销量
            sku.stock -= sku_count
            sku.sales += sku_count
            sku.save()
            # 修改 SPU 销量
            sku.spu.sales += sku_count
            sku.spu.save()
            # 保存订单商品信息 OrderGoods（多）
            OrderGoods.objects.create(
                order=order,
                sku=sku,
                count=sku_count,
                price=sku.price,
            )
        # 保存商品订单中总价和总数量
```

```
        order.total_count += sku_count
        order.total_amount += (sku_count * sku.price)
# 添加运费和保存订单信息
order.total_amount += order.freight
order.save()
# 清除购物车中已结算的商品
pl = redis_conn.pipeline()
pl.hdel('carts_%s' % user.id, *selected)
pl.srem('selected_%s' % user.id, *selected)
pl.execute()
# 响应提交订单结果
return JsonResponse({'code': RETCODE.OK, 'errmsg': '下单成功',
                     'order_id': order.order_id})
```

类视图定义完成之后,还需要在 orders 应用的 urls.py 文件中添加保存订单信息的 URL,示例代码如下:

```
# 提交订单
path('orders/commit/', views.OrderCommitView.as_view()),
```

至此,保存订单信息功能完成。

11.2.3 呈现订单提交成功页面

订单提交后将跳转到提交成功页面,不同的付款方式对应不同的成功页面,选择货到付款,订单提交成功后页面右下角的按钮为"继续购物";选择支付宝付款,订单提交成功后页面右下角的按钮为"去支付",单击该按钮,页面将跳转到支付宝支付页面。

货到付款订单提交成功页面如图 11-4 所示。

图 11-4　货到付款订单提交成功页面

支付宝支付订单提交成功页面如图 11-5 所示。

图 11-5　支付宝支付订单提交成功页面

以上页面由模板文件 order_success.html 呈现,该页面中需要渲染的数据包括订单总价、订单号和按钮。因为按钮与支付方式有关,所以按钮的显示内容根据支付方式进行获取。下面分定义与实现后端接口、渲染前端页面和配置路由三部分实现订单提交成功页面的呈现。

1. 定义与实现后端接口

在 orders 应用的 views.py 文件中,定义类视图 OrderSuccessView,并在 get() 方法中实现呈现订单提交成功页面展示。因为只有登录用户才能使用提交订单功能,所以 OrderSuccessView 类除了继承视图类 View 外,还需继承自定义用于验证当前用户登录状态的类 LoginRequiredMixin,示例代码如下:

```python
class OrderSuccessView(LoginRequiredMixin, View):
    """ 提交订单成功页面 """
    def get(self, request):
        """ 提供提交订单成功页面 """
        order_id = request.GET.get('order_id')
        payment_amount = request.GET.get('payment_amount')
        pay_method = request.GET.get('pay_method')
        context = {
            'order_id': order_id,
            'payment_amount': payment_amount,
            'pay_method': pay_method
        }
        return render(request, 'order_success.html', context)
```

2. 渲染前端页面

在模板文件 order_success.html 中渲染提交订单成功页面的信息,示例代码如下:

```html
<div class="common_list_con clearfix">
    <div class="order_success">
        <p><b>订单提交成功,订单总价<em>¥{{ payment_amount }}</em></b></p>
        <p>您的订单已成功生成,选择您想要的支付方式,订单号:{{ order_id }}</p>
        <p><a href="user_center_order.html">您可以在【用户中心】->
                                            【我的订单】查看该订单</a></p>
    </div>
</div>
<div class="order_submit clearfix">
    {% if pay_method == '1' %}
        <a href="{{ url('contents:index') }}">继续购物 </a>
    {% else %}
        <a @click="order_payment" class="payment">去支付 </a>
    {% endif %}
</div>
```

3. 配置路由

类视图定义完成之后,还需要在 orders 应用的 urls.py 文件中添加呈现订单提交的 URL,示例代码如下:

```python
# 提交订单成功
path('orders/success/', views.OrderSuccessView.as_view()),
```

至此,呈现订单提交成功页面功能完成。

在呈现订单提交成功页面要明确展示商品详情、价格、运费、优惠信息及售后服务政策等，确保用户在提交订单前能够全面了解交易内容，没有任何隐藏费用。提供易于理解的用户协议和隐私条款链接，保障消费者的知情权和选择权，构建信任的消费环境。

11.3 基于事务的订单数据保存

订单数据保存涉及多张数据库表（tb_order_info、tb_order_goods、tb_spu、tb_sku）的修改，为保证生成订单后各表数据同步更新，避免可能出现订单生成，但商品数量未减少等情况，需要使用事务。在Django中，事务是一种用来管理数据库操作的机制，确保一组相关操作要么全部成功提交，要么全部回滚（撤销）。通过使用事务，可以维持数据库操作的一致性和完整性。本节将介绍Django中的事务如何使用，以及如何使用事务保存订单数据。

文　档

Django中事务的使用

11.3.1 Django中事务的使用

Django中通过django.db.transaction模块定义一个事务，事务的使用通常离不开保存点，下面分别介绍Django中实现事务的方案，以及如何使用保存点。

读者可以扫描二维码查看Django中事务的使用的详细讲解。

11.3.2 使用事务保存订单数据

提交订单时涉及数据库表tb_order_info、tb_order_goods、tb_sku、tb_spu的修改——包括保存订单基本数据、保存订单商品数据、减少SKU库存、增加SPU销量应在一个事务中。修改orders应用views.py文件中OrderCommitView类的post()方法，使用with语句实现基于事务的订单数据保存，修改后的代码如下：

```python
from django.db import transaction
class OrderCommitView(LoginRequiredJSONMixin, View):
    def post(self, request):
        # 接收参数
        # 校验参数
        ...
        # 显式开启一个事务
        with transaction.atomic():
            try:
                # 创建事务保存点
                save_id = transaction.savepoint()
                # 保存订单基本信息 OrderInfo
                order = OrderInfo.objects.create(
                    ...
                )
                # 从redis读取购物车中被勾选的商品信息
                redis_conn = get_redis_connection('carts')
                redis_cart = redis_conn.hgetall('carts_%s' % user.id)
                selected = redis_conn.smembers('selected_%s' % user.id)
                carts = {}
```

```python
            for sku_id in selected:
                carts[int(sku_id)] = int(redis_cart[sku_id])
        sku_ids = carts.keys()
        # 遍历购物车中被勾选的商品信息
        for sku_id in sku_ids:
            # 查询SKU信息
            sku = SKU.objects.get(id=sku_id)
            # 查询SKU库存
            sku_count = carts[sku.id]
            if sku_count > sku.stock:
                # 出错就回滚
                transaction.savepoint_rollback(save_id)
                return JsonResponse({'code': RETCODE.STOCKERR,
                                     'errmsg': '库存不足'})
            # SKU减少库存,增加销量
            sku.stock -= sku_count
            sku.sales += sku_count
            sku.save()
            # 修改SPU销量
            sku.spu.sales += sku_count
            sku.spu.save()
            # 保存订单商品信息
            OrderGoods.objects.create(
                order=order,
                sku=sku,
                count=sku_count,
                price=sku.price,
            )
            # 保存商品订单中总价和总数量
            order.total_count += sku_count
            order.total_amount += (sku_count * sku.price)
        # 添加邮费和保存订单信息
        order.total_amount += order.freight
        order.save()
    except Exception as e:
        logger.error(e)
        transaction.savepoint_rollback(save_id)  # 出错回滚
        return JsonResponse({'code': RETCODE.DBERR,
                             'errmsg': '下单失败'})

    # 提交订单成功,显式提交一次事务
    transaction.savepoint_commit(save_id)
# 清除购物车中已结算的商品
pl = redis_conn.pipeline()
pl.hdel('carts_%s' % user.id, *selected)
pl.srem('selected_%s' % user.id, *selected)
pl.execute()
# 响应提交订单结果
return JsonResponse({'code': RETCODE.OK, 'errmsg': '下单成功',
                     'order_id': order.order_id})
```

以上代码将与订单相关的数据库操作放在同一个事务之中,所有操作一同执行或都不执行。

11.4 基于乐观锁的并发下单

小鱼商城是一个支持多用户并发操作的电子商务平台，在高并发场景下可能会遇到资源竞争的问题。例如，当用户甲和用户乙几乎同时尝试购买同一商品 A，且他们分别希望购买 10 个和 8 个时，由于系统对库存的检查是几乎同时进行的，两者都可能在系统显示的库存为 15 个的情况下认为自己的购买需求得到满足，从而触发下单操作。然而，实际上这 15 个库存无法同时满足两位用户的总需求（18 个），这一状况暴露了系统在处理并发请求时对资源管理的不足。购买商品时资源竞争示意如图 11-6 所示。

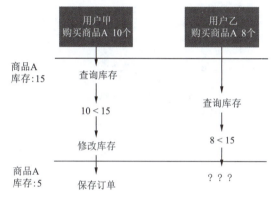

图 11-6 购买商品时资源竞争

资源竞争并不是程序中代码业务逻辑导致的，而是由于 MySQL 数据库默认支持并发操作，从而造成资源竞争。要解决资源竞争问题，可以采取多种方法，其中最基本的方法是使用锁机制来保护资源。下面先介绍 MySQL 的锁机制，再基于锁实现并发下单。

1. MySQL 锁机制

MySQL 提供了两种锁方式：悲观锁和乐观锁。悲观锁在查询某条记录时会对数据进行加锁，防止其他人修改数据；乐观锁在更新数据时会通过条件判断来确定是否可以更新，如果条件满足，则更新数据，否则表示资源被抢夺，不再进行更新。

与悲观锁相比，乐观锁具有更好的性能表现，能够提高并发性，并且避免了死锁的问题。因此，在解决保存订单时的资源竞争问题上，我们会选择使用乐观锁机制。乐观锁的用法示例如下：

```
update tb_sku set stock=2 where id=1 and stock=7; # MySQL 数据更新
SKU.objects.filter(id=1, stock=7).update(stock=2) # 基于乐观锁的数据更新
```

2. 基于乐观锁的并发下单

如果在 11.3 节的代码中直接添加乐观锁，由于出现资源抢夺时乐观锁会放弃数据更新，用户无法成功下单，这显然不符合需求。为了解决这一问题，我们需要将查询库存、商品库存与销量更改放在循环中，当本次下单失败后，只要库存充足，就仍应继续尝试下单。

按照上述逻辑修改 orders 应用 views.py 文件中 OrderCommitView 视图类代码，修改后的

代码如下:

```python
class OrderCommitView(LoginRequiredJSONMixin, View):
    def post(self, request):
        # 接收参数
        # 校验参数
        ...
        try:
            # 设置保存点
            ...
            # 保存订单商品信息
            ...
            # 遍历购物车中被勾选的商品信息
            for sku_id in sku_ids:
                # 每个商品都有多次下单的情况,直至库存不满足
                while True:
                    # 查询 sku 信息
                    sku = SKU.objects.get(id=sku_id)
                    # 获取商品的原始库存和销量
                    origin_stock = sku.stock
                    origin_sales = sku.sales
                    # 判断用户购买的商品数量是否超出了商品库存
                    sku_count = carts[sku.id]
                    if sku_count > origin_stock:
                        # 回滚到保存点
                        transaction.savepoint_rollback(save_id)
                        return JsonResponse({'code': RETCODE.STOCKERR,
                                             'errmsg': '库存不足'})
                    # 更新 sku 表中商品库存和商品销量
                    new_stock = origin_stock - sku_count
                    new_sales = origin_sales + sku_count
                    # 使用乐观锁对数据进行更新
                    result = SKU.objects.filter(id=sku_id,
                        stock=origin_stock).update(stock=new_stock,
                                                    sales=new_sales)
                    # 如果更新数据时,原始数据发生变化,返回 0,那么表明有资源抢夺
                    if result == 0:
                        continue
                    # 更新 spu 表中商品销量
                    sku.spu.sales += sku_count
                    sku.spu.save()
                    # 保存订单信息
                    OrderGoods.objects.create(
                        order=order,
                        sku=sku,
                        count=sku_count,
                        price=sku.price
                    )
                    # 计算商品的总数量
                    order.total_count += sku_count
                    # 计算商品的总金额
                    order.total_amount += (sku_count * sku.price)
                    # 下单成功,跳出循环
                    break
            # 计算商品的实付款
```

```
                order.total_amount += order.freight
                order.save()
        except Exception as e:
            logger.error(e)
            transaction.savepoint_rollback(save_id)
            return JsonResponse({'code': RETCODE.DBERR,
                                 'errmsg': '下单失败'})
        # 提交事务
        transaction.savepoint_commit(save_id)
    # 清除购物车中已经结算的商品
    pl = redis_conn.pipeline()
    pl.hdel('carts_%s' % user.id, *selected)
    pl.srem('selected_%s' % user.id, *selected)
    pl.execute()
    # 返回响应信息
    return JsonResponse({'code': RETCODE.OK, 'errmsg': '下单成功',
                         'order_id': order.order_id})
```

类视图定义完成之后，还需要修改 MySQL 事务的隔离级别。MySQL 默认的事务隔离级别为 Repeatable read，这会导致多位用户同时购买同一商品时数据读取不及时，如一位用户这边的事务已经提交了数据的修改，但因为网络延迟或其他原因，事务尚未结束，此时其他用户的事务查询到的最新数据就会延迟。为了解决这一问题，应将数据库的隔离级别修改为 Read committed，如此只要一个事务提交了数据的修改，其他事务便能及时查询到修改后的数据。

打开 MySQL 命令行，修改全局或当前 session 的事务隔离级别为 Read committed 的命令如下：

```
# 设置全局事务隔离级别
mysql> SET GLOBAL transaction isolation level READ COMMITTED;
# 设置会话（当前连接）事务隔离级别
mysql> SET SESSION transaction isolation level READ COMMITTED;
```

至此，基于乐观锁的并发下单完成。重启项目，登录两个用户同时购买同一件商品，每个用户都能正常购物，且数据库中的商品数量能被正确修改；继续购买同一件商品，当商品数量为 1 时（可以在数据库中将商品数量修改为 1），两名用户都能将该商品添加到购物车并进入结算订单页面，但当一名用户成功提交订单后，另外一名用户提交订单时，会提示"库存不足"，如图 11-7 所示。

图 11-7　库存不足

多学一招：事务隔离级别

事务隔离级别指在处理同一个数据的多个事务中，当前事务何时能看到其他事务对数据修改的结果。MySQL 有四种事务隔离级别，分别如下：

- Serializable：串行化，一个事务一个事务地执行，并发性低。
- Repeatable read：可重复读，无论其他事务是否修改并提交了数据，在这个事务中看到的数据始终不受其他事务的影响。这是 MySQL 的默认事务隔离级别。
- Read committed：读取已提交，其他事务提交了对数据的修改后，本事务就能读取到修改后的数据值。
- Read uncommitted：读取未提交，其他事务只要修改了数据，即使未提交，本事务也能读取到修改后的数据值。

11.5 查看订单

单击小鱼商城导航栏中的"我的订单"，或用户中心页面的"全部订单"可以查看用户的订单，全部订单如图 11-8 所示。

图 11-8 全部订单

查看订单的本质是查询并在页面展示订单数据，根据前面的介绍，我们已经知道小鱼商城的订单数据分为订单基本数据和订单商品数据两部分，那么查看订单的业务逻辑就是查询订单基本信息和订单商品这两张表中的数据，构成订单数据并呈现在前端页面。另外，订单数据是与用户相关，那么应根据用户与订单信息的联系进行查询。下面分后端业务实现、配置 URL 和渲染订单数据三部分来实现查看订单功能。

1. 后端业务实现

考虑到订单属于用户数据，这里在 users 应用的 views.py 文件中，定义类视图

UserOrderInfoView,并在 get() 方法中实现查看订单功能。因为只有登录用户才能使用提交订单功能,所以 UserOrderInfoView 类除了继承视图类 View 外,还需继承自定义用于验证当前用户登录状态的类 LoginRequiredMixin,示例代码如下:

```python
from orders.models import OrderInfo
from django.core.paginator import Paginator, EmptyPage
from django.http import HttpResponseNotFound
class UserOrderInfoView(LoginRequiredMixin,View):
    def get(self, request, page_num):
        """ 提供我的订单页面 """
        user = request.user
        # 查询订单
        orders = user.orderinfo_set.all().order_by("-create_time")
        # 遍历所有订单
        for order in orders:
            # 绑定订单状态
            order.status_name = OrderInfo.ORDER_STATUS_CHOICES[
                                order.status - 1][1]
            # 绑定支付方式
            order.pay_method_name = OrderInfo.PAY_METHOD_CHOICES[
                                    order.pay_method - 1][1]
            order.sku_list = []
            # 查询订单商品
            order_goods = order.skus.all()
            # 遍历订单商品
            for order_good in order_goods:
                sku = order_good.sku
                sku.count = order_good.count
                sku.amount = sku.price * sku.count
                order.sku_list.append(sku)
        # 分页
        page_num = int(page_num)
        try:
            paginator = Paginator(orders, constants.ORDERS_LIST_LIMIT)
            page_orders = paginator.page(page_num)
            total_page = paginator.num_pages
        except EmptyPage:
            return HttpResponseNotFound('订单不存在')
        context = {
            "page_orders": page_orders,
            'total_page': total_page,
            'page_num': page_num,
        }
        return render(request, "user_center_order.html", context)
```

以上代码首先从请求信息中获取了当前用户,然后借助用户与订单的联系查询到当前用户的所有订单基本信息 orders,接着遍历 orders,将订单状态与支付方式对应的字符串写入orders,同时查询当前订单对应的订单商品信息,遍历商品信息,将商品对象添加到商品的订单列表之中,以构造订单数据,最后利用 Paginator 类对订单数据进行分页,构造包含一页数据、总计和页码的上下文字典,将其与请求对象、模板文件 user_center_order.html 一起渲染为响应信息并返回。

2. 配置URL

订单数据分页显示，用户可在订单页面通过单击页码查看不同页的数据，因此页码是URL中需要设置的参数；当用户从其他页面请求订单页面时，用户不需要传入页码，订单页面默认显示第一页数据。在users应用的urls.py文件中添加查看订单的URL，示例代码如下：

```
path('orders/info/<int:page_num>/', views.UserOrderInfoView.as_view(),
 name='myorderinfo'),
```

首页、商品列表页、用户中心页等都提供了查看用户订单的链接，因此需要在这些模板文件中生成"我的订单"或"全部订单"对应的URL，以用户中心user_center_info.html为例，修改后的代码如下：

```
<a href="{{ url('users:myorderinfo',args=(1,)) }}">我的订单</a>
...
<li><a href="{{ url('users:myorderinfo',args=(1,)) }}">·全部订单</a></li>
```

3. 渲染订单数据

在模板文件user_center_order.html中渲染当前用户的订单数据，示例代码如下：

```
<div class="right_content clearfix">
    <h3 class="common_title2">全部订单</h3>
    {% for order in page_orders %}
    <ul class="order_list_th w978 clearfix">
        <li class="col01">{{ order.create_time.strftime('%Y-%m-%d
                                                    %H:%M:%S') }}</li>
        <li class="col02">订单号：{{ order.order_id }}</li>
    </ul>
    <table class="order_list_table w980">
        <tbody>
            <tr>
                <td width="55%">
                    {% for sku in order.sku_list %}
                    <ul class="order_goods_list clearfix">
                        <li class="col01"><img
                            src="/static/images/goods/{{
                                    sku.default_image.url }}.jpg"></li>
                        <li class="col02"><span>{{ sku.name }}</span>
                            <em>{{ sku.price }} 元</em></li>
                        <li class="col03">{{ sku.count }}</li>
                        <li class="col04">{{ sku.amount }} 元</li>
                    </ul>
                    {% endfor %}
                </td>
                <td width="15%">{{ order.total_amount }} 元<br>
                    含运费：{{ order.freight }} 元</td>
                <td width="15%">{{ order.pay_method_name }}</td>
                <td width="15%">
                    <a @click="oper_btn_click('{{ order.order_id }}',
                                            {{ order.status }})"
                    class="oper_btn">{{order.status_name }}</a>
                </td>
            </tr>
```

```
        </tbody>
    </table>
    {% endfor %}
    <div class="pagenation">
        <div id="pagination" class="page"></div>
    </div>
</div>
```

至此，查看订单功能完成。

小　　结

本章主要介绍了与订单相关功能，首先介绍了结算订单和提交订单功能，其次介绍了基于事务的订单数据保存，再次介绍了基于乐观锁的并发下单，最后介绍了查看订单功能。通过本章的学习，读者能熟悉电商网站订单模块的功能与逻辑，掌握Django事务处理方式与乐观锁的使用。

习　　题

简答题

1. 简述结算订单功能的实现逻辑。
2. 简述提交订单功能的实现逻辑。
3. 简述事务的作用。
4. 简述乐观锁的作用。
5. 简述查看订单功能的实现逻辑。

第12章

电商项目——支付与评价

学习目标

◎ 熟悉支付宝开放平台，能够说明如何在支付宝开放平台中创建应用。
◎ 掌握支付信息配置，能够在项目和支付宝开放平台配置公钥和私钥。
◎ 掌握订单支付功能的实现逻辑，能够使用支付宝提供的接口实现支付功能。
◎ 掌握保存订单支付结果的实现逻辑，能够将支付结果信息保存到数据库中。
◎ 掌握评价订单商品的实现逻辑，能够对购买的商品进行评价。
◎ 掌握详情页展示商品评价的实现逻辑，能够在详情页中展示商品评价内容。

小鱼商城提供两种支付方式：货到付款和支付宝支付。当用户选择货到付款时，单击"支付"按钮后，浏览器将跳转到订单提交成功页面。如果用户选择支付宝支付，单击"支付"按钮后，小鱼商城将调用支付宝系统的支付功能进行支付。支付完成后，用户可以通过订单页面进入商品评价页，对商品进行评价。用户的评价将被保存到 MySQL 数据库中，并在商品详情页中展示。在本章中，我们将详细介绍支付宝支付和商品评价功能的实现。

12.1 支付宝开放平台介绍

● 文档
支付宝开放平台介绍

支付宝是国内领先的第三方支付平台，提供简单、安全和快速的支付解决方案。开发者可以利用支付宝开放平台，在开发过程中接入支付宝接口并使用沙箱环境进行测试。本节内容将分为开发者认证、应用创建以及沙箱环境的使用三部分，介绍如何在支付宝开放平台上进行开发。

读者可以扫描二维码查看支付宝开放平台的详细讲解。

12.2 对接支付宝

在对接支付宝时，商家需要按照支付宝的接口文档和规范进行开发，确保支付系统与支付宝平台的正常对接和数据传输。同时，商家也需要遵守支付宝的相关规定和协议，保证交易的合法合规。本节将分为支付宝信息配置、订单支付功能和保存订单支付结果进行介绍。

12.2.1 支付信息配置

在实现订单支付功能之前,需要在支付宝和小鱼商城中配置公钥和私钥。公钥和私钥是非对称加密算法中的两个重要概念,它们通常用于数据的加密和解密过程。

公钥是可以公开给他人使用的密钥,用于加密数据或验证数字签名。任何人都可以使用公钥对数据进行加密,但只有持有相应私钥的实体才能解密数据或生成数字签名。在支付领域,公钥通常用于加密敏感信息(如银行卡号)传输到服务端,确保数据安全。

私钥是需要被严格保管的密钥,用于解密由公钥加密的数据或签署数字签名。私钥只能被密钥持有者使用,用于解密数据或生成数字签名。在支付领域,私钥通常用于解密客户端传输过来的加密数据或生成数字签名以确保数据完整性和真实性。

总的来说,公钥和私钥配对使用,实现了安全的数据传输和验证机制,保障了数据的机密性、完整性和真实性。

为保证交易双方的身份和数据安全,支付宝使用RSA2加密算法对请求中的参数进行加密。小鱼商城使用私钥加密请求参数,支付宝接收到小鱼商城发来的请求后,利用小鱼商城上传的公钥解密并处理请求参数;处理结果使用支付宝私钥进行加密,返回给小鱼商城服务器,小鱼商城利用配置到项目中的支付宝公钥进行解密,小鱼商城与支付宝所持的公私钥如图12-1所示。

图 12-1 配置公私钥

接下来,分为支付宝密钥工具下载、支付宝沙箱应用添加小鱼商城公钥、小鱼商城项目添加私钥和支付宝公钥、配置SDK参数和安装SDK五部分进行介绍。

1. 支付宝密钥工具下载

支付宝开放平台提供了支付宝密钥工具,通过该工具可生成公钥和私钥。首先访问控制台首页页面,如图12-2所示。

在图12-2中单击"更多"进入"支付宝密钥工具"下载页面,如图12-3所示。

在图12-3中下载适用于Windows系统的版本工具。下载完成后,双击安装包AlipayKeyTool-2.0.3.exe进行安装,安装完成之后启动该工具,如图12-4所示。

图 12-2　控制台首页页面

图 12-3　支付宝密钥工具下载页面

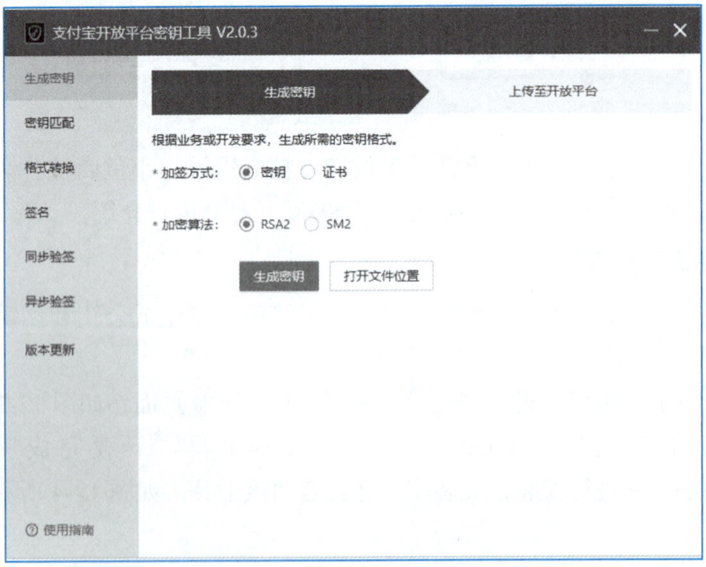

图 12-4　支付宝开放平台密钥工具

首先选择图12-4中"生成密钥",然后加密方式选择"密钥",加密算法选择RSA2,最后单击"生成密钥"按钮,生成的应用公钥和私钥如图12-5所示。

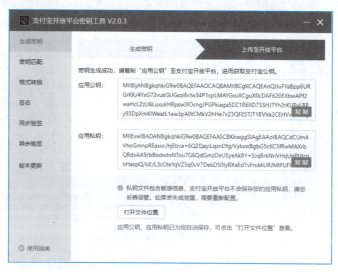

图12-5　生成的应用公钥和私钥

在图12-5中生成的应用公钥和应用私钥表示小鱼商城的公钥和私钥,对于生成的公钥需要上传到支付宝沙箱应用中,生成的私钥需要添加到小鱼商城项目中。

2．支付宝沙箱应用添加小鱼商城公钥

将生成的应用公钥上传到沙箱应用中,在沙箱应用的开发信息中选择"自定义密钥",然后单击"设置并查看"进行启用,如图12-6所示。

图12-6　启用公钥模式

单击图12-6公钥模式中的"查看",在弹出的对话框中上传生成的公钥内容,如图12-7所示。

图 12-7　上传生成的公钥内容

公钥内容上传完成之后单击"保存"按钮，此时支付宝会自动生成支付宝公钥，如图 12-8 所示。

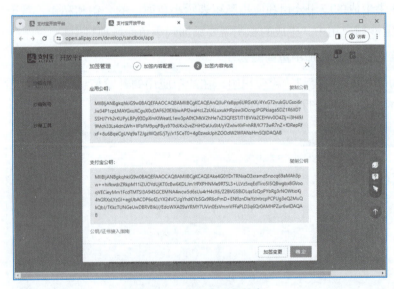

图 12-8　支付宝公钥信息

复制图 12-8 中生成的支付宝公钥信息，该信息需要保存到小鱼商城项目中，复制完成之后，单击"确定"按钮。

3．小鱼商城项目添加私钥和支付宝公钥

在小鱼商城的 payment 应用下新建 keys 文件夹，并在该文件夹中创建 alipay_public_key.pem 文件和 app_private_key.pem 文件，如图 12-9 所示。

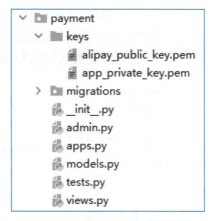

图 12-9　payment 应用目录结构

将支付宝公钥内容粘贴到 alipay_public_key.pem 文件中，并补充公钥头部与公钥尾部信息，其语法格式如下：

```
-----BEGIN RSA PUBLIC KEY-----
支付宝公钥
-----END RSA PUBLIC KEY-----
```

将应用私钥内容粘贴到 app_private_key.pem 文件中，并补充公钥头部与公钥尾部信息，其语法格式如下：

```
-----BEGIN RSA PRIVATE KEY-----
应用私钥
-----END RSA PRIVATE KEY-----
```

4．配置SDK参数

在 dev.py 文件中配置支付宝 SDK 参数，示例代码如下：

```
ALIPAY_APPID = '90210001131634321'   # 支付宝开放平台创建的应用的APPID
ALIPAY_DEBUG = True
ALIPAY_URL = 'https://openapi.alipaydev.com/gateway.do'
ALIPAY_RETURN_URL = 'http://127.0.0.1:8000/payment/status/'
```

上述配置参数表示支付宝创建应用的 APPID、DEBUG 模式、支付宝网关地址、回调地址。

5．安装SDK

python-alipay-sdk 基于 Python 的 SDK（软件开发工具包），旨在帮助开发者更容易地集成和使用支付宝（Alipay）的各种支付功能。在 xiaoyu_mall 环境中安装 python-alipay-sdk，示例代码如下：

```
pip install python-alipay-sdk==3.3.0
```

至此，小鱼商城的支付信息配置完成。

12.2.2　订单支付功能

用户在小鱼商城订单提交页面单击"去支付"按钮后，浏览器将自动跳转至支付宝登录页面。在登录页面中用户需使用沙箱账号中的买家账号和密码登录至支付宝。登录成功后，用户将进入支付页面。在支付页面，用户需输入支付密码完成支付。支付成功后，支付宝将自动重定向至小鱼商城的"订单支付成功"页面，具体如图12-10所示。

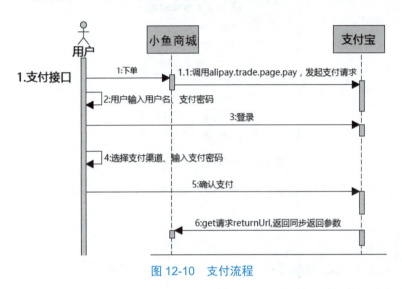

图 12-10　支付流程

下面分接口设计、订单支付接口实现、配置 URL 和功能校验四个部分实现订单支付功能。

1. 接口设计

用户单击"去支付"按钮，浏览器跳转到支付宝登录页面，这一过程不涉及数据提交，浏览器可使用 GET 方式发送请求。在获取支付宝登录页面时应携带当前订单编号参数 order_id 作为唯一标识，由此设计接口以及请求地址，见表 12-1。

表 12-1　订单支付接口设计

选　　项	方　　案
请求方式	GET
请求地址	payment/<int:order_id>/

小鱼商城向支付宝发送请求后，后端应响应应包含状态码、错误信息以及支付宝登录链接的信息，见表 12-2。

表 12-2　订单支付响应结果的 JSON 数据

键值名称	说　　明
code	状态码
errmsg	错误信息
alipay_url	支付宝登录链接

2. 订单支付接口实现

在 payment 应用的 views.py 文件中，定义 PaymentView 的类视图，用于处理订单支付请求。在该视图的 get() 方法中，首先需要检查用户是否已登录，因为订单支付是用户登录后的操作。

为了实现这一功能，PaymentView 视图需要继承 LoginRequiredJSONMixin 类，以确保用户已登录。

实现订单支付功能首先查询所需支付的订单，然后创建支付对象，通过支付对象生成登录支付宝链接（登录支付宝链接的生成方式可参考 python-alipay-sdk 文档实现），最后响应支付宝登录链接，示例代码如下：

```python
from django.shortcuts import render
from django.views import View
from alipay import AliPay
from orders.models import OrderInfo, OrderGoods
from xiaoyu_mall.utils.views import LoginRequiredJSONMixin
from django.http import HttpResponseForbidden, JsonResponse
from django.conf import settings
import os
from xiaoyu_mall.utils.response_code import RETCODE
class PaymentView(LoginRequiredJSONMixin, View):
    def get(self, request, order_id):
        # 获取登录用户
        user = request.user
        # 查询要支付的订单
        try:
            order = OrderInfo.objects.get(order_id=order_id, user=user,
                         status=OrderInfo.ORDER_STATUS_ENUM['UNPAID'])
        except OrderInfo.DoesNotExist:
            return HttpResponseForbidden('订单信息错误')
        # 创建支付对象
        alipay = AliPay(
            appid=settings.ALIPAY_APPID,
            app_notify_url=None,
            app_private_key_string=open(
                os.path.join(os.path.dirname(os.path.abspath(__file__)),
                             'keys/app_private_key.pem')).read(),
            alipay_public_key_string=open(
                os.path.join(os.path.dirname(os.path.abspath(__file__)),
                             'keys/alipay_public_key.pem')).read(),
            sign_type="RSA2",
            debug=settings.ALIPAY_DEBUG,
        )
        # 生成支付宝登录链接
        order_string = alipay.api_alipay_trade_page_pay(
            out_trade_no=order_id,                         # 订单号
            total_amount=str(order.total_amount),          # 订单金额
            subject='小鱼商城%s' % order_id,                # 订单标题
            return_url=settings.ALIPAY_RETURN_URL,         # 回调地址
        )
        # 响应登录支付宝链接
        # https://openapi.alipay.com/gateway.do? + order_string
        alipay_url = settings.ALIPAY_URL + "?" + order_string
        return JsonResponse({'code': RETCODE.OK, 'errmsg': 'OK',
                             'alipay_url': alipay_url})
```

3. 配置URL

在 xiaoyu_mall/urls.py 文件中添加访问 payment 应用的路由，示例代码如下：

```
path('', include('payment.urls', namespace='payment')),
```

在 payment 应用中新建 urls.py 文件,在其中定义订单支付的路由,示例代码如下:

```
from django.urls import path
from . import views
app_name = 'payment'
urlpatterns = [
    path('payment/<int:order_id>/', views.PaymentView.as_view()),
]
```

4.功能校验

启动服务器,进入订单页面,选择支付宝支付,单击"去支付"按钮,页面跳转到支付宝登录页面,如图 12-11 所示。

图 12-11　支付宝登录页

在图 12-11 中填写正确的沙箱账号中买家账号账号密码登录支付宝,输入支付密码进行支付,具体如图 12-12 所示。

图 12-12　确认付款页面

在图 12-12 中,当用户正确输入支付宝支付密码并单击"确认付款"按钮后,系统将会自动跳转至支付成功的页面,如图 12-13 所示。

图 12-13 支付成功页面

至此,订单支付功能完成。

12.2.3 保存订单支付结果

用户支付功能完成之后,支付宝发起 GET 请求,将支付结果返回给 return_url 参数所指定的回调地址。return_url 参数通过小鱼商城配置文件中的回调路由 ALIPAY_RETURN_URL 指定。用户订单支付成功后,支付宝会将页面重定向到该 URL 中。根据回调参数的值设计如下形式的请求地址,具体见表 12-3。

表 12-3 保存订单支付的接口设计

选 项	方 案
请求方式	GET
请求地址	payment/status/

在 payment 应用的 views.py 文件中,定义名为 PaymentStatusView 的视图类,用于处理并保存订单的支付结果。在该类的 get() 方法内,首先进行对回调地址中签名的验证,如果签名验证成功,该方法将会保存订单信息,并将订单状态更新为"待评价";其次构造包含支付宝订单号的响应数据,返回 pay_success.html;若验证不通过重定向到"我的订单"页面中,示例代码如下:

```
from django.shortcuts import redirect,reverse
from .models import Payment
class PaymentStatusView(View):
    def get(self, request):
        # 获取到所有的查询字符串参数
        query_dict = request.GET
        # 将查询字符串参数的类型转换为字典类型
        data = query_dict.dict()
        # 从查询字符串参数中移除 sign 值, sign 不参与签名验证
        signature = data.pop('sign')
        # 使用支付宝对象调用验证通知接口函数,得到一个验证结果
        # 创建支付对象
        alipay = AliPay(
            appid=settings.ALIPAY_APPID,
            app_notify_url=None,
```

```python
            app_private_key_string=open(
                os.path.join(os.path.dirname(os.path.abspath(__file__)),
                             'keys/app_private_key.pem')).read(),
            alipay_public_key_string=open(
                os.path.join(os.path.dirname(os.path.abspath(__file__)),
                             'keys/alipay_public_key.pem')).read(),
            sign_type="RSA2",
            debug=settings.ALIPAY_DEBUG,
        )
        success = alipay.verify(data, signature)
        if success:
            # 如果验证通过,那么保存订单,并修改订单状态
            order_id = data.get('out_trade_no')
            trade_id = data.get('trade_no')
            Payment.objects.create(
                order_id=order_id,trade_id=trade_id
            )
            OrderInfo.objects.filter(order_id=order_id,
                status=OrderInfo.ORDER_STATUS_ENUM['UNPAID']).update(
                    status=OrderInfo.ORDER_STATUS_ENUM['UNCOMMENT'])
            context = {'trade_id': trade_id}
            return render(request, 'pay_success.html', context)
        else:
            # 如果验证不通过,重定向到我的订单页面
            return redirect(reverse('users:myorderinfo'))
```

保存订单时需要将订单号与交易流水号关联存储,便于后期查询订单信息使用。在 payment 应用的 models.py 文件中定义模型类 Payment,示例代码如下:

```python
from django.db import models
from xiaoyu_mall.utils.models import BaseModel
from orders.models import OrderInfo
class Payment(BaseModel):
    # 订单编号
    order = models.ForeignKey(OrderInfo,
            on_delete=models.CASCADE, verbose_name='订单')
    # 交易流水号
    trade_id = models.CharField(max_length=100, unique=True,
            null=True, blank=True, verbose_name="支付编号")
    class Meta:
        db_table = 'tb_payment'
        verbose_name = '支付信息'
        verbose_name_plural = verbose_name
```

模型类 Payment 定义完成后生成迁移文件并执行迁移命令,在数据库中生成对应的数据表以及字段。

在 payment 应用的 urls.py 文件中添加保存订单支付结果的 URL,示例代码如下:

```python
path('payment/status/',views.PaymentStatusView.as_view()),
```

重启服务器,当用户使用支付宝支付成功后,页面会跳转到支付成功页面,如图12-14所示。

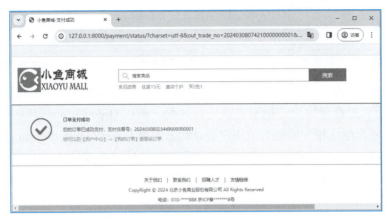

图 12-14　支付成功页面

用户单击图 12-14 所示页面中的"【我的订单】查看该订单",页面会跳转到"我的订单"页面中,其中显示相应订单的具体信息,如图 12-15 所示。

图 12-15　商品订单数据

至此,保存订单支付结果功能完成。

12.3　商品评价

用户支付成功后,订单页面中的状态信息由"待支付"变为"待评价",此时用户可在我的订单页面中单击"待评价"按钮,对购买的商品进行评价;用户评价成功后,在详情页中可以看到用户对该商品的评价信息。本节将分为评价订单商品、在详情页展示商品评价和在商品列表页展示评价数量三部分实现商品评价功能。

12.3.1　评价订单商品

若要评价订单商品,首先需要展示商品评价页面,其次对用户提交的评价信息进行保存。接下来分展示商品评价页面和提交商品评价两部分实现评价订单商品功能。

1. 展示商品评价页面

完成支付后,订单页面上的状态会从"待支付"变为"待评价"。这时,用户可以在"我的订单"页面中单击"待评价"按钮,对购买的商品进行评价。评价成功后,用户可以在商品详情页中查看其评价信息。商品评价页面应当根据订单编号查询用户购买的商品信息,并构造用于商品评价的表单。由于这个过程只需要查询商品信息,因此可使用 GET 方法发送请求,请求参数应为订单编号。展示商品评价功能接口设计见表 12-4。

表 12-4 展示商品评价功能接口设计

选项	方案	选项	方案
请求方式	GET	请求地址	order/comment/

在 payment 应用的 views.py 文件中,定义类视图 OrderCommentView 用于实现展示商品评价功能。因为只有登录用户才能对商品进行评价,所以 OrderCommentView 类除了继承视图类 View 外,还需继承用于验证当前用户登录状态的类 LoginRequiredMixin。

在 OrderCommentView 的 get() 方法中首先校验传入的订单编号是否正确,若不正确则返回响应,若订单编号正确则在数据库中查询该订单中未评价的商品;其次构造待评价商品的评分与评价内容;最后将构造的商品渲染到 goods_judge.html 页面,示例代码如下:

```python
from django.contrib.auth.mixins import LoginRequiredMixin
from django.http import HttpResponseServerError,HttpResponseNotFound
class OrderCommentView(LoginRequiredMixin, View):
    """订单商品评价"""
    def get(self, request):
        """展示商品评价页面"""
        order_id = request.GET.get('order_id')  # 接收参数(订单编号)
        # 校验参数
        try:
            OrderInfo.objects.get(order_id=order_id, user=request.user)
        except OrderInfo.DoesNotExist:
            return HttpResponseNotFound('订单不存在')
        # 查询订单中未被评价的商品信息
        try:
            uncomment_goods = OrderGoods.objects.filter(order_id=order_id,
                            is_commented=False)
        except Exception:
            return HttpResponseServerError('订单商品信息出错')
        # 构造待评价商品数据
        uncomment_goods_list = []
        for goods in uncomment_goods:
            uncomment_goods_list.append({
                'order_id': goods.order.order_id, 'sku_id': goods.sku.id,
                'name': goods.sku.name, 'price': str(goods.price),
                'default_image_url': settings.STATIC_URL +
                'images/goods/'+goods.sku.default_image.url+'.jpg',
                'comment': goods.comment, 'score': goods.score,
                'is_anonymous': str(goods.is_anonymous),
            })
        # 渲染模板
        context = {
            'uncomment_goods_list': uncomment_goods_list
        }
        return render(request, 'goods_judge.html', context)
```

类视图定义完成之后,还需要在 payment 应用的 urls.py 文件中添加评价订单商品的 URL,示例代码如下:

```python
path('orders/comment/', views.OrderCommentView.as_view())
```

重启项目,进入用户中心页面,单击订单列表中的"待评价"按钮,进入商品评价页面,如图 12-16 所示。

图 12-16　商品评价页面

2. 评价订单商品

商品评价页面不仅展示订单中的商品信息，还应提供用户提交商品评价功能，在提交评价前用户可勾选"匿名评价"。若用户勾选匿名评价则在保存用户评价信息时，在商品评价中应呈现经加密处理后的用户名。评价订单商品功能接口设计见表 12-5。

表 12-5　评价订单商品功能接口设计

选项	方案
请求方式	POST
请求地址	order/comment/
响应数据	JSON 类型（包含错误码和错误信息）

评价订单商品功能请求参数见表 12-6。

表 12-6　评价订单商品功能请求参数

请求参数	说明	请求参数	说明
order_id	订单号	comment	评价内容
sku_id	要评价的商品 sku_id	is_anonymous	是否匿名
score	商品评分		

表 12-6 中的请求参数可以从 HTTP 请求体中获取。

在 OrderCommentView 的 post() 方法中，首先提取页面中商品的订单号、商品 sku_id、评分、评价内容、是否匿名等参数；其次对这些参数进行校验，确保其正确性，如果校验通过，将用户评价的内容更新到数据库，并对商品的评论数据进行累加；最后，将商品的订单状态修改为"已完成"，并将响应结果返回前端，示例代码如下：

```
import json
```

```python
from goods.models import SKU
class OrderCommentView(LoginRequiredMixin, View):
    def post(self, request):
        json_dict = json.loads(request.body.decode())
        order_id = json_dict.get('order_id')
        sku_id = json_dict.get('sku_id')
        score = json_dict.get('score')
        comment = json_dict.get('comment')
        is_anonymous = json_dict.get('is_anonymous')
        # 校验参数
        if not all([order_id, sku_id, score, comment]):
            return HttpResponseForbidden('缺少必传参数')
        try:
            OrderInfo.objects.filter(order_id=order_id, user=request.user,
                        status=OrderInfo.ORDER_STATUS_ENUM['UNCOMMENT'])
        except OrderInfo.DoesNotExist:
            return HttpResponseForbidden('参数 order_id 错误')
        try:
            sku = SKU.objects.get(id=sku_id)
        except SKU.DoesNotExist:
            return HttpResponseForbidden('参数 sku_id 错误')
        if is_anonymous:
            if not isinstance(is_anonymous, bool):
                return HttpResponseForbidden('参数 is_anonymous 错误')
        # 保存订单商品评价数据
        OrderGoods.objects.filter(order_id=order_id, sku_id=sku_id,
                        is_commented=False).update(
            comment=comment, score=score,
            is_anonymous=is_anonymous,
            is_commented=True
        )
        # 累计评论数据
        sku.comments += 1
        sku.save()
        sku.spu.comments += 1
        sku.spu.save()
        # 如果所有订单商品都已评价，则修改订单状态为已完成
        if OrderGoods.objects.filter(order_id=order_id,
                        is_commented=False).count() == 0:
            OrderInfo.objects.filter(order_id=order_id).update(status=
                    OrderInfo.ORDER_STATUS_ENUM['FINISHED'])
        return JsonResponse({'code': RETCODE.OK, 'errmsg': '评价成功'})
```

当评价提交后，订单的流程结束，状态变为"已完成"，如图12-17所示。

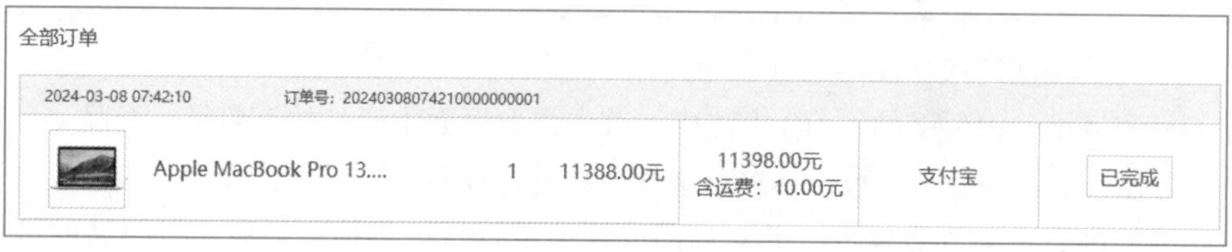

图12-17　订单完成

至此，评价订单商品功能完成。

12.3.2 详情页展示商品评价

单击商品详情页的"商品评价"按钮可查当前商品的评价信息，评价方式分为匿名评价和非匿名评价，匿名评价只展示部分用户名的首尾的字母，其余使用"*"替代，非匿名评价会展示完整用户名。接下来分接口设计、响应结果、后端实现、配置 URL、前端实现这五部分来实现在详情页展示商品评价功能。

1. 接口设计

在商品详情页中展示商品评价信息的本质是通过商品的唯一标识在数据库中查询商品评价信息，小鱼商城中商品的唯一标识码为 sku_id，因此查询某个商品的评价信息，需要在请求参数中携带该商品的 sku_id，详情页展示商品评价接口设计见表 12-7。

表 12-7　详情页展示商品评价接口设计

选　　项	方　　案	选　　项	方　　案
请求方式	GET	请求地址	comments/<int:sku_id>/

2. 响应结果

前端需要知道后端响应的状态码、错误信息以及商品评价等数据，这些数据以 JSON 格式返回，具体见表 12-8。

表 12-8　详情页展示商品评价 JSON 数据

键值名称	说　　明	键值名称	说　　明
code	状态码	username	发表评价的用户
errmsg	错误信息	comment	评价内容
comment_list	评价列表	socre	评分

表 12-8 的字段 code 与 errmsg 表示响应的状态信息。JSON 格式的商品评价数据，示例代码如下：

```
{
    "code":"0",
    "errmsg":"OK",
    "comment_list":[
        {
            "username":"zhangsan",
            "comment":"这个电脑用起来非常不错！",
            "score":5
        }
    ]
}
```

3. 后端实现

在 goods 应用的 views.py 文件中定义查询商品评价的 GoodsCommentView 视图类，在该视图的 get() 方法中实现商品评价信息的呈现，具体操作为：首先根据请求路由中的 sku_id 在数据库中按保存时间为条件查询前 30 条商品评价数据；其次定义评价列表，遍历商品评价数据，将包含用户名、评价内容与评价分数以字典形式保存到评价列表中，在查询用户时需要判断用户是否为匿名评价，若用户为匿名评价，其用户名只保留开头字母与结尾字母，中间使用"*"替换；最后将构造的评价数据返回，示例代码如下：

```python
from orders.models import OrderGoods
class GoodsCommentView(View):
    """ 订单商品评价信息 """
    def get(self, request, sku_id):
        # 获取被评价的订单商品信息
        order_goods_list = OrderGoods.objects.filter(sku_id=sku_id,
            is_commented=True).order_by('-create_time')[:30]
        comment_list = []
        for order_goods in order_goods_list:
            username = order_goods.order.user.username
            comment_list.append({
                'username': username[0] + '***' + username[-1]
                            if order_goods.is_anonymous else username,
                'comment':order_goods.comment,
                'score':order_goods.score,
            })
        return JsonResponse({'code':RETCODE.OK, 'errmsg':'OK',
                            'comment_list': comment_list})
```

4．配置URL

在goods应用中的urls.py文件中追加用于商品评价的路由，示例代码如下：

```python
path('comments/<int:sku_id>/', views.GoodsCommentView.as_view()),
```

5．前端实现

商品评价信息在商品详情页中展示，因此需要在商品详情页detail.html中渲染商品评价信息。在div盒子为"r_wrap fr clearfix"的类中补充如下代码：

```html
<div @click="on_tab_content('comment')"
class="tab_content" :class="tab_content.comment?'current':''">
    <ul class="judge_list_con">
        <li class="judge_list fl" v-for="comment in comments">
            <div class="user_info fl">
                <b>[[comment.username]]</b>
            </div>
            <div class="judge_info fl">
                <div :class="comment.score_class"></div>
                <div class="judge_detail">[[comment.comment]]</div>
            </div>
        </li>
    </ul>
</div>
```

修改详情页底部商品评价的条数，示例代码如下：

```html
<li @click="on_tab_content('comment')" :class="tab_content.comment
?'active':''">商品评价([[ comments.length ]])</li>
```

修改详情页顶部商品评价的条数，示例代码如下：

```
<div class="price_bar">
    <span class="show_pirce">¥<em>{{ sku.price }}</em></span>
    <a href="javascript:;" class="goods_judge">[[ comments.length ]] 人评价
    </a>
</div>
```

此时重启服务器，便可以在商品详情页中查看商品的评价信息，如图 12-18 所示。

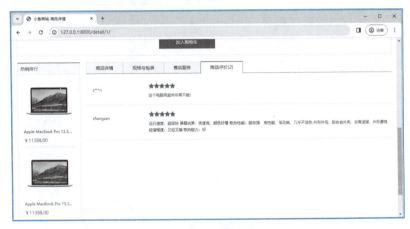

图 12-18　评价信息

商品评价不仅是消费者决策的重要参考依据，也是商家优化产品与服务、提升顾客满意度的关键环节。小鱼商城秉承客观公正的原则，鼓励用户就商品的质量、性能、服务等方面进行真实、客观的评价。在商品评价的过程中，要求用户言行一致，不夸大其词，不虚构事实，杜绝虚假宣传和欺诈行为，维护市场秩序和消费者合法权益。

同时，我们倡导尊重他人，提倡文明交流和友善互动。在评价内容和形式上，要求用户言辞文明，不攻击他人，不造谣传谣，共同营造良好的网络氛围和消费环境，增强社会凝聚力和向心力。

12.3.3　商品列表页展示评价数量

商品评价数量的显示是一项非常重要的功能，它可以帮助用户更好地了解商品的受欢迎程度。当用户对商品进行评价后，这些评价信息将会被收集起来，并在商品列表页中展示评价数量。这种展示方式对于用户来说非常方便，因为他们可以快速了解各个商品的评价数量，从而更轻松地做出购买决策。

读者可以扫描二维码查看商品列表页展示评价数量的详细讲解。

文　档
商品列表页展示评价数量

小　结

本章首先对支付宝平台进行了简单介绍，其次讲解了如何在项目中对接支付宝，最后介绍了商品评价的实现以及评价的展示。通过本章的学习，读者能够掌握如何对接支付宝，实现商品评价的业务逻辑。

习 题

简答题

1. 简述公钥和私钥的作用。
2. 简述在小鱼商城中和支付宝开放平台中分别配置哪些公钥和私钥。
3. 简述订单支付功能的实现逻辑。
4. 简述评价订单商品的实现逻辑。
5. 简述详情页展示商品评价的实现逻辑。

参 考 文 献

[1] 王金柱. Django 5 企业级 Web 应用开发实战 [M]. 北京：清华大学出版社有限公司，2024.
[2] [美] 肖恩. Django Web 项目开发实战 [M]. 刘璋，译. 北京：清华大学出版社有限公司，2024.